保水剂对土壤环境与作物效应的影响

武继承　杨永辉　张　彤　编著

黄河水利出版社
·郑州·

内 容 提 要

本书针对农用保水剂的研制、应用及其影响，对保水剂研究应用的现状与问题、保水剂对土壤水分环境、土壤结构特征、土壤持水能力及水分常数、作物生理生化特征、土壤微生物和作物生长、产量及水分利用效率的影响等方面进行了系统研究。可供从事旱作农业、节水农业、水土保持、生态环境建设与保护等方面的科技工作者参考，也可供农业节水产品研发企业参考使用。

图书在版编目(CIP)数据

保水剂对土壤环境与作物效应的影响/武继承，杨永辉，张彤编著．—郑州：黄河水利出版社，2011．12

ISBN 978－7－5509－0226－8

Ⅰ．①保…　Ⅱ．①武…②杨…③张…　Ⅲ．①保水剂－影响－土壤环境　Ⅳ．①X21

中国版本图书馆 CIP 数据核字(2012)第 059471 号

策划编辑：简　群　电话：0371－66026749　邮箱：w_jq001@163.com

出 版 社：黄河水利出版社

地址：河南省郑州市顺河路黄委会综合楼 14 层　　邮政编码：450003

发行单位：黄河水利出版社

发行部电话：0371－66026940、66020550、66028024、66022620(传真)

E-mail：hhslcbs@126.com

承印单位：河南地质彩色印刷厂

开本：787 mm×1 092 mm　1/16

印张：12.25

字数：280 千字　　印数：1—1 000

版次：2011 年 12 月第 1 版　　印次：2011 年 12 月第 1 次印刷

定价：36.00 元

编辑委员会名单

主　编　武继承　杨永辉　张　彤

副主编　郑惠玲　周　岩　管秀娟　任岩岩　赵玉坤　康永亮

编　委　（按姓氏笔画排列，排名不分先后）

马孝仁　王洪伟　王淑凤　田志浩　任岩岩
杜炎斌　李宗军　李学军　何　方　张　彤
杨永辉　武继承　郑惠玲　金海霞　周　岩
尚　莉　赵玉坤　阎惊涛　康永亮　程　俊
韩伟锋　管秀娟　褚小军　潘晓莹

统　稿　杨永辉　武继承

前　言

干旱缺水是21世纪面临的全球性环境生态问题，是人类农业生产活动面临的主要自然灾害，是制约我国农业可持续发展的重要因素之一。我国干旱、半干旱地区约占国土面积的52%，旱作耕地面积约0.78亿hm^2，其中没有灌溉条件的旱地约占耕地面积的60%。因此，发展旱作节水农业，实施土壤增容扩蓄、减少土壤无效蒸发，提高有效水资源的利用率和利用效率，建立雨水高效利用技术与模式，探讨化学节水技术在农业中的应用，对促进我国旱作节水农业和雨养农业的高效持续发展具有重要的作用。

在国家高新技术研究计划（863）课题"绿色环保多功能保水制剂"（2006AA100215）、河南省杰出青年基金项目"保水剂应用对土壤环境的影响研究"（104100510024）和河南省重大公益性科研项目"河南省潮土区中低产田增产关键技术研究与示范"（081100911600）等项目的资助下，我们系统地开展了保水剂对土壤环境和作物效应的影响研究。本书第1章系统地分析了保水剂研究应用的现状与问题；第2章剖析了保水剂应用及与其他技术相结合对土壤水分变化特征的影响；第3章阐述了保水剂应用对不同土壤质地、土壤结构特征的影响；第4章系统分析了保水剂应用对土壤持水能力及水分常数的影响；第5章揭示了保水剂对作物生理生化特征的影响；第6章简述了保水剂应用对土壤微生物变化的影响；第7章重点论述了保水剂对作物生长、产量及水分利用的积极效果。本书可供从事旱作农业、节水农业、水土保持、生态环境建设与保护等方面的科技工作者参考使用，也可供农业节水产品研发企业参考使用。

本书第1章由武继承、杨永辉、张彤等撰写，第2章由杨永辉、周岩、郑惠玲等撰写，第3章由周岩、杨永辉、武继承等撰写，第4章由杨永辉、武继承、周岩等撰写，第5章由管秀娟、杨永辉、赵玉坤等撰写，第6章由任岩岩、郑惠玲、张彤等撰写，第7章由武继承、杨永辉、管秀娟等撰写。编撰人员虽然尽了最大努力，但书中仍有这样或那样的不足，敬请广大读者批评指正。同时，希望本书能起到抛砖引玉的作用，促进化学节水技术产品的研发，推动河南省乃至全国旱作节水农业的高效持续发展。

武继承

2011年11月于郑州

目 录

第1章　综　述

干旱缺水是21世纪面临的全球性环境生态问题,是人类农业生产活动面临的主要自然灾害,是制约我国农业可持续发展的重要因素之一。我国干旱、半干旱地区约占国土面积的52%,旱作耕地面积约0.78亿 hm^2,其中没有灌溉条件的旱地约占耕地面积的60%。全国人均水资源占有量仅为2 200 m^3,相当于世界人均水平的1/4。保水剂是一种交联密度很低、不溶于水、高水膨胀性、吸水力强的高分子聚合物,也是土壤的良好胶结剂,能够改善土壤结构,促进团粒形成,有植物"微型水库"之称。它能迅速吸收并保持自身质量数百倍乃至数千倍的水分,达到蓄水保墒的效果;当土壤干旱缺水时,又可迅速释放出水分供作物吸收利用,且可提高肥料利用效率,达到作物增产的目的。保水剂具有调节土壤水、热、气状况,提高土壤肥力和保持水土等功能。随着全球气候变暖和干旱程度的进一步加剧,如何合理利用保水剂降低土壤水分的流失和探明保水剂的抗旱作用机理,对提高作物生产抗旱与应对气候变化的能力就显得十分重要。

1.1　保水剂的研制与发展

早在20世纪30年代,苏联就开始用石脑油皂抑制土壤水分蒸发,可减少水分蒸发60%~70%,到60年代,化学节水技术在日本、法国、印度等国家引起了广泛重视,先后在农业上应用化学覆盖技术,增产效果很好。70年代中期美国研制成了吸水性很强的保水剂,用于种子造林、种子涂层和树苗移栽等方面,取得了良好的效果。我国在60年代后期,在抑制蒸腾方面做了大量的研究工作,并研制出"土面增温剂"、"保墒增温剂",其抑制和增温效果已达国际水平。70年代末,我国从风化煤中提取的黄腐酸(FA)是一种极好的调节植物生长的抗蒸腾剂,具有显著的抗旱节水功能。到90年代,化学节水技术的研究和应用已被列入"八五"国家科技攻关计划,并取得重大进展,研制出了保水种衣剂、抗旱剂、FA旱地龙和土壤保墒剂;且科技部在"十五"863计划的"生物与现代农业"领域节水重大专项中专门设立"新型多功能保水剂系列产品研制与产业化开发"专题,且"十一五"继续设立国家高技术研究发展计划(863计划):现代节水农业技术与产品项目"绿色环保多功能保水剂"专题。同时,"十一五"国家科技支撑计划重大项目再次明确提出研制抗旱种衣剂、雨水入渗剂、生物保水剂、植物蒸腾抑制剂。至今已有10多个单位研制出了多种类型的保水剂,在60多种作物上试验示范,应用面积7万 hm^2。

目前,保水剂的成分因生产厂家和剂型不同而分为不同系列:①淀粉系列,包括淀粉接枝、羟甲基化淀粉、磷酸酯化淀粉和淀粉黄原酸盐等。②纤维素系列,包括纤维素接枝、羟甲基化纤维素、羟丙基化纤维素和黄原酸化纤维素等。③合成聚合物系列,包括聚丙烯酸盐类、聚乙烯醇类、聚氧化烷烃类和无机聚合物类等。④蛋白质系列,包括大豆蛋白、丝蛋白类和谷蛋白类等。⑤其他系列,包括果胶、藻酸、壳聚糖等。⑥混合系列,各种不同类别的保水剂及营养元素或作物生长条件物质的混合物。其中,以淀粉接枝丙烯酸盐共聚交联物和丙烯酰胺－丙烯酸盐共聚交联物的应用最为广泛。

1.2 保水剂的使用方法

保水剂有多种施用方式,包括条施、沟施、穴施、面施、蘸根、拌种、地面喷施和用于食用菌基质培养等。对于不同的作物,施用方法不同,施用量也有差别。小麦、玉米、花生和大豆使用种子包衣技术,即在待播的种子表面形成一层保水剂水凝胶的保护膜。保水剂和水的比例一般在 1∶50～1∶200。在经济作物栽植及育苗中,常用的方式是沟施或穴施,保水剂随开沟施入或者开穴施入,保水剂用量在 7.5～150 kg/hm^2 不等。将种子与保水剂、某些化肥、微量元素、农药及填充料拌和造粒成丸,目的是在种子发芽成苗时能及时有效地供给作物营养,杀菌消毒,促进作物生长发育。该方法适用于精量播种,常用于飞机播种造林种草。保水剂用量一般为种子质量的1%～3%。苗木或甘薯蔬菜幼苗移栽,多用根部涂层,保水剂浓度一般是0.5%～1%,该方式使得植株根部形成保护膜,防止根系水分散失,有利于移栽成活。蔬菜种植多用流体播种,效果明显。

此外,保水剂添加其他元素或材料可合成抗旱种衣剂、吸水改土剂或果蔬保鲜剂等多功效合成剂。综合措施可以累加交互优势,效果显著提高。无论哪种施用方法,都应在施用后充分灌溉。

1.3 保水剂对水分调控、土壤性质及作物生理特征的影响

1.3.1 保水剂的吸水原理

保水剂结构式及离子网状结构见图 1-1、图 1-2。

有机高分子化合物保水剂具有三维网状结构,有大量羧基(—COO—)、羟基(—OH)、季铵盐等亲水性官能团,通过吸水和溶胀两种方式进行吸水。当聚合物接触水时,水分子渗入树脂中使树脂膨胀并凝胶化,呈现高吸水性状态。由于其具有一定的交联度,所以吸水后并被水溶解。在保水剂内部,高分子电解质离子间的相斥作用使水进入分子而扩张,但交联作用使水凝胶具有一定的强度,当二者达到平衡时,保水剂吸水达到饱和。当凝胶中的水分释放殆尽后,只要分子链未被破坏,其吸水能力仍可恢复。

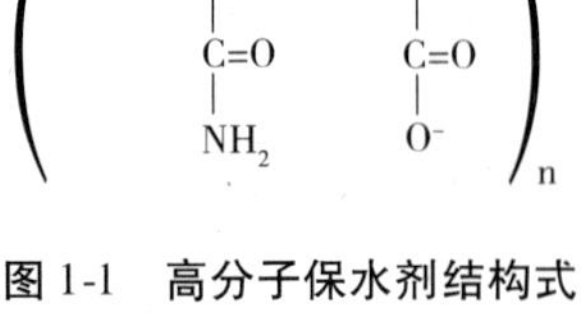

$$\left(\begin{array}{cccc} —CH_2— & CH— & CH_2— & CH— \\ & | & & | \\ & C{=}O & & C{=}O \\ & | & & | \\ & NH_2 & & O^- \end{array}\right)_n$$

图 1-1　高分子保水剂结构式

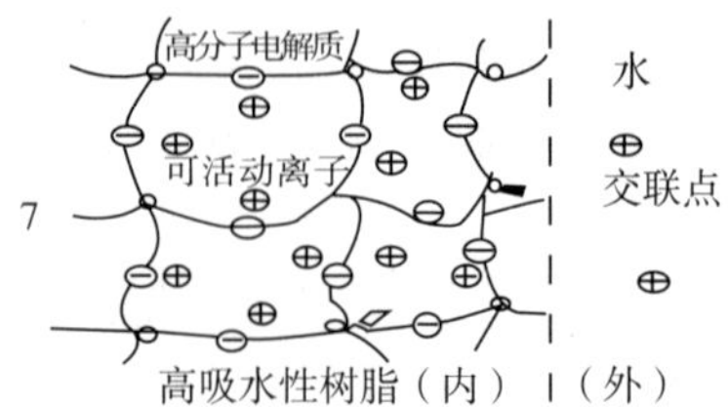

图 1-2　保水剂的离子网状结构

1.3.2 保水剂对土壤水分调控及土壤结构的影响

1.3.2.1 保水剂对土壤水分调控的影响

保水剂具有反复吸水的功能，其所吸收的水分在作物可以吸收利用的范围(0～15 bar,1 bar = 10^5Pa)，且保持的这部分水大多在低吸力段(0～0.8 bar,1 bar = 10^5Pa)，是可以被作物吸收利用的水分。黄占斌等研究指出，土壤加入2%保水剂吸水饱和后所持水分至少90%可为植物所利用，但因保水剂类型的不同，表现的结果并不一样。杨永辉等研究表明，在相同土壤水吸力下，随着保水剂用量的增加，土壤含水率相应增加；在相同含水率时，土壤水吸力随着保水剂用量的增大而增大。但针对不同作物，其能够吸收利用保水剂所吸持水的效率是多少，有待进一步研究。

同时，保水剂可以有效改善作物根际水环境，通过其保存降水或灌水直接提供给作物，且其能够增强入渗性能，增加毛管孔隙度、提高总孔隙度，减缓地温波动，减少氮肥损失，降低土壤容重，提高土壤持水及土壤含水量，抑制表土结皮和土面蒸发等。杨永辉等分别对黑垆土、黄绵土及娄土施用聚丙烯酰胺(PAM)、聚丙烯酸钠(PAA)及沃特多功能保水剂，三种保水剂对黑垆土和黄绵土的饱和导水率都有所提高，但针对不同土壤有个适宜量，且当土壤含水量接近田间持水量时，保水剂抗蒸发作用明显。而黄占斌等研究则发现，土壤饱和后自然蒸发至恒重所需时间以0.1%保水剂处理的土壤需25 d，而对照土壤只有16 d，表明保水剂具有明显保水和供水的功效。所以，保水剂施入到土壤中能显著增加土壤有效水分含量，在生产实践中表现出明显的抗旱成苗和稳产增产效应。但研究结果因保水剂及作物种类、当地气候条件、土壤pH值、土壤离子类型及浓度、土壤质地的不同而有显著的差异。

目前，保水剂对提高土壤水分含量的研究主要集中在保水剂保持土壤水势、水分特征曲线及土壤抗蒸发等方面，在实际应用中，保水剂所吸收的水分的利用效率取决于保水剂对水分的吸附力和植物的水分生理特征。因此，在研究保水剂的调控及所吸水分的有效性时，最好把土壤水势特征与植物的水分生理特征结合起来进行研究。

1.3.2.2 保水剂对土壤结构的影响

保水剂施入土壤后，因其吸持和释放水分的胀缩性，可使周围土壤由紧实变为疏松，从而在一定程度上使土壤结构和水热状况得到改善。具体表现为：①降低土壤容重，增加孔隙度，0.75%保水剂与沙土混合，饱和吸水后体积膨胀率增加15.91%，总孔隙度增加8.89%，土壤固、液、气三相比例由对照的1∶0.69∶0.10变为1∶1.11∶0.01，即增加了液相比例，降低了气相比例，使之趋于协调；②提高土壤团粒的水稳性，在砂壤土中加入0.1%～0.3%的保水剂，充分混合后灌水，湿筛可形成粒径为0.9～0.076 mm的不同土壤团粒，对照土壤团粒的水稳性为0，而处理可达79.1%～97.0%；③增加土壤团聚体，在每公顷施15 kg保水剂的条件下，湿筛时其大于0.5 mm的团聚体多于对照18.88%，相应增加了较大孔隙的含量，从而增加累计入渗量9.52%，使处理土壤含水量明显高于对照。

孙宏义等将保水剂施用于风沙土、黄土、粉煤灰，在不同风速和不同喷洒量下，对其抗风蚀情况进行了野外及“风洞”研究测试，结果显示，当保水剂大浓度50 g/m^3时具有明显的抗风蚀、抑制沙尘的效果，且只有当保水剂和固沙复合材料共同施用于风沙土，防风蚀效果才能更为显著,从而对沙尘暴尘源发生地、土地荒漠化、城市尘源治理等有积极作用。刘瑞凤等研究了 PAA-atta、PAM-atta 和 PAAM-atta 三种复合保水剂施用于土壤后对土壤物理性质的影响,认为土壤平均含水量随保水剂用量的增加而增加,且保水剂粒径越小,土壤平均含水量越高;保水剂还可以降低土壤的 pH 值,改善土壤电导率、0. 25 ~ 5. 00 mm 团聚体、土壤容重和土壤孔隙度等土壤理化性能。党秀丽等利用正交回归设计试验求得保水剂粒径、土壤质地、保水剂用量与土壤有效水含量的关系的数学模型,通过对其分析认为保水剂在施用时粒径、土壤质地、保水剂用量都有一个适宜的值,超过这个值土壤有效水含量反而下降。一般认为,施用量过少达不到预期效果,而过大不仅会提高成本,而且会在水分少时与作物发生争水矛盾,或是使土壤气相部分过少,造成湿害。崔英德的研究认为,保水剂能够改良水稳性团粒结构,并能显著抑制土壤水分的蒸发,随着施用量的增加抑制蒸发作用增强,保水剂颗粒大小对抑制水蒸发有一定的影响,颗粒小则抑制水蒸发的效果相对要好。

1. 3. 3 保水剂对作物生理特征的影响

植物的生理生化指标有很多,其中用于鉴定小麦抗旱性的生理生化指标有 20 多项,而目前研究较多的作物生理生化指标主要为光合速率、叶绿素、叶片相对含水量、可溶性糖、可溶性蛋白、脯氨酸、甜菜碱、丙二醛、细胞质膜透性、根系活力、ABA 及超氧化物歧化酶、过氧化氢酶及过氧化物酶等。

研究表明,施用保水剂可以增加土壤含水量,扩大根系的吸收面积,增强根系的吸收能力和叶绿素含量,增加叶长、叶宽和叶面积,调节植株叶片气孔开闭状态、调节蒸腾作用,维持植物体内水分平衡,提高出苗率和移栽成活率,延缓凋萎时间,可取得显著的增产效果。同时,当植物受到干旱胁迫时,保水剂能够缓慢释放水分,提高根系周围含水量,维持体内水分平衡,对植物的生理生化产生影响。保水剂的施用应因土壤质地而异,用量过大,不仅不能促进根系发育,反而抑制根的伸长和降低根的生理机能,抑制种子萌芽,降低出苗率和移植成活率及影响作物生理生化特征。

总之,保水剂对作物生理特征产生重要影响,但尚缺乏系统性及更加深入的研究。因此,系统研究植物生理生化各指标,揭示其对作物水分利用率及利用效率影响的作用机理,对于保水剂的合理应用具有科学意义。

1. 4 保水剂对养分调控及作物生理特征的影响

养分进入土壤后,以土壤溶液形式存在于土壤孔隙当中或以离子态吸附于土壤表面,受降雨条件、土壤特性、植被、大孔隙以及地下水等多种因素的影响。保水剂具有高分子网状结构,有大量亲水性基团,进入保水剂网状结构内部的分子或离子可以以交换吸附、电荷激活、配位、氢键和聚合物大分子"包裹"等形式而吸持下来,在凝胶性能和外界条件变化时又能缓慢地释放出来。因此,保水剂可将溶于水中的化肥、农药等农作物生长所需要的营养物质固定其中,并且对土壤或肥料养分的吸附具有缓慢释放的作用,可以减少可溶性养分的淋溶损失,使土壤中养分的供给与植物对养分的需求更加同步,达到节水节肥、提高水肥利用率的效果。

1.4.1 保水剂对养分的吸持

保水剂作为土壤水分控制的调节剂,能够改善土壤的水分环境,影响土壤中溶质的运移,有效吸附土壤中的营养和污染物质,减少化学肥料等对土壤的污染。保水剂(聚丙烯酰胺)能够吸附 NH_4^+,但对 NO_3^- 吸附很弱,这与两种养分离子所带电荷及溶解性差异有关。聚丙烯酸钾和聚丙烯酰胺淀粉接枝共聚物可明显增加盆栽介质中 NH_4^+ 吸附量,而 NO_3^- 吸附量没有明显增大。乙烯醇-丙烯酸共聚物(保水剂)显著降低土柱中 NH_4^+ 和 K^+ 的淋失量,而对 NO_3^- 淋失量降低不明显。杜建军等研究表明,土壤中施入保水剂后,尿素氨挥发量显著降低,并随着保水剂用量的增加效果更加明显。施用保水剂明显减少氮、磷、钾养分的淋溶损失。Sojka 等研究发现,在土壤中施入保水剂能够促进土壤中微生物活动,提高土壤养分的利用效率。Melissa 和 Paul Walker 研究表明,在废水中和动物粪便溶液中加入保水剂可以吸附溶液中的氮、磷、钾等营养元素。James 等研究表明,PAM 可以清除污水中的微生物和细菌,降低水沟侵蚀,减少养分流失。Sojka 等研究发现,PAM 可以控制灌水过程中的土壤侵蚀,同时增加了土壤入渗,减少了氮、磷、钾的流失和生物需氧量。员学锋等通过室内模拟试验发现,淋溶过程中保水剂处理的土壤淋溶液中 PO_4^{3-}、K^+、NO_3^- 的含量均远远低于对照。以上研究表明,保水剂能够吸持土壤、废水中的养分,减少养分的流失,提高养分的利用率。

1.4.2 养分对保水剂溶胀力及吸水倍率的影响

保水剂的溶胀力及吸水倍率在其吸附养分的同时,受溶液中盐类的影响降低,例如:当保水剂在浓盐溶液中水合时,与它们在无盐溶液中的水合相比,其膨胀能力降低。保水剂在各种肥料溶液中的吸水倍率显著下降,并随肥料浓度的增加下降幅度增加。但尿素对保水剂吸水性能影响很小,20 mmol/L 的尿素溶液保水剂凝胶的水合作用只降低了4%。苟春林等研究发现,随着肥料浓度的增大,保水剂对氮素的吸持量增大,但吸持率却逐渐减小。聚丙烯酸酯类、聚乙烯醇类、淀粉类聚合物保水剂和肥料合施与单施肥料相比,氮素养分扩散和释放减慢,干湿交替处理有助于保水剂吸附更多阳离子,但保水剂吸水量降低。说明,保水剂与肥料或盐分作用后,保水剂的溶胀力及吸水倍率降低。

1.4.3 保水剂对作物养分吸收利用的影响

保水剂可以吸附土壤或水体中的养分以供作物利用,提高养分的利用率。刘世亮等研究表明,施用保水剂能显著提高玉米株高,增加总叶面积,增加作物的生物学产量和提高肥料利用率、改变土壤的固、液、气相比,使之更趋于合理。Chatzoudis 和 Rigas 在栽培介质中加入保水剂溶胶使得 K^+ 淋失量减少,作物利用钾效率提高。Magalhaes 等在温室研究中发现,土壤中保水剂明显促进萝卜地上部分生长和氮、磷、铁的吸收。黄占斌等将保水剂与尿素或尿素磷肥混合使用,分别使玉米对尿素和磷肥的利用效率提高了18.72%和27.06%。相关的研究还有很多,在此不再赘述。研究表明,保水剂的使用能够提高养分利用率和利用效率。

1.4.4 保水剂与养分的作用效果及对作物生理生化的影响

保水剂通过改善土壤水分环境和吸附、释放养分来影响养分的供应而影响作物的生理变化。在这方面,国内学者做了一定的研究,而国外主要涉及养分及盐胁迫对作物生理及光合作用的影响等研究。

有研究显示:土壤保水剂与氮肥具有互作效应,在一定浓度的氮肥溶液中保水剂吸水率降低,并且随溶液浓度增加吸水率降低的幅度增大,保水剂对溶液中 NH_4^+ 与 NO_3^- 均有明显的吸附作用,且更易吸附阳离子型的 NH_4^+,保水剂释放和吸附氮肥的能力,受保水剂的粒级以及生产过程中添加营养成分影响较大,而受聚合物类型影响较小。李继成研究了施肥条件下保水剂对土壤蒸发和土壤团聚性状的影响,认为土壤中施加保水剂后的土壤团聚体含量均较对照处理有了显著的提高,保水剂用量越大,土壤团聚体含量越多,但当保水剂与肥料共同作用时,能降低土壤的团聚体含量,肥料用量越大,土壤团聚体含量越低,当保水剂施加在土壤中与肥料共同作用时,可以减少铵态氮挥发,增加铵态氮贮量。

Field 等研究养分与光合作用之间的关系发现,养分主要用来增加叶面积及促进地上部分的生长,减少氮的供应导致单位叶片叶绿素含量和蛋白质的降低,从而降低了羧化作用的效率以及核酮糖(光合酶)的恢复,进而影响光合作用。同时,水分亏缺减少了叶片对氮的吸收,从而致使最大光合作用能力受到抑制,但仍不清楚水分胁迫对氮素的影响机理。Pagter 等的研究表明,植物的光合能力一般随离子浓度的增加而下降,可能与气孔的关闭降低了 CO_2 的同化能力,或者离子直接影响光合器官,以及叶绿素含量对植物净光合速率的影响有关。张渝洁等研究不同胁迫条件对青菜生理生化指标的影响发现,随着胁迫时间的增长,植株体内超氧化物歧化酶总活性、叶绿素的含量均呈下降趋势,丙二醛和可溶性糖的含量均呈上升趋势,且不同品种的青菜幼苗的各项生理生化指标的变化及程度不同,分别表现出不同的耐低温弱光和对低温弱光盐胁迫的抗性。

国内学者对保水剂+养分对作物生理生化的影响作了初步研究,俞满源等研究表明,在苗期保水剂使马铃薯的冠幅面积增加 11.8%~54.8%;保水剂结合氮肥,可以提高不同阶段马铃薯叶片的光合速率,增加花期生物积累量 46.7%~98.8%,延长马铃薯茎叶生育期 14~15 d,增加马铃薯块茎产量 75.0%~108.3%。不同方式施用保水剂都能促进马铃薯生长,增加块茎产量,其中以保水剂开沟深施 10~15 cm 结合氮肥效果最佳。刘煜宇等在水分胁迫条件下,以盆栽石楠为材料,研究了保水剂与肥料的交互效应对苗木光合生理特性的影响。结果表明,保水剂与肥料对苗木的光合生理有明显的主效应和交互效应。在水分充足时可以提高施肥效益,保水剂与肥料的交互效应有利于提高光合速率;保水剂与肥料的交互效应对苗木的生存期和生长量均有显著影响;其提高了脯氨酸、丙二醛含量和叶片相对电导率,表明保水剂与肥料的交互效应能提高苗木叶片的渗透调节能力,减轻苗木的干旱胁迫。

1.5 保水剂对土壤微生物的影响

土壤微生物主要指土壤中那些个体微小的生物体,主要包括细菌、放线菌、真菌等。

细菌是土壤微生物的主体，在数量上和种类上超过所有其他的土壤有机体。放线菌对于土壤有机质的分解和养分的释放具有很重要的作用，即使相当稳定的化合物如纤维素、几丁质和磷脂类等，也都能被它们降解为较简单的形式，同时，放线菌对有机物的矿化、环境净化、土壤改良起着重要作用。真菌可以分解纤维素、淀粉、树胶、木质素以及较易分解的蛋白质和糖类。

这些微生物主要生存在土壤颗粒表面及孔隙内。细菌存在所需要的孔隙，至少是它自身直径的3倍，细菌生物量与0.2～1.2 μm直径的孔隙有很强的正相关性，而主要存在于0.5～5 μm大小的孔隙中，真菌和放线菌存在的孔隙较大。适量施用保水剂对增大土壤孔隙有积极作用，因此可以推定土壤微生物有增加的趋势。过量施用保水剂会破坏土壤结构，减小孔隙，对土壤微生物可能产生消极影响。土壤孔隙中的水对微生物也有影响。水分通过影响孔隙中的氧气进而影响了相关土壤中微生物的活性。土壤中细菌在高的水势下活性高，而真菌、放线菌在相对低的水势下活性高。当土壤含水量降低到一定程度时，微生物数量就会大幅度下降。Joshua等研究了桦树凋落物分解过程中湿度对微生物活性和群落结构的影响，发现长时间干燥导致微生物呼吸和生物量降低，微生物群落结构变化，特别是潮湿和干燥的时间长度对微生物影响很大。

在保水剂高施用量条件下，微生物生物量比无保水剂条件下小的多。推测其原因为保水剂使得微生物与土壤颗粒紧密结合，或者微生物之间结合紧密，从而抑制了微生物的增长。研究表明，多年连续施用保水剂与每年的用量和总用量有关。在高水平保水剂施用条件下，微生物生物量差别不是很显著，这可能与过量施用保水剂减少土壤孔隙有关。

土壤微生物群落结构受土壤所含元素影响比较大，随着土壤中可利用含量的减少，土壤微生物数量降低，微生物群落结构改变。Griffiths等研究发现，向土壤中施加碳含量高的物质能提高土壤微生物群落中真菌和革兰氏阴性细菌的比例，降低放线菌和革兰氏阳性菌的比例。土壤中的元素被微生物吸收利用后，在体内用于合成具有重要生理作用的蛋白质、核苷酸等生物大分子。因此，上壤中元素不足将严重限制上壤微生物的正常生长和活性。土壤微生物对土壤氮源利用能力也有差别，通常氮源易利用大小顺序为铵态氮 > 硝态氮 > 有机氮。此外，不同土壤微生物利用氮源能力也不同，这就使得土壤中氮源的多少和种类将影响到土壤微生物的群落结构。土壤中的微生物可利用的碳氮比在25∶1时，土壤微生物生长状况最好。过高或过低，分别会受到氮或碳的限制。

1.6 保水剂在农业生产中的应用效果

汪立刚等研究了保水剂对冬小麦的作用效果，认为在土壤水分适宜范围内用保水剂拌种可提前小麦出苗期，提高出苗率，同时也可提高麦苗抗旱性，显著增加小麦的有效穗数，使田间小麦增产4.49%～6.09%。向晓明研究了保水剂对春小麦生长的影响，其结果表明，用保水剂包衣处理可使小麦提前1～2 d出苗，提高壮苗率，增加春小麦千粒重，提高其产量，且具有较高的经济效益，投入产出比一般为1∶7～1∶10.5。赵敏研究了保水剂对夏玉米的影响，认为土壤沟施保水剂后能提高玉米的出苗速度和出苗率，能促进根系发育，增加根条数，保水剂处理玉米后可增加玉米穗长、行粒数、千粒重，提高玉米田间产量。王汉民等研究认为,保水剂能够显著提高棉花的产量,使用量在 30 ~ 45 kg/hm^2 时,皮棉产量增加 10% 以上,单位面积的铃数和铃重都有不同增加,同时棉花现蕾提前,增加了有效结铃时间,对棉花纤维品质没有明显影响。

陆海燕等将保水剂施用于大豆种植上,结果表明,施用保水剂能提高大豆体内过氧化氢酶(CAT)、谷胱甘肽还原酶(GR)、抗坏血酸过氧化物酶(AsA-POD)的活性,提高大豆体内还原型谷胱甘肽(GSH)含量,增加大豆细胞内与渗透调节有关的物质含量,降低丙二醛(MDA)、脯氨酸(Pro)含量,从而避免了干旱对大豆造成的伤害。刘殿红等研究了保水剂施用方式对马铃薯产量和水分利用效率的影响,认为侧施保水剂对马铃薯的株高影响明显,浅施保水剂改变土壤表层水热分布不利根系生长,施用保水剂能增大马铃薯的根冠比,有利于块茎的形成及后期块茎的膨大,提高马铃薯生物量。在水分充分或亏缺条件下,侧施保水剂马铃薯产量分别比对照增加 39.4% 和 21.5%,其水分利用效率(WUE)分别比对照增加 58.8% 和 59.5%,为最佳方式。方锋等研究了保水剂对辣椒生长的影响,从统计学角度论证了施用保水剂对促进辣椒生育和提高其水分利用效率有明显促进作用,认为施用保水剂有利于辣椒形成壮苗,增加分枝,提高生物产量和保持土壤水分,提高干旱区有限水分利用率,相同水分条件下施用保水剂比未施保水剂处理生物量、株高、叶数和叶面积等均有较大增幅,中水和低水处理复水后生物量、叶数和叶面积均比充分供水的高水处理增幅在 100% ~600%。朱林等研究了保水剂对油菜的增产效果,认为保水剂为油菜提供适宜的水分条件,促进其生长,油菜株高和茎粗均有明显提高,缓释型保水剂能显著增加油菜的一次分枝数,显著提高油菜的产量。罗维康等研究了保水剂对甘蔗生长的影响,结果表明,在旱坡地甘蔗园施用保水剂,可以保证甘蔗根系对水分的吸收,增强甘蔗的抗旱能力,提高出苗率,促进甘蔗生长伸长,增加甘蔗青叶数,增强光合作用,有利于甘蔗的生长和糖分的积累,提高甘蔗的单产和品质,且保水剂施用量以 7.5 g/m^2 比较合适。另外,在保水保肥极好或者保水保肥差的土壤上使用保水剂,甘蔗增产效果不明显,因此在大田应用保水剂时应视其具体土壤情况而定。

保水剂能够改善土壤物理性质、提高土壤水分利用率以及为作物生长发育提供一个相对水分条件稳定的"小环境"等,因此在我国节水农业上具有巨大的开发潜力和广阔的应用前景。保水剂有可能成为继化肥、农药、地膜之后又一个对农作物起重要作用的化学制品,通过对保水剂在农业上应用技术及其效应的研究,对于缓解我国水资源紧缺矛盾、提高水肥利用效率、促进旱作农业的发展有着极其重要的意义。

1.7　保水剂研究中需要进一步解决的问题与展望

在保水剂产品研制开发方面,主要发展方向是如何实现低成本、高性能。降低成本主要通过改善生产工艺来实现,可以改分段生产为连续生产,在原料和技术路线上选取低成本且可行性高的材料。目前保水剂原料以丙烯酸居多,而丙烯酸市场价格浮动较高,造成生产成本较高,产品价格偏高。高性能研究主要围绕聚丙烯酸盐类保水剂对土壤等介质中的钙、镁等金属离子拮抗反应问题展开,解决高价金属离子降低保水剂的吸水和保水倍数,开发抗离子交联的保水剂有机分子单体,研究抗水解、抗光老化、微生物降解缓慢的保水材料添加剂,使得保水剂的有效期增长等。

在保水剂机制研究方面,主要集中在保水剂对于土壤水分特征、土壤结构及土壤侵蚀方面的影响、保水剂与不同肥料的相互作用(养分吸持率、保水剂吸水倍率等)以及保水剂的耐盐性、保水剂与不同灌溉方式及水分亏缺条件下对作物水分吸收利用的影响机制和生理生化的影响,但大都偏重于保水剂对地上部分(叶片)的影响或多为盆栽试验或对作物苗期的影响、保水剂不同施用方式对作物水分利用的影响以及不同作物专用型保水剂的研发与应用等,缺乏系统性。

在保水剂的应用方面,还需从以下几个方面加强研究:①保水剂不是造水剂,必须具备一定条件才能充分发挥其保水作用,保水剂的施用效果还受到保水剂特性、气候条件、土壤质地、土壤水分条件、土壤盐分及离子类型、灌溉水质及灌水量等多种因素的影响,必须针对不同地区、不同土壤类型、不同作物,广泛开展试验研究,探讨适合不同地区的保水剂施用方法和施用量,加强系统研究,为其大面积的推广应用提供理论支持;②应进一步研究保水剂与其他农业措施相结合的综合应用技术,如保水剂如何与肥料施用、其他化学制剂施用、灌溉方式等相结合,进而加强旱作区农业用水的高效率利用;③保水剂施用于田间土壤后是否安全无毒,另外其持续作用年限、微生物降解过程究竟如何,还有待于研究;④保水剂对作物影响的研究多是关于出苗率、产量等宏观指标,而对施用保水剂后作物的抗旱生理指标以及作物生理调节适应机制研究较少,还未形成系统的理论结构,应就此方面加强研究。

保水剂可协调"土壤－植物－大气"系统中的水分平衡,减少水肥的深层渗漏,提高降水和灌溉水利用率,进而促进粮、棉、蔬菜、水果等农副产品的增产。通过对保水剂"保水、保肥、保土、助长、安全"五大功能的研究,将会形成一套以保水剂应用为中心的综合保水节水技术体系,可有效缓解我国水资源严重短缺的局面,保障节水农业可持续快速发展。

第2章 保水剂对土壤水分环境的影响

水分是限制作物生长与发育的重要因素之一。作物不同生育阶段对水分的需求与利用特征,对于提高作物水分利用效率和实行科学节水补灌具有重要意义与参考价值。

不同保水措施能够调节作物地上部分和地下根系的生长,以前不同生育期的生长发育状况,最终影响作物的产量。相关研究表明,保水剂能够改善土壤水分环境,减少土壤无效蒸发,促进作物正常生长和减少因干旱胁迫对作物带来的伤害。而在半干旱区、半湿润易旱的丘陵旱作区研究保水剂对作物生长过程中的耗水及土壤水分动态变化特征的影响,对了解和摸清保水剂施入土壤后,在作物不同生育期对土壤水分的改善效果及耗水特征具有重要意义。

2.1 保水剂与地膜覆盖对小麦不同生育期土壤水分的影响研究

本试验设在"863"节水农业禹州试验基地的岗旱地,该地年降水量为674.9 mm,其中60%以上集中在夏季,存在较严重的春旱、伏旱和秋旱;土壤为褐土,土壤母质为黄土性物质,耕层中含有机质12.3 g/kg、全氮0.80 g/kg、水解氮47.82 mg/kg、速效磷6.66 mg/kg、速效钾114.8 mg/kg。

试验小麦品种为周麦18,试验保水剂为营养型抗旱保水剂(河南省农业科学院研制)。秸秆为收获的玉米残茬,覆盖时被碎成了4 cm左右的节段。地膜为厚度0.005 mm的聚乙烯塑料薄膜,即农用膜。

试验采用二因素随机区组设计,二因素即覆盖保墒技术和灌溉制度两因素,覆盖保墒技术又分两个保水剂用量(保水剂45、60 kg/hm^2)、两种秸秆覆盖量(秸秆3 000、6 000 kg/hm^2)、地膜覆盖,灌溉制度又分灌溉(水分来源为降雨+灌溉)和非灌溉(水分来源仅为降雨),再加一对照,共12个处理:①对照;②营养型抗旱保水剂45 kg/hm^2;③营养型抗旱保水剂60 kg/hm^2;④覆盖秸秆3 000 kg/hm^2;⑤覆盖秸秆6 000 kg/hm^2;⑥营养型抗旱保水剂45 kg/hm^2+秸秆覆盖3 000 kg/hm^2;⑦营养型抗旱保水剂60 kg/hm^2+秸秆覆盖3 000 kg/hm^2;⑧营养型抗旱保水剂45 kg/hm^2+秸秆覆盖6 000 kg/hm^2;⑨营养型抗旱保水剂60 kg/hm^2+秸秆覆盖6 000 kg/hm^2;⑩营养型抗旱保水剂45 kg/hm^2+地膜覆盖;⑪营养型抗旱保水剂60 kg/hm^2+地膜覆盖;⑫地膜覆盖。灌溉区在接纳天然降水的同时,于孕穗期补充灌水量为600 m^3/hm^2,其余水分只由天然降水补充。保水剂45 kg/hm^2即每小区64.8 g,60 kg/hm^2即每小区86.4 g。秸秆覆盖3 000 kg/hm^2即每小区4.32 kg,6 000 kg/hm^2即每小区8.64 kg。地膜用量为每小区14.4 m^2。共计处理24个,每处理3次重复,共72小区,每小区面积3.6 m×4 m,每小区四边0.5 m范围内的植株不采样,保护行的实际宽度1.0 m,为保证试验的精度以及操作的方便,在田间布置时,先将试验地分成灌溉区与非灌溉区两部分,然后分别布置所设覆盖保墒技术处理。2006年10

月 15 日播种，冬小麦播量为 120 kg/hm^2，每处理小区种植冬小麦 6 楼，统一播种，统一管理。冬小麦施肥量为 N 180 kg/hm^2、P_2O_5 90 kg/hm^2，磷肥和 50% 的氮肥在整地时一次性施入，50% 的氮肥作追肥在拔节期前追施。营养型抗旱保水剂施用方法为条施。10 月 27 日定苗。

利用便携式土壤水分速测仪测定土壤水分含量，播种前测一次，自播种后每个生育期测定一次，直至小麦收获。

2.1.1　2006—2007 年度冬小麦全生育期降水特点

河南省冬小麦主产区的年降水量基本满足冬小麦生育需要，但由于降水的时空分布不均，秋旱和冬春旱的现象时常发生，严重影响了冬小麦的生产，水分越来越成为该地区冬小麦生产的主要限制因子。2006—2007 年度冬小麦全生育期降水动态为本试验的研究背景。从河南省禹州市气象局获得冬小麦全生育期间的降水量数据如图 2-1 所示。

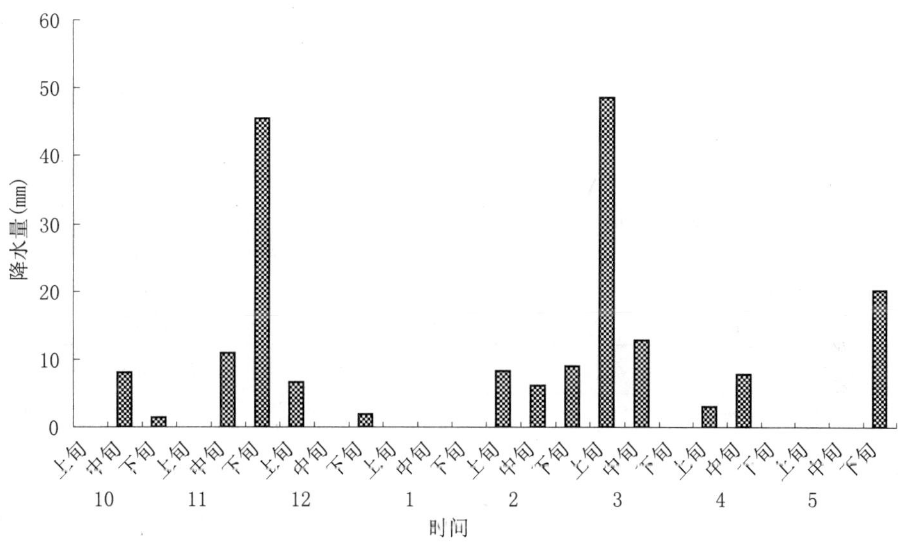

图 2-1　2006 年 10 月至 2007 年 5 月冬小麦生育期降水量分布

由图 2-1 中可以看出，2006—2007 年度冬小麦全生育期降水 261.3 mm，仅为全生育期需水(400 ~ 600 mm)的 1/2 左右，从 2006 年播种到 2007 年 3 月中旬(拔节期)累计降水量为 230.2 mm，此时由于冬小麦生长量小，本身需求的水分也少，因此大部分水分都因蒸发而丧失；而从 3 月中旬到 5 月中旬累计降水量为 10.9 mm，而此时的冬小麦已经进入旺盛生长阶段，生理耗水加剧，这些降水量显然远远不能满足冬小麦开花、灌浆时期的生理需求，田间将形成严重的干旱胁迫，5 月下旬，冬小麦生长期间降水量为 20.2 mm，但此时冬小麦已经进入蜡熟、落黄阶段，对其成熟已经没多大影响。分析 2006—2007 年度冬小麦全生育期降水动态可发现，其基本趋势反映了禹州地区相对雨量不足的降水特征，大部分降水量分布于冬季和春初，可见，减少水分蒸发、蓄水保墒以及补充冬小麦生育后期需水量势在必行，这也为本试验提供了比较好的研究背景。

2.1.2 保水剂对小麦生育期内土壤含水量的影响

本试验将土壤含水量作为田间水分状况的评价指标。土壤含水量受降水量、灌溉补充、田间蒸发以及冬小麦耗水等多方面因素的影响。本试验将田间试验数据整理分析(见表2-1～表2-5)。得出在不同灌溉制度与覆盖处理下的冬小麦田间土壤水分规律。

表2-1 不同处理对冬小麦不同生育期田间土壤水分含量的影响 (%)

生育期	处理											
	1	2	3	4	5	6	7	8	9	10	11	12
分蘖期	17.6	19.5	19.7	17.9	18.3	19.7	20.4	21.4	21.9	22.1	22.3	21.1
越冬期	10.3	11.0	11.4	10.6	10.9	11.4	11.9	12.0	13.1	14.5	16.7	13.8
拔节期	20.5	22.3	23.0	21.7	22.3	22.9	22.9	23.5	23.6	23.4	23.6	22.3
灌浆期	9.6	10.3	10.5	9.7	10.0	10.8	11.5	12.2	12.7	11.7	11.9	11.2

对表2-1至表2-4分析可以看出,在冬小麦各个生育期以及在补充灌溉和非灌溉处理下,覆盖处理的土壤含水量都高于对照(CK),保水剂和秸秆量越多,效果越明显,其中,以营养型抗旱保水剂45 kg/hm² + 秸秆覆盖6 000 kg/hm² 与营养型抗旱保水剂60 kg/hm² + 秸秆覆盖6 000 kg/hm² 的覆盖保墒效果最为显著。同时,覆盖处理与CK土壤含水量的差值在冬小麦分蘖期、越冬期、拔节期、成熟期比孕穗期、开花期、灌浆期大。

表2-2 不同处理对冬小麦开花期、灌浆期、成熟期田间土壤水分含量的影响 (%)

处理	不灌水			补充灌水		
	开花期	灌浆期	成熟期	开花期	灌浆期	成熟期
1	8.60	7.30	19.05	13.75	8.65	21.90
2	9.00	7.80	21.17	14.00	9.20	22.63
3	9.20	8.05	22.35	14.15	9.40	23.15
4	8.75	7.35	20.95	13.80	8.80	22.55
5	8.85	7.50	21.15	13.95	9.05	22.80
6	10.35	8.20	22.37	14.75	9.70	22.90
7	10.95	8.35	22.43	14.85	11.35	23.37
8	11.00	8.30	22.65	14.90	11.95	23.73
9	11.10	8.65	23.25	14.90	12.35	23.77
10	10.10	8.10	21.70	14.65	10.50	22.25
11	10.55	8.28	22.47	14.75	10.55	22.50
12	9.95	7.45	21.12	14.55	8.85	22.10

表 2-3　冬小麦分蘖期、越冬期、拔节期、孕穗期覆盖处理土壤含水量与 CK 比较结果　（%）

生育期	2 – CK	3 – CK	4 – CK	5 – CK	6 – CK	7 – CK	8 – CK	9 – CK	10 – CK	11 – CK	12 – CK
分蘖期	1.85	2.10	0.33	0.65	2.08	2.78	3.78	4.28	4.40	4.68	3.48
越冬期	0.73	1.15	0.25	0.55	1.08	1.58	1.73	2.78	4.23	6.45	3.50
拔节期	1.85	2.55	1.25	1.85	2.40	2.45	3.05	3.15	2.95	3.10	1.80
孕穗期	0.75	0.95	0.10	0.45	1.25	1.90	2.60	3.10	2.10	2.40	1.60

表 2-4　冬小麦开花期、灌浆期、成熟期不同覆盖处理土壤水分含量与 CK 比较结果　（%）

处理	不灌水			补灌		
	开花期	灌浆期	成熟期	开花期	灌浆期	成熟期
2 – CK	0.40	0.50	2.17	0.25	0.55	0.73
3 – CK	0.60	0.75	3.30	0.40	0.75	1.25
4 – CK	0.15	0.05	1.90	0.05	0.15	0.65
5 – CK	0.25	0.20	2.10	0.20	0.40	0.90
6 – CK	1.75	0.90	3.32	1.00	1.05	1.00
7 – CK	2.35	1.05	3.38	1.10	2.70	1.47
8 – CK	2.40	1.00	3.60	1.15	3.30	1.83
9 – CK	2.50	1.35	4.20	1.15	3.70	1.87
10 – CK	1.50	0.80	2.65	0.90	1.85	0.35
11 – CK	1.95	0.98	3.42	1.00	1.90	0.60
12 – CK	1.35	0.15	2.07	0.80	0.20	0.20

表 2-5　覆盖处理下灌溉和非灌溉土壤水分含量的比较结果　（%）

生育期	1	2	3	4	5	6	7	8	9	10	11	12
开花期	5.15	5.00	4.95	5.05	5.10	4.40	3.90	3.90	3.80	4.55	4.20	4.60
灌浆期	1.35	1.40	1.35	1.45	1.55	1.50	3.00	3.65	3.70	2.40	2.28	1.40
成熟期	2.85	1.47	0.80	1.60	1.65	0.53	0.93	1.08	0.52	0.55	0.03	0.98

从以上分析可以看出，覆盖的保墒效果在冬小麦生长前期比生长后期显著，这是由于生长前期，冬小麦植株矮小，土壤水分的丧失以地面蒸发为主，而覆盖有效地减弱了地面蒸发，在生长后期，植株高大，生命活动旺盛，强烈的叶面蒸腾作用成为土壤水分丧失的主要途径，地表覆盖对土壤水分丧失的抑制作用相对退居次要地位。灌浆以后，尽管气温仍在增加，但绿色叶面积开始逐渐减少，叶面积指数下降，叶蒸腾活力降低，冬小麦的需水强度开始逐渐下降。

从表 2-5 中可以看出，在冬小麦开花期，对照处理补充灌溉与非灌溉处理的土壤水分含量的差值最大，其中营养型抗旱保水剂 60 kg/hm^2 + 秸秆覆盖 3 000 kg/hm^2、营养型抗旱保水剂 45 kg/hm^2 + 秸秆覆盖 6 000 kg/hm^2、营养型抗旱保水剂 60 kg/hm^2 + 秸秆覆盖 6 000 kg/hm^2，这几个复合覆盖处理的差值最小，而在灌浆期结果却相反，到成熟期二者的差值又为最大，复合覆盖处理差值还是相对较小。

进一步分析上面的结果，对刚灌水完毕没几天的开花期来说，CK 处理灌溉与非灌溉处理的土壤水分含量的差值就表现了冬小麦这一生育期气候的干旱程度，差值愈大说明气候愈干旱，此时覆盖处理的差值小充分说明，愈是干旱的条件下，其保墒效果愈好。冬小麦在孕穗—扬花期，叶面积指数达一生中的最大值，其需水达至最大，加之灌浆期温度较高，未灌处理下贮存的水分几乎被耗尽，这时，对灌溉下的覆盖处理来说，秸秆、保水剂本身吸收的灌溉水将慢慢释放出来，地膜覆盖减小了水分的蒸发，因而此时覆盖处理灌溉与非灌溉处理的土壤水分含量的差值相比对照要大一些，成熟期，冬小麦生理耗水很少，土壤水分的丧失以地面蒸发为主，而覆盖处理减小了蒸发的程度，故差值相对小一些。由营养型抗旱保水剂 60 kg/hm^2 + 秸秆覆盖 3 000 kg/hm^2、营养型抗旱保水剂 45 kg/hm^2 + 秸秆覆盖 6 000 kg/hm^2、营养型抗旱保水剂 60 kg/hm^2 + 秸秆覆盖 6 000 kg/hm^2 复合覆盖处理的差值变化可以进一步得出它们的保墒效果相对较好的结论。

2.2 不同用量保水剂对烟草各生育期土壤水分含量的影响

试验设置在禹州试验基地，在烟草移栽大田后进行，烟草品种选取中烟 100，供试保水剂为河南省农科院资环所研制的营养型抗旱保水剂。试验采用随机区组设计，设对照(CK)，保水剂用量梯度分别为 7.5、15、22.5、30、37.5、45、60 kg/hm^2(代号为 W1、W2、W3、W4、W5、W6、W7)，加上对照共 8 个处理，3 区组，24 个小区，株距 0.8 m，行距 1.21 m，每小区面积 28 m^2 左右。保水剂采用穴施方法，先往穴内浇灌一定量的水，后移栽烟草幼苗，待水分渗入完全，将保水剂均匀撒施于植株周围，再在其上覆盖一层土，以防雨水冲刷。田间统一施肥、统一灌溉、统一管理，分别于烟草伸根期(2008 年 6 月 15 日)、旺长期(2008 年 7 月 5 日)、成熟期(2008 年 7 月 18 日)调查取样，每小区采取长势均匀的 3 片叶，放于液氮罐带回实验室测定生理指标，另外随机采 3 片烟叶放入封口袋中，于当天带回实验室及时测定相对含水量、叶面积等指标。

不同用量保水剂对烟草各生育期的土壤表层水分含量的影响达到显著水平(见表 2-6)。在伸根期(S_1)，随着保水剂用量的增加，土壤表层水分含量呈增加趋势，到处理 W_7 时，达到最大值。与对照相比，保水剂处理各浓度下土壤表层含水量分别增加了 13.47%、30.30%、42.42%、51.52%、64.98%、77.44% 和 102.02%，与对照 CK 相比，各处理均达到极显著水平($P<0.01$)，而在处理 W_3 和 W_4 之间，达不到显著水平($P>0.05$)。在烟草旺长期(S_2)和成熟期(S_3)，不同用量保水剂作用下，土壤表层水分含量的变化趋势与伸根期(S_1)的变化趋势一致，也是随着保水剂施用量的增加而增加。所不同的是，与对照相比所增加的百分比，在旺长期(S_2)是 16.23%、35.93%、39.61%、43.72%、54.55%、71.21%、98.05%，在成熟期(S_3)是 12.14%、17.41%、22.68%、28.64%、33.33%、39.40%、47.42%。

在烟草大田生育期的 3 个时期内，随着烟株的生长，在伸根期(S_1)、旺长期(S_2)和成熟期(S_3)，土壤表层水分含量呈递增趋势，其原因可能是成熟期(S_3)测定时是在雨天刚过后所致，而在旺长期(S_2)测定与雨天的时间间隔要大于伸根期(S_1)，故土壤表层含水量在 3 个时期有明显不同。这表明，施用保水剂的土壤，在一次降雨之后，随着与降雨时间间隔的延长($S_3 \rightarrow S_2 \rightarrow S_1$),其表层土壤水分含量有一定的增加趋势,且随着保水剂用量的增加这种趋势更明显,在本试验中,土壤表层水分含量在伸根期(S_1)的处理 W_7 增加的百分比最大,能合理地解释这种变化趋势。说明,保水剂能有效地改善土壤水分状况,提高土壤水分含量,从而为作物生长提供一个良好的水分环境,且随着保水剂施用量的增加,其效果越明显。

表 2-6 烟草各生育期不同用量保水剂作用下土壤表层水分含量比较

处理	土壤表层含水量(%)		
	S_1	S_2	S_3
CK	2.97 ±0.25gF	9.24 ±0.69gG	17.46 ±0.84hH
W_1	3.37 ±0.06fE	10.74 ±0.73fF	19.58 ±0.36gG
W_2	3.87 ±0.15eD	12.56 ±0.21eE	20.50 ±0.29fF
W_3	4.23 ±0.06dCD	12.90 ±0.07deDE	21.42 ±0.36eE
W_4	4.50 ±0.20dC	13.28 ±0.37dD	22.46 ±0.23dD
W_5	4.90 ±0.10cB	14.28 ±0.18cC	23.28 ±0.39cC
W_6	5.27 ±0.21bB	15.82 ±0.87bB	24.34 ±0.21bB
W_7	6.00 ±0.53aA	18.30 ±0.95aA	25.74 ±1.21aA

注:S_1、S_2、S_3 分别表示烟草的伸根期、旺长期、成熟期;表中数据是 6 次测定的平均值及其标准差,运用 SPSS 软件 One-way ANOVA 分析,同行不同大小字母表示处理间差异显著($P<0.05$; $P<0.01$),下同。

2.3 不同保水剂对不同生育期砂壤土和砂土表层土壤水分的影响

试验设在河南省延津县,试验土壤包括两种土壤质地(砂壤土和砂土)、两种调理剂(营养型抗旱保水剂(河南省农业科学院研制,白色粉末状)和沃特保水剂(胜利油田长安集团聚合物有限公司生产, 灰褐色)),试验用量分别为 15、30 、45 kg/hm^2 和 60 kg/hm^2。共设置主处理 9 个:①对照(常规耕作)(A_1);②营养型抗旱保水剂 15 kg/hm^2(A_2);③营养型抗旱保水剂 30 kg/hm^2(A_3);④营养型抗旱保水剂 45 kg/hm^2(A_4);⑤营养型抗旱保水剂 60 kg/hm^2;⑥沃特保水剂 15 kg/hm^2;⑦沃特保水剂 30 kg/hm^2;⑧沃特保水剂 45 kg/hm^2;⑨沃特保水剂 60 kg/hm^2。随机排列,重复 3 次。播种前用普通过磷酸钙(P_2O_5 90 kg/hm^2)、氮肥(纯氮 150 kg/hm^2)作底肥,分别在小区内均匀撒施。供试小麦品种为矮抗 58。

2.3.1 不同保水剂对砂壤土土壤含水量的影响

对两种保水剂在对砂壤土不同深度,在不同时期做了详细研究,其结果如图 2-2 所示。试验结果表明,营养型抗旱保水剂在拔节期对耕作层的土壤含水量影响随着用量增加而增加,并以 45 kg/hm^2 最好,比对照增加了 43.6% 左右;孕穗期对耕作层土壤含水量影响与拔节期刚好相反,随着保水剂用量增大逐渐降低,以 45 kg/hm^2 时最低,比对照降低 27.8%;成熟期对耕作层土壤含水量影响与拔节期相似,随着用量增大而增大,并以 45 kg/hm^2 最好,比对照增加了 41.5%。沃特保水剂在拔节期只有 60 kg/hm^2 处理时含水量比对照增加了 32.4%,其他处理减少,而在孕穗期和成熟期含水量并没有发生明显变化,只有在成熟期 45 kg/hm^2 处理含水量增加了 13%。营养型抗旱保水剂在拔节期和孕穗期对 20~60 cm 土层的土壤含水量影响与耕作层相似,成熟期 20~60 cm 土层的土壤含水量影响不明显,处理 3、处理 4、处理 7、处理 8 比对照降低。不同生育期沃特保水剂不同处理对不同层次土壤含水量影响没有明显规律。营养型抗旱保水剂在拔节期对土壤含水量的影响可能是拔节期小麦地上部分生物量产量较小,对水分需求量不大。因此,小麦对不同处理土壤含水量影响不大,土壤含水量受营养型抗旱保水剂的影响较大,营养型抗旱保水剂用量越大蓄水能力越强;孕穗期小麦地上部分生长旺盛,小麦对水分需求较大,土壤水分条件好的处理小麦生长相对较好,土壤含水量减小;成熟期小麦停止生长,保水剂蓄水功能又体现出来,保水剂用量越大的处理含水量越高。沃特保水剂对砂壤土蓄水效果影响不显著。

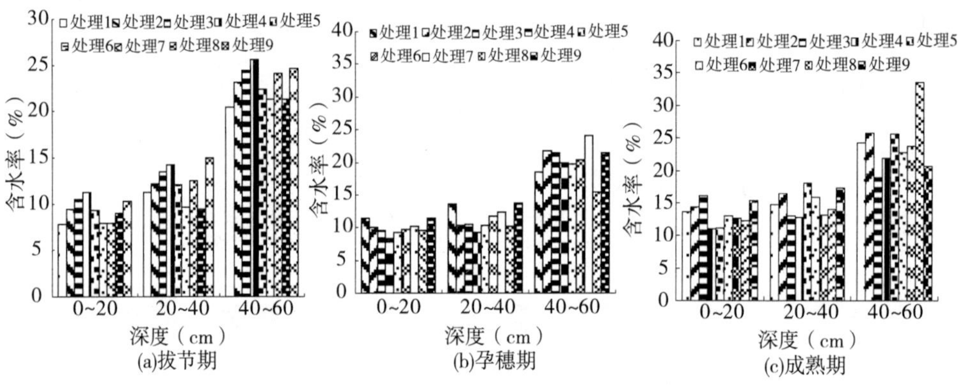

图 2-2 三个生育期不同处理土壤含水量变化

2.3.2 不同保水剂对砂土的土壤含水量的影响

保水剂对砂土的土壤含水量影响与保水剂对砂壤土影响有很大不同(见图 2-3)。从图中可以看出两种保水剂不同时期不同用量对土壤含水量都有相同的变化趋势:①拔节期和成熟期中两种保水剂对 0~20 cm 耕作层土壤含水量都比对照提高,拔节期随着用量增加含水量增加,处理 4 和处理 8(45 kg/hm^2)最高;孕穗期 0~20 cm 耕作层不同处理土壤含水量都比对照降低,随着用量增加含水量降低更多,用量为 45 kg/hm^2 时最低。②20~40 cm处土壤含水量变化情况与 0~20 cm 耕作层变化趋势相似。③40~60 cm 处土壤含水量两种保水剂不同处理变化无规律可循。④拔节期沃特保水剂效果比营养型抗旱保水剂效果好;孕穗期两种保水剂效果差别不明显;成熟期营养型抗旱保水剂比沃特保水剂效果佳。

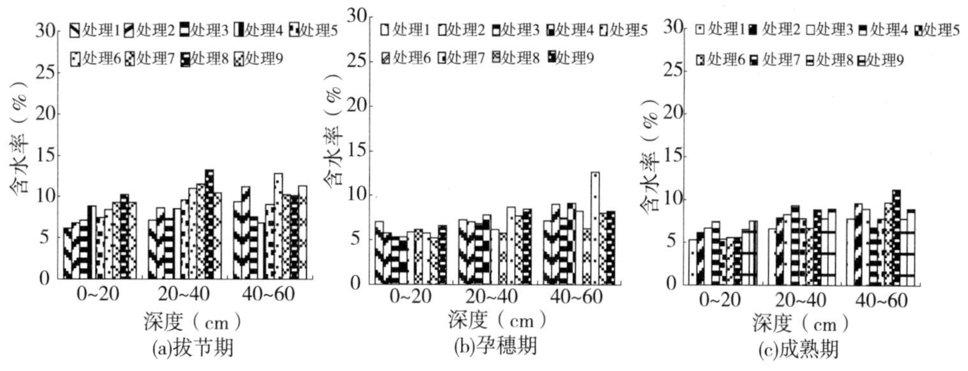

图 2-3　两种保水剂不同时期不同处理土壤含水量变化

2.4　保水剂与氮肥对旱地冬小麦不同生育期土壤水分的影响

本试验设置在禹州试验基地，采用田间 - 盆栽试验相结合。保水剂采用河南省农业科学院研制的营养型抗旱保水剂，主要成分为聚丙烯酰胺类物质、腐殖酸有机物质和稀土等。根据前期的工作和经验，大田保水剂处理设置为 B_0（0 kg/hm^2）、B_1（30 kg/hm^2）、B_2（60 kg/hm^2）、B_3（90 kg/hm^2），采用沟施。氮肥采用尿素，设 3 个水平的用量，即 N_0（0 kg/hm^2）、N_1（纯氮 225 kg/hm^2）、N_2（纯氮 450 kg/hm^2）。普通过磷酸钙做底肥，用量为 90 kg/hm^2。小麦品种为郑麦 9694。盆栽试验保水剂用量设置为 B_0'（0 mg/kg）、B_1'（0. 27 mg/kg）、B_2'（54 mg/kg）、B_3'（81 mg/kg），氮肥采用尿素，用量设置为 N_0'（0 mg/kg）、N_1'（432 mg/kg）、N_2'（864 mg/kg）。设置两个灌水水平 W_1（占田间持水量的 50% ~65%）和 W_2（占田间持水量的 70% ~85%）。磷肥为纯磷（533 mg/kg）。

田间试验　将保水剂与土壤按风干十重 1∶10 进行混合，搅拌均匀后开沟均匀撒施于 10 ~ 15 cm 的沟内，然后再盖土，在自然降水条件下（不做任何灌水），测定冬小麦不同生育期的 0 ~ 100 cm 土壤含水量、0 ~ 20 cm 土壤全氮含量、0 ~ 40 cm 根系质量及根冠比，并测定冬小麦的根系和叶片抗旱生理及形态指标，同时测定相应时期的冬小麦光合作用，测定时间为 09:00 至 10:30。试验采用随机区组设计，小区面积为 5 m × 6 m = 30 m^2。

盆栽试验　在遮雨棚中进行，在冬小麦返青期开始控水（灌水量设为：轻度胁迫（50% ~65%）、充分灌水（70% ~85%）），到拔节期，当胁迫对照含水量低于田间持水量的 50% 和充分灌水低于 70% 时，进行光合速率、蒸腾速率、气孔导度、胞间二氧化碳浓度、叶片温度的观测，复水后连续观测各光合参数，同时取根系测定根系活力和植株测定叶片质膜透性，完成该生育期的生理指标测定。然后均充分灌水，分别在孕穗期和灌浆期前进行控水（同上），并测定供水前后小麦生理生化指标的变化。与此同时，取土壤样品与植株样用以测定土壤和植株中的氮、磷、钾含量。

盆栽试验的容器为高 30 cm、上口直径 33 cm，下口直径 25 cm 的塑料桶，装土时将与大田相同的表层土壤风干后过 5 mm 筛装盆，装等量风干土 18 kg/盆，其中，保水剂与肥料及 5 kg 土混合后分别装入盆的 10 ~ 15 cm 的土层当中。

然后将准备好的麦种种植于盆中，每盆 63 粒，待出苗后挑选长势和活力相近的麦苗 36 株用于试验。一共栽植 120 盆（4（保水剂用量）×3（肥料用量）×5（重复）×2（灌水量）），每次测定光合时间累计 1.5 小时（09:00～10:30）。

2.4.1　保水剂与氮肥对土壤水分的影响

保水剂不但能够吸收降水，而且能够通过改善土壤结构来影响不同土层土壤剖面水分的变化。小麦生长期内 0～100 cm 土层土壤剖面水分变化如图 2-4 所示。随生育期的推进，虽然有降雨的补充，但各处理 0～100 cm 剖面土壤含水量有所降低，尤其是灌浆期最低（见图 2-4（c）），而收获时由于小麦对水分停止消耗，受到降雨补充后，土壤水分迅速提高。

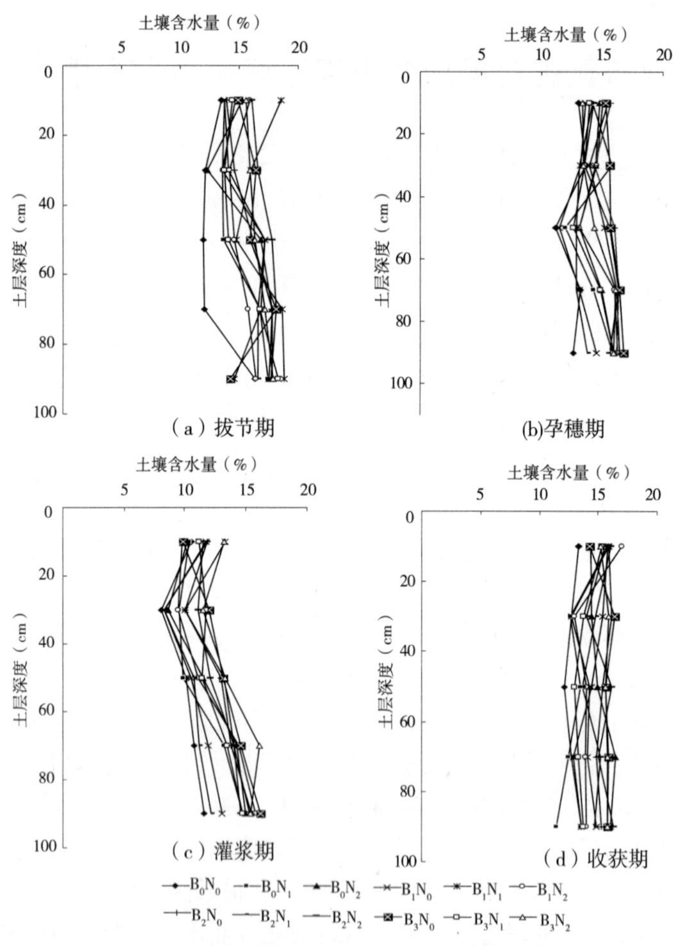

图 2-4　不同生育期各处理 0～100 cm 土壤水分变化特征

从整体来看，对照（B_0N_0）的 0～100 cm 土层的土壤含水量在不同生育期均较低。在拔节期（见图 2-4（a）），0～20 cm 土层土壤含水量以不施保水剂的处理较低。0～60 cm 土层以 B_2N_2 处理土壤水分含量最高。而 0～20 cm 和 60～80 cm 土层的土壤含水量以 B_1N_1 处理最高，但在 40～80 cm 的土层含水量较低。B_3N_0 处理 0～80 cm 土层土壤水分变化波动性最小，而到 80 ~ 100 cm 土层时的土壤含水量最低。B_3 与 N_2 叠加时的 0 ~ 60 cm 土层的土壤含水量较低。B_1N_2 处理的各土层含水量居中。

到孕穗期，0 ~ 100 cm 土层土壤含水量以 B_1N_0 处理最高，且上下较稳定，对照最低。B_0N_1 处理的 0 ~ 100 cm 土壤剖面水分变化波动较大，且在 40 ~ 100 cm 土层土壤含水量较低。B_3N_1 处理 0 ~ 100 cm 土壤剖面的含水量居中。40 ~ 60 cm 土层间的各处理土壤含水量差异较大，这可能是孕穗期小麦根系主要集中于该层所致。

灌浆期时，各处理 20 ~ 40 cm 土层的土壤含水量显著低于其他层次，而 40 cm 以下土层的土壤含水量随土层的加深而增加。0 ~ 20 cm 土层的土壤含水量表现为：B_3N_1 和 B_1N_0 处理最高，B_3N_0 和不施保水剂的处理最低。但到 20 ~ 40 cm 土层，B_3N_0 处理土壤水分迅速提高，且高于其他处理，而不施保水剂处理的土壤含水量仍最低。随土层的加深，B_3N_0 处理土壤水分仍较其他处理高（60 ~ 80 cm 处 B_3N_0 处理最高），对照土壤含水量一直最低，其次为 B_2N_1 和 B_1N_0 处理。其他处理该层次差异不显著。

到收获，由于小麦生长耗水的停止和降水的补充，土壤剖面含水量提高，且上下波动较小，对照各层次含水量仍较低。0 ~ 20 cm 土层土壤含水量以 B_1N_2 处理最高，B_0N_2 和 B_3N_0 处理较低，其他处理居中且差异不显著。B_0N_2 处理的含水量随土层的加深而提高，在 60 ~ 80 cm 土层中甚至高于其他处理。而 B_3N_0 和 B_3N_2 处理 20 cm 以下土壤剖面的含水量均较其他处理高，且上下变化较为稳定。B_3N_1 处理的含水量在 20 cm 以下土壤含水量较低，且随土层的加深土壤含水量降低。说明施用保水剂和氮肥 0 ~ 100 cm 土层土壤含水量在作物对水分的消耗过程中仍高于对照，而土壤水分较好且容易被作物吸收利用的处理其土壤水分有所降低，但均高于对照，能够促进作物的生长发育。

2.4.2　保水剂与氮肥对不同时期土壤储水量的影响

不同生育期各处理的土壤储水量见图 2-5。从图中可以看出，各生育期的土壤储水量表现为：拔节期 > 收获期 > 孕穗期 > 灌浆期。各时期对照的土壤储水量均最低。从拔节期到灌浆期，不施保水剂时，随施氮量的增加各生育期的储水量均提高，说明在不施用保水剂时增施氮肥可以有效提高土壤的储水量，有效减少了水分的无效蒸发。施用保水剂均显著提高了土壤储水量，且以中等用量保水剂为佳。而低用量保水剂与中肥配施（B_1N_1）后，其储水量较单施保水剂显著提高，再增加氮肥用量，土壤储水量有所降低。中等用量保水剂与氮肥配施时，其储水量有所降低。这可能因为其所保持的土壤水分和养分更加同步而利于作物的吸收。收获前高用量保水剂及其与氮肥配施的土壤储水量均较高，而不同生育期各处理大小不一。到收获时，保水剂和氮肥及其配施的处理仍显著高于对照。以 B_0N_2、B_2N_0、B_3N_0 和 B_3N_2 处理最高，B_0N_1 和 B_3N_1 处理较低，但均高于对照。说明保水剂和氮肥的施用显著提高了不同生育期土壤储水量，随生育期的推进中等用量保水剂的处理小麦表现越显著。

2.4.3　盆栽条件下保水剂与氮肥对控水试验小麦复水前后土壤水分变化的影响

不同生育期不同水分条件复水前后土壤水分特征变化见图 2-6。

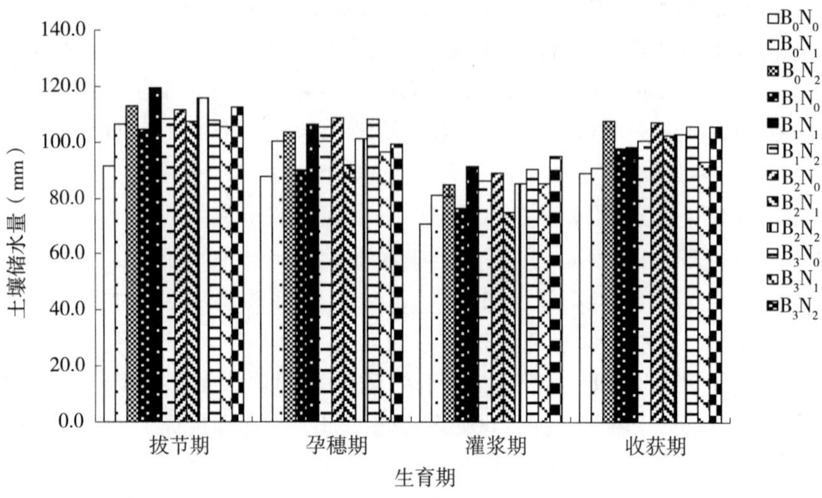

图 2-5　不同生育期各处理 0 ~ 100 cm 土壤储水量

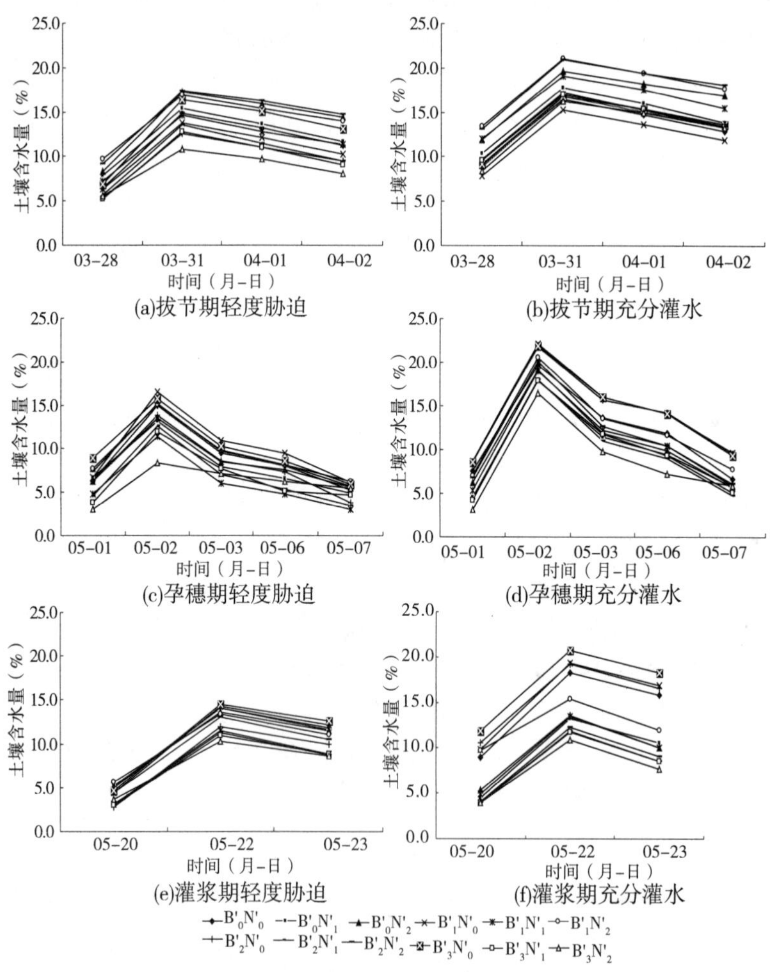

图 2-6　不同生育期轻度胁迫与充分灌水复水前后土壤水分变化

(1)在拔节期，轻度胁迫处理复水前，$B_1'N_2'$处理的土壤水分最高，依次为：$B_2'N_2'$、$B_0'N_2'$、$B_0'N_1'$，$B_3'N_1'$ 和 $B_3'N_2'$最低，其他处理居中。复水 1.5 kg/盆后，土壤水分迅速提高，且到复水后第3天(3月31日)，各处理土壤水分表现为：$B_2'N_2'$、$B_0'N_2' > B_1'N_2' > B_3'N_0' > B_0'N_1' > B_0'N_0' > B_1'N_1' > B_1'N_0' > B_2'N_1' > B_3'N_1' > B_2'N_0' > B_3'N_2'$，随日期的推进，土壤水分迅速降低。而复水第4天和第5天各处理土壤水分表现基本与第3天一致。

充分灌水条件下，各处理水分均显著高于轻度胁迫条件。复水前，各处理土壤含水量表现为：$B_2'N_2'$和 $B_1'N_2'$处理显著高于其他处理，$B_0'N_2'$和 $B_1'N_1'$处理次之，$B_1'N_0'$处理最低，其他处理居中。复水 1.5 kg/盆后，随作物消耗和土壤蒸发，各处理间变化趋势基本与复水后一致。

(2)在孕穗期，轻度胁迫条件下复水前。具体表现为：$B_3'N_0' > B_1'N_2' > B_2'N_2' > B_3'N_0'$、$B_0'N_1'$、$B_0'N_0'$、$B_1'N_0' > B_2'N_1'$、$B_1'N_1' > B_3'N_1' > B_3'N_2'$。复水 1.5 kg/盆后，各处理土壤含水量表现为：$B_1'N_0'$处理最高，$B_3'N_0'$次之，$B_3'N_2'$仍最低，对照和其他处理居中。充分灌水条件下，复水前，各处理土壤水分变化表现为：$B_3'N_0'$、$B_2'N_0'$、$B_1'N_0' > B_0'N_0' > B_1'N_2'$、$B_2'N_2' > B_0'N_2' > B_1'N_1' > B_0'N_1' > B_1'N_2'$、$B_3'N_1' > B_3'N_2'$。复水 2.5 kg/盆后，$B_3'N_0'$、$B_2'N_0'$和 $B_1'N_0'$处理仍最高，$B_1'N_2'$和 $B_2'N_2'$处理次之，$B_3'N_1'$和 $B_3'N_2'$处理低于其他处理，尤其是 $B_3'N_2'$处理。复水后第 3 ~6 天，$B_3'N_0'$、$B_2'N_0'$和 $B_1'N_0'$处理均最高。$B_0'N_0'$和 $B_1'N_2'$处理次之，$B_3'N_2'$处理的土壤含水量最低，其他处理居中。复水后第 7 天，$B_3'N_0'$、$B_2'N_0'$和 $B_1'N_0'$处理仍最高，其次为 $B_1'N_2'$处理，$B_3'N_1'$和 $B_2'N_1'$处理最低。

(3)在灌浆期，轻度胁迫条件下，复水前，$B_1'N_2'$处理的土壤含水量最高，$B_3'N_0'$处理居中，$B_3'N_1'$处理的土壤含水量最低。复水 1.5 kg/盆后第 2 天，各处理的土壤含水量表现为：$B_3'N_1'$高于其他处理，$B_1'N_0'$处理次之，$B_2'N_0'$处理居中，$B_3'N_2'$处理最低。而复水后第 3 天，各处理的土壤水分变化与第 2 天基本一致。

充分灌水条件下，各处理间的差异明显大于轻度胁迫条件。复水前后，$B_3'N_0'$、$B_2'N_0'$、$B_1'N_2'$、$B_1'N_0'$、$B_0'N_0'$处理的土壤含水量均大于其他处理，而复水前，$B_3'N_0' > B_2'N_0' > B_1'N_2'$、$B_1'N_0' > B_0'N_0' > B_0'N_2' > B_1'N_1' > B_0'N_1' > B_2'N_1'$、$B_2'N_2'$、$B_3'N_1'$、$B_3'N_2'$。复水 1.5 kg/盆后第 2 天和第 3 天，各处理间的差异加大，$B_3'N_0' > B_1'N_0' > B_2'N_0' > B_0'N_0' > B_1'N_2'$，且显著高于其他处理的土壤含水量，而 $B_3'N_2'$处理最低。

综上所述，不同生育阶段进行控水，复水前后各处理变化各异，但 $B_3'N_2'$处理的土壤水分均较低，而 $B_3'N_0'$处理随生育期的推进，其所保持的水分较其他处理高。

第3章　保水剂对土壤结构特征的影响

土壤团聚体是土壤结构的基本单位，是土壤中各种物理、化学和生物作用的结果，是土壤肥力的中心调节器，其影响着土壤的孔隙性、通透性和抗蚀性。

土壤结构的稳定性可用团聚体土粒质量及分级状况等相关特征进行描述，Van Bavel 和 Mazurak 分别提出用平均质量直径、几何平均直径对团聚体进行描述。近年来，几何分形维数已经成为评价各项土壤质量指标的重要工具，如团聚体与土粒质量、土壤颗粒表面、地表糙度及水分传导参数等。有研究认为，几何平均直径比平均质量直径更为准确，能更好地反映团聚体的分布变化情况。

对于土壤孔隙特征的研究方面，近年来，应用 X 射线 CT 扫描技术分析土壤的孔隙度、孔隙分形维数和孔隙空间分布状况等成为土壤孔隙特征研究的新方法。与常规方法相比，CT 扫描方法具有成像速度快、对土体非破坏性分析、分析精度较高（mm 至 μm 尺度）等优点，还可通过连续切片图像的重组进行土体内部结构的三维立体分析等。

Rachman 等利用 CT 扫描方法结合传统的土壤持水量推算法将所测定的大孔隙度数据进行了比较，发现两种方法所得到的结果十分接近。相关研究表明，利用 CT 扫描后图像处理技术可以研究土壤孔隙的分布、土壤孔隙度、孔隙表面分形数维、土壤含水量空间分布以及非饱和导水率等土壤性质。Warner 对 CT 扫描图像的研究表明，CT 可准确揭示大孔隙（直径 >1 mm）的数目、大小和位置。Anderson 分析了容重统计参数在土柱中的分布规律，并对容重作了自相关分析。Peyton 采用迭代方法确定大孔隙的孔隙周长、等效直径和孔隙度。Photat 等研究得出，由土壤容重算出的总孔隙度与由 CT 得出的总孔隙一般较为一致。冯杰等、吴华山等、赵世伟等对含有不同大孔隙的原状土柱及已知直径的大孔隙填充土柱进行 CT 扫描试验，得到大孔隙数目、大小、形状和连通性在土体上的分布。

相关研究表明，保水剂能够改善土壤结构，促进团粒的形成、提高水稳性团聚体含量。而在冬小麦生长过程中，保水剂反复吸水后的土壤结构特征如何，还鲜见报道，且利用 CT 扫描技术分析保水剂施用后的土壤孔隙特征的报道也并不多见。

3.1　不同保水剂对不同土壤质地土壤结构的影响

土壤质地类型为砂壤土和砂土，试验方案同 2.3 节。分别在拔节期、孕穗期、成熟期，取不同处理的环刀样，测定其容重。同时取原状土 500 g 左右放入塑料盒里风干，用湿筛法分离并测定各级团聚体含量。

3.1.1　不同保水剂不同时期对砂壤土土壤容重的影响

保水剂对土壤容重的影响文献报道较多，杨红善等报道的是施加保水剂后土壤容重减小。原因很简单，土壤施加保水剂后，保水剂吸水膨胀，把分散的土壤颗粒连结成块状，使土壤孔隙度增加,容重下降。本试验用两种保水剂不同用量对麦地砂壤土容重的影响进行研究,其结果表明保水剂对容重的影响与土壤在不同时期和不同含水量紧密相关(见图 3-1)。试验结果表明,施用营养型抗旱保水剂随着用量增大容重不断减小,但同一浓度下孕穗期最小,成熟期最大,可见容重是在不断变化的;沃特保水剂在同一时期随着用量的增大容重增大,同一用量时不同时期容重变化不大。容重减小,说明土壤孔隙度增大,土壤含水量也会增加,这一点与前面含水量试验效果一致。

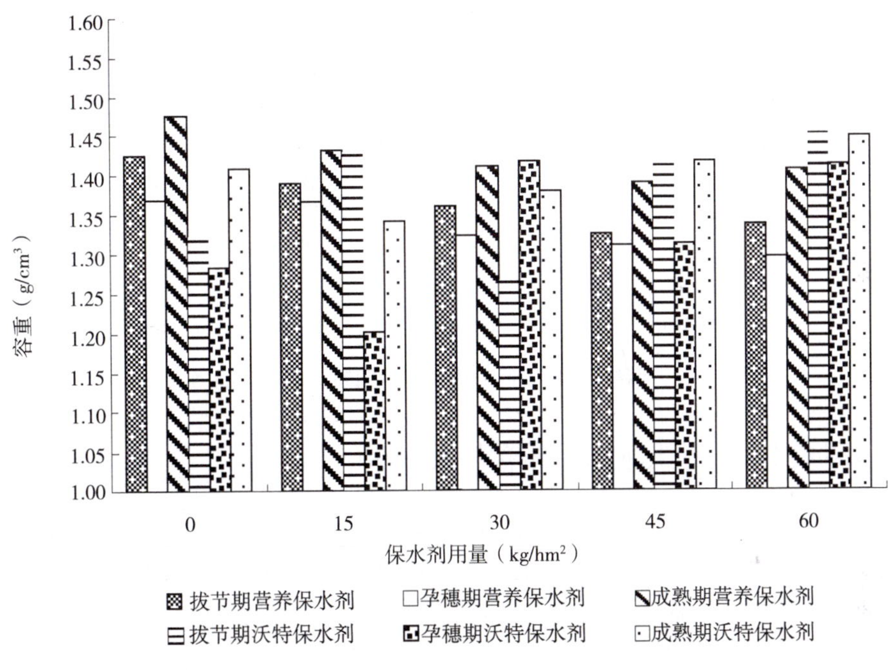

图 3-1　两种保水剂不同时期不同处理容重变化

3.1.2　不同保水剂对不同时期砂土土壤容重的影响

保水剂对土壤容重的影响与土壤质地有关,从图 3-1 和图 3-2 可以看出,两种保水剂不同处理不同生育期对土壤容重影响规律较为一致。与对照比,三个生育期营养型抗旱保水剂随着用量增加,土壤容重不断降低,拔节期分别降低了 1.29%、3.43%、7.41%、1.14%;孕穗期分别降低了 3.39%、3.74%、8.25%、0.85%;成熟期分别降低了 1.53%、1.67%、5.92%、1.25%。三个时期都是用量 45 kg/hm² 时容重降低最大,当用量大于 45 kg/hm² 时容重又增大。随着时间的推移,容重逐渐增加,同一用量下,容重大小为成熟期 > 孕穗期 > 拔节期。容重降低的原因是保水剂改善了土壤结构,使土壤团聚体增加,土壤孔隙度增大,不同用量对土壤团聚体、孔隙度影响程度不同,因而容重变化不一样。沃特保水剂对土壤容重的影响与营养型抗旱保水剂有相似的规律,但容重降低幅度比营养型抗旱保水剂小。与对照比,拔节期分别降低了 0.71%、1.36%、3.57%、1.50%;孕穗期分别降低了 1.13%、1.56%、2.55%、1.49%;成熟期分别降低了 0.92%、1.76%、2.75%、

1.41%。由此可见,沃特保水剂效果比营养型抗旱保水剂效果差。

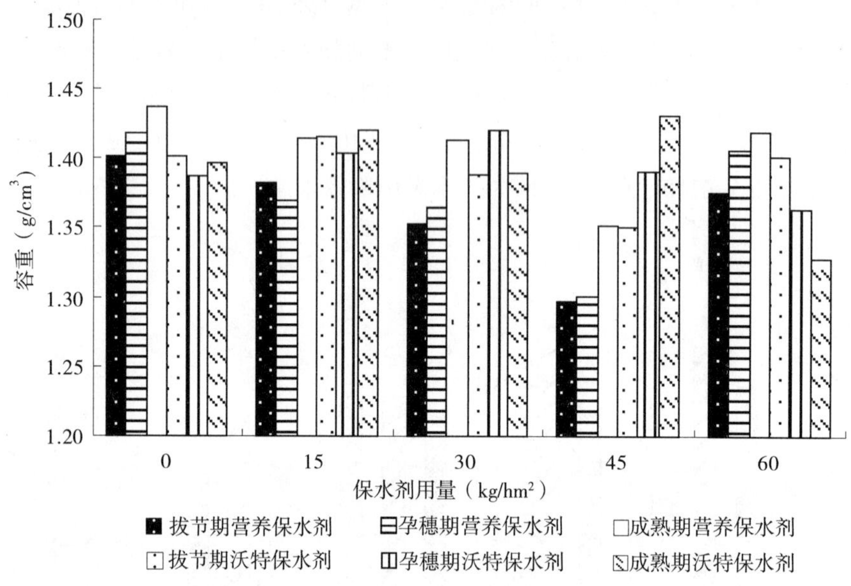

图 3-2　两种保水剂不同处理不同时期对土壤容重的影响

3.1.3　不同保水剂对土壤团聚体含量及分布的影响

土壤团聚体是土壤的重要组成部分、土壤结构的基本单位,其形成和稳定主要是通过土壤中各种胶结物质的胶结作用实现的。土壤团聚体的形成和稳定过程是十分复杂的,不仅受自然条件的影响,而且还受到人为活动的严重影响,主要有土壤有机质、土壤微生物、土地利用方式变化和耕作干扰以及人为方式改良等。土壤团聚体影响着土壤养分,尤其是碳氮磷。土壤团粒结构是土壤肥力的物质基础,是作物高产所必需的土壤条件之一。维持和提高有机质含量,其作用之一就是为了维持和改良土壤团粒结构。土壤有机质是植物的重要营养库,依靠矿化作用释放出可供植物利用的养分,对土壤结构的形成和稳定起重要作用。土壤团聚体是土壤的重要组成部分,在土壤中具有“三大作用 ”,即保证和协调土壤中的水肥气热、影响土壤酶的种类和活性、维持和稳定土壤疏松熟化层。不同粒级的微团聚体在营养元素的保持、供应及转化能力等方面发挥着不同的作用。土壤肥力水平的高低,不仅取决于大、小粒级微团聚体自身的作用,而且与它们的组成比例也有关。目前,保水剂主要应用在改良土壤结构、提高土壤水稳性团聚体含量、增加土壤总孔隙度、改善土壤理化性质、提高土壤入渗率、降低土壤侵蚀量、保护土壤耕层,避免养分流失、提高作物产量和质量等方面,并表现出良好效果。曹丽花等利用土柱盆栽试验研究了土壤改良剂对水稳性团聚体的改良效果。在大田中研究保水剂改善土壤水稳性团聚体效果及机制的文献较少,由于土壤团聚体受多种因素影响,植物根系、土壤动物、干湿交替、冷热变化、季节变换、水分以及其他人为因素等,本试验在其他因素相同情况下,运用保水剂不同处理研究同一时期和不同时期不同质地土壤团聚体的变化状况,探讨保水剂对土壤水稳性团聚体改良的动态过程，以揭示其改善土壤结构的机制，为人们利用保水剂改善土壤结构提供依据。

土壤结构的稳定性是由团聚体分级状况等相关特征来决定的，不同粒径的土壤团聚体影响土壤结构稳定、肥力状况、水分利用及运输、酶的活性等，本试验采用湿筛法测定：>2 mm、1 ~2 mm、0.5 ~1 mm、0.25 ~0.5 mm、<0.25 mm 五个不同粒径水稳性团聚体含量，研究不同保水剂处理在不同生育期对不同质地土壤团聚体的影响，探讨保水剂在整个生育期中反复吸水放水的变化状况，为保水剂改善土壤结构提供理论依据。

3.1.4　常规耕作不同生育期土壤团聚体变化状况

目前对土壤团聚体的研究，主要集中在不同土地利用方式对土壤团聚体的影响、施加土壤改良剂对土壤团聚体的影响、植被恢复对土壤团聚体的影响。常规耕作农田土壤团聚体在不同生育期变化状况研究较少，本试验探讨了常规耕作不同质地农田土壤团聚体在不同生育期的变化特征。

试验结果表明：①砂壤土不同生育期 >0.25 mm 粒径的团聚体先增加后减小（见表 3-1），孕穗期比拔节期增加了 8.15%，成熟期比孕穗期减小 3.87%，但比拔节期增加 4.68%；0.25 ~0.5 mm 的团聚体呈不断增加趋势，孕穗期比拔节期增加 6.08%，成熟期比孕穗期增加 4.22%，成熟期比拔节期增加 10.3%；0.5 ~1 mm 的团聚体先增加后减小，和 0.25 ~0.5 mm 的变化趋势一致。0.25 ~0.5 mm 的团聚体是团聚体的主要部分，占 66% 以上，其次是 0.5 ~1 mm 的团聚体，占 21% 以上。②砂土不同粒径团聚体的变化和砂壤土情况相似，>0.25 mm 粒径的团聚体在拔节期、孕穗期、成熟期变化趋势是先增大再减小。孕穗期比拔节期增加 2.64%，成熟期比孕穗期减小 1.78%，增减幅度比砂壤土小。0.25 ~0.5 mm 的团聚体和 >0.25 mm 的团聚体变化相同，但增减幅度大。0.5 ~2 mm 的团聚体和砂壤土的变化恰恰相反，均呈逐渐增大趋势。显著性相关分析表明，不同粒径团聚体含量随着季节的变化而不断变化，孕穗期团聚体含量显著增加，成熟期比孕穗期降低，比拔节期增大。不同土壤团聚体含量差异显著。

表 3-1　自然状况下不同生育期不同粒径土壤团聚体变化特征

质　地	生育期	粒　级					
		>2 mm	1 ~2 mm	0.5 ~1 mm	0.25 ~0.5 mm	<0.25 mm	>0.25 mm
砂壤土	拔节期	1.50cd	3.85ab	14.66b	40.73c	39.26d	60.74c
	孕穗期	3.88a	3.66ab	16.54a	46.81b	31.11f	68.89a
	成熟期	2.37b	1.71cd	9.90c	51.03a	34.98e	65.02b
砂　土	拔节期	0.26f	0.12f	0.30f	15.22e	84.09ab	15.91f
	孕穗期	0.51e	0.57e	0.75de	16.73d	81.45c	18.55d
	成熟期	1.98cd	1.98cd	0.78de	12.03f	83.23b	16.77e

注：同列不同字母表示处理间差异显著（$P<0.05$）。

从三个生育期不同粒径团聚体的变化特征可以看出：砂壤土 >0.25 mm 粒径的团聚体从减小→增大，最后趋近于拔节期。四个不同粒径的团聚体变化幅度都比较大，可能是由于作物冬小麦根系生长影响着土壤团聚体的形成，孕穗期冬小麦生长最旺盛，破坏了团聚体的形成，到成熟期后根系作用减小，团聚体逐渐增加。砂壤土 >0.25 mm 粒径的团聚体含量比砂土高 4 倍，所以砂土团聚体的形成受作物影响相对较大。砂土在孕穗期冬小麦处于生长旺盛期，小麦根系促使土壤团聚体形成，小麦停止生长后，根系失去作用，团聚体又被破坏，所以含量降低。

3.1.5 保水剂对砂壤土和砂土不同生育期土壤团聚体分布特征的影响

从图 3-3 中可以看出，砂壤土 >0.25 mm 粒径的团聚体 >60%，远远大于 <0.25 mm 粒径的团聚体；砂土 >0.25 mm 粒径的团聚体 <30%，远远低于 <0.25 mm 粒径的团聚体。砂壤土 >0.25 mm 粒径的团聚体主要分布于 0.25 ~0.5 mm 粒径，其次是 0.5 ~1 mm 粒径；砂土 >0.25 mm 粒径的团聚体也主要分布在 0.25 ~0.5 mm 粒径，其次是 >2 mm 粒径的团聚体。砂壤土两种保水剂不同处理的变化幅度较大，各处理间变化比较明显，砂土两种保水剂不同处理的变化幅度较小，各处理间变化不明显。砂壤土三个生育期变化趋势相同：0.25 ~0.5 mm >（<0.25 mm）>0.5 ~1 mm >1 ~2 mm >（>2 mm），拔节期不同处理各团聚体含量变化幅度较大，孕穗期次之，成熟期最小；砂土拔节期和孕穗期的变化趋势和砂壤土相似：0.25 ~0.5 mm >（<0.25 mm）>0.5 ~1 mm >1 ~2 mm >（>2 mm），成熟期则为 0.25 ~0.5 mm >（>2 mm）>1 ~2 mm >0.5 ~1 mm >（<0.25 mm）。

施用不同保水剂对不同土壤质地团聚体产生重要影响，保水剂不同用量对土壤团聚体改变也有重要影响，不同生育期土壤团聚体改变也不一样。砂壤土拔节期两种保水剂不同处理 >0.25 mm 团聚体变化为处理 4 > 处理 5 > 处理 3 > 处理 9 > 处理 2 > 处理 6 > 处理 7 > 处理 1 > 处理 8；0.25 ~0.5 mm 团聚体变化为处理 4 > 处理 5 > 处理 2 > 处理 9 > 处理 3 > 处理 8 > 处理 7 > 处理 1 > 处理 6。砂土拔节期两种保水剂 >0.25 mm 团聚体变化为处理 8 > 处理 6 > 处理 4 > 处理 2 > 处理 3 > 处理 1 > 处理 5 > 处理 9 > 处理 7；0.25 ~0.5 mm 团聚体变化和 >0.25 mm 团聚体变化趋势一样。砂壤土孕穗期两种保水剂 >0.25 mm 团聚体变化为处理 7 > 处理 4 > 处理 5 > 处理 6 > 处理 9 > 处理 2 > 处理 8 > 处理 3 > 处理 1；0.25 ~0.5 mm 团聚体变化为处理 6 > 处理 5 > 处理 4 > 处理 7 > 处理 9 > 处理 3 > 处理 2 > 处理 1 > 处理 8；砂土孕穗期两种保水剂 >0.25 mm 团聚体变化为处理 4 > 处理 3 > 处理 5 > 处理 8 > 处理 7 > 处理 2 > 处理 6 > 处理 1 > 处理 9；0.25 ~0.5 mm 团聚体变化为处理 4 > 处理 3 > 处理 5 > 处理 8 > 处理 2 > 处理 7 > 处理 6 > 处理 1 > 处理 9。砂壤土成熟期两种保水剂 >0.25 mm 团聚体变化为处理 4 > 处理 9 > 处理 8 > 处理 3 > 处理 5 > 处理 6 > 处理 1 > 处理 2 > 处理 7；0.25 ~0.5 mm 团聚体变化为处理 3 > 处理 9 > 处理 2 > 处理 5 > 处理 7 > 处理 4 > 处理 1 > 处理 8 > 处理 6。

营养型抗旱保水剂三个时期对砂壤土和砂土团聚体都有影响，沃特保水剂只对砂土影响效果较为明显，对砂壤土团聚体的改变不显著。营养型抗旱保水剂对砂土的影响大于砂壤土。从以上分析结果可以看出，营养型抗旱保水剂同一用量不同时期对 0.25 ~0.5 mm 团聚体改变和 >0.25 mm 团聚体变化不一样。

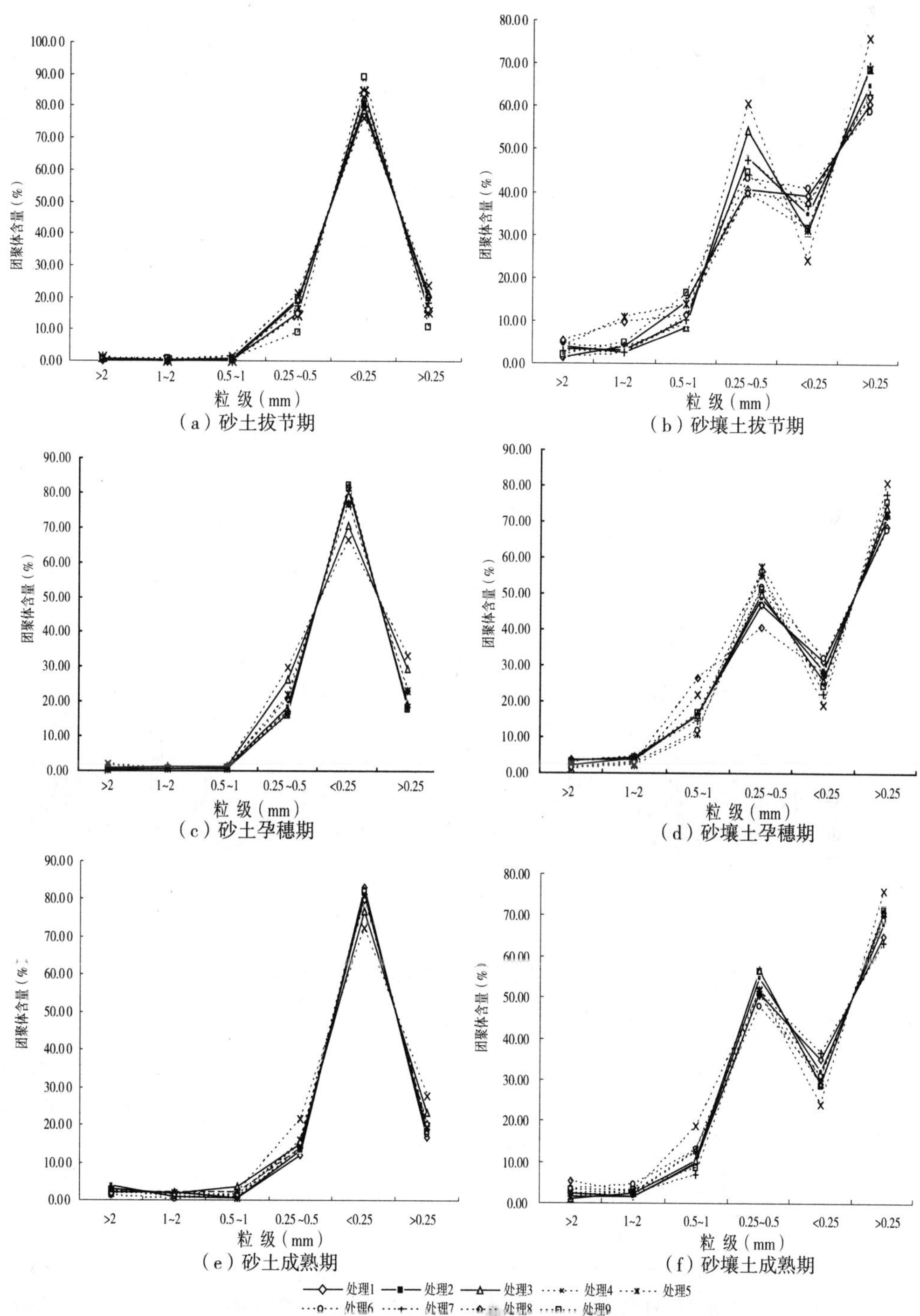

图3-3 两种保水剂对不同生育期砂壤土和砂土土壤团聚体分布的影响

3.1.6　保水剂对土壤不同生育期>0.25 mm土壤团聚体分布特征的影响

从图3-4可以看出,砂土>0.25 mm土壤团聚体含量除孕穗期处理3和处理4外都小于25%,而砂壤土不同生育期各处理>0.25 mm土壤团聚体含量都大于60%。砂土拔节期两种保水剂各处理>0.25 mm土壤团聚体含量分别为营养型抗旱保水剂处理4>处理3>处理2>处理1>处理5;沃特保水剂处理8>处理7>处理6>处理1>处理9。砂壤土拔节期两种保水剂各处理>0.25 mm土壤团聚体含量分别为营养型抗旱保水剂处理4>处理3>处理2>处理1>处理5;沃特保水剂处理9>处理7>处理8>处理1>处理6。说明拔节期营养型抗旱保水剂对两种土壤都有改良效果,沃特保水剂只对砂土有改良效果,营养保水剂也一样,砂土和砂壤土也是一样,两种保水剂都是60 kg/hm^{2}低于对照,说明高用量反而起反作用;营养型抗旱保水剂随着用量增加,改良效果越好,用量为45 kg/hm^{2}时最好,沃特保水剂只有对砂土改良效果随着用量增加越来越好。

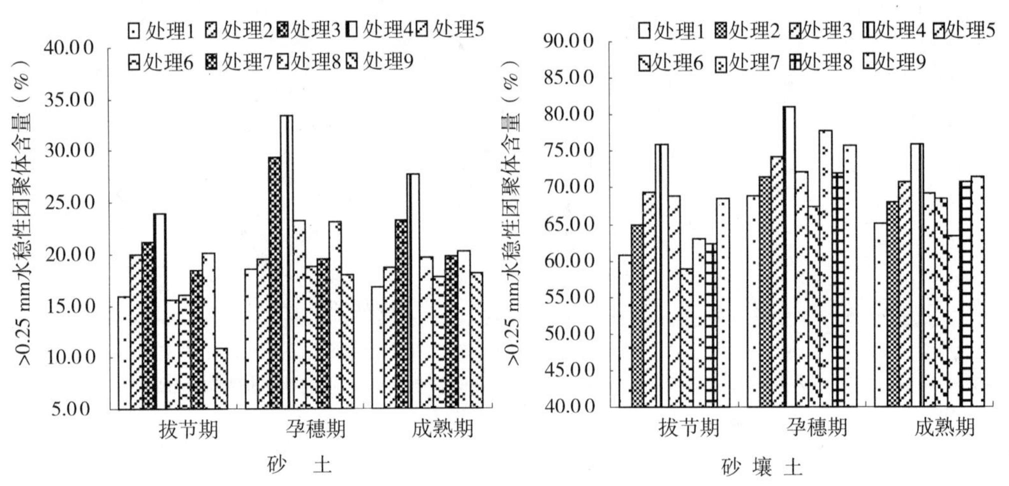

图3-4　不同生育期砂壤土和砂土不同保水剂各处理水稳性团聚体含量

3.1.6.1　营养型抗旱保水剂对砂土和砂壤土团聚体的影响

砂土拔节期营养型抗旱保水剂各处理粒径>0.25 mm土壤团聚体含量分别比对照增加25.7%、32.9%、50.4%,处理4降低了2%,砂壤土拔节期营养型抗旱保水剂各处理粒径>0.25 mm土壤团聚体含量分别比对照分别增加7%、14.2%、24.9%、13.3%,营养型抗旱保水剂对砂土的改良效果好。砂土孕穗期营养型抗旱保水剂各处理粒径>0.25 mm土壤团聚体含量分别比对照增加4.8%、58.4%、80.0%、25.3%;砂壤土孕穗期营养型抗旱保水剂各处理土壤团聚体含量分别比对照增加3.7%、7.6%、17.6%、4.7%,同样是对砂土的效果好。砂土成熟期营养型抗旱保水剂各处理土壤团聚体含量分别比对照增加11.3%、38.7%、65.0%、16.9%,砂壤土成熟期营养型抗旱保水剂各处理粒径>0.25 mm土壤团聚体含量分别比对照增加4.5%、8.9%、16.8%、6.5%,也是对砂土的改良效果好。三个时期都是处理4增加最多,砂土分别增加为50.4%、80.0%、65.0%,砂壤土分别增加为24.9%、17.6%、16.8%。两种土壤团聚体含量三个时期都是先增后减,与常规耕作土壤团聚体变化趋势一致，说明土壤团聚体的变化受季节和保水剂两个因素影响。

3.1.6.2　沃特保水剂对砂土和砂壤土团聚体的影响

砂土拔节期沃特保水剂各处理粒径 >0.25 mm 土壤团聚体含量分别比对照增加 0.1%、15.6%、26.4%、-31.8%，砂壤土拔节期沃特保水剂各处理粒径 >0.25 mm 土壤团聚体含量分别比对照增加 -2.9%、3.8%、2.6%、12.8%。沃特保水剂对砂土的改良随着用量增加效果越好，但高用量会起反作用；对砂壤土只有在高用量时效果显著。砂土孕穗期沃特保水剂各处理粒径 >0.25 mm 土壤团聚体含量分别比对照增加 1.5%、5.2%、24.4%、-3.4%，砂壤土孕穗期沃特保水剂各处理土壤团聚体含量分别比对照增加 -1.5%、12.8%、4.5%、9.9%，孕穗期沃特保水剂对砂土的改良效果也随用量增加效果越好，但较拔节期稍差。对砂壤土的改良效果不明显。砂土成熟期沃特保水剂各处理粒径 >0.25 mm 土壤团聚体含量分别比对照增加 5.5%、17.4%、20.5%、7.9%，砂壤土成熟期沃特保水剂各处理粒径 >0.25 mm 土壤团聚体含量分别比对照增加 6.0%、-2.7%、9.0%、10.0%，对于沃特保水剂成熟期各处理与对照比都有不同程度增加，砂壤土有增有减，但高用量效果较显著。砂土三个生育期处理 6 粒径 >0.25 mm 团聚体含量不断增大，处理 7 先增后减，处理 8 是不断减小，处理 9 在拔节期和孕穗期土壤团聚体含量与对照比都减小，只有成熟期比对照增加。砂壤土三个生育期看不出变化规律。

3.1.7　保水剂在不同生育期对土壤不同粒径水稳性团聚体的影响

3.1.7.1　保水剂对砂壤土不同生育期不同粒径水稳性团聚体分布的影响

试验结果表明，两种保水剂不同处理对土壤水稳性团聚体的影响与生育期紧密相关（见表 3-2）：①拔节期。>0.25 mm 水稳性团聚体，两种保水剂不同处理除沃特保水剂 30 kg/hm^2 处理外，都比对照提高，依次为：处理 4 > 处理 3 > 处理 5 > 处理 9 > 处理 2 > 处理 7 > 处理 8 > 处理 1 > 处理 6。沃特保水剂随着用量增大不断增加，当达到一定用量后突然降低。营养型抗旱保水剂比沃特保水剂的效果好，且以 45 kg/hm^2 为最好。从表 3-2 可以看出，营养型抗旱保水剂主要集中在 0.25 ~0.5 mm 的团聚体，沃特保水剂在这个范围却减少；沃特保水剂在 >2 mm 范围的团聚体比营养型抗旱保水剂多，且 1 ~2 mm 和 0.5 ~1 mm 的团粒也比营养型抗旱保水剂增加的多。②孕穗期。>0.25 mm 水稳性团聚体两种保水剂不同用量都明显增加，增幅为 17% ~34%。其中营养型抗旱保水剂处理团聚体含量为随用量增加而增加的趋势更加明显，也以 45 kg/hm^2 处理为最好；沃特保水剂虽然不同用量都增加，但没有规律。团聚体含量增加的主要是 0.25 ~0.5 mm 和 0.5 ~1 mm 粒径，0.25 ~0.5 mm 团聚体的数量两种保水剂都随着用量增加不断增加，趋势非常明显；0.5 ~1 mm 团聚体的数量只有营养型抗旱保水剂随着用量增大而增加，沃特保水剂却随着用量增大而减小，但仍然比对照高出 10% 左右。在 >2 mm 和 1 ~2 mm 团聚体两种保水剂虽然都比对照提高，但也没有一定规律。③成熟期。两种保水剂对 >0.25 mm 粒径的土壤团聚体的影响没有拔节期和孕穗期显著，营养型抗旱保水剂低用量（15 kg/hm^2）降低了 4.89%；高用量（60 kg/hm^2）也下降了 0.70%。沃特保水剂在两个低用量（15、30 kg/hm^2）分别下降了 1.03%、6.67%；两个高用量（45、60 kg/hm^2）稍微升高。不同用量的营养型抗旱保水剂处理 0.25 ~0.5 mm 的团聚体比对照低，分别降低了 8.77%、

3.08%、12.09%、7.79%，有用量越大降低越多的趋势，在 45 kg/hm^2 用量时降幅最大。两种保水剂对 0.5 ~ 1 mm 粒径的团聚体影响较显著，营养型抗旱保水剂有随着用量增大不断增大的趋势；沃特保水剂没有这种趋势。两种保水剂对 1 ~ 2 mm 粒径的团聚体影响随用量增加不断增加，与对照比，营养型抗旱保水剂为处理 4 > 处理 5 > 处理 3 > 处理 2 > 处理 1；沃特保水剂为处理 6 > 处理 9 > 处理 7 > 处理 8 > 处理 1。对于 >1 mm 粒径的团聚体，沃特保水剂的效果较营养型抗旱保水剂好，营养型抗旱保水剂处理 2 和处理 4 比对照好，处理 3 和处理 5 比对照差；沃特保水剂则为处理 8 > 处理 6 > 处理 9 > 处理 7 > 处理 1（对照）。

表 3-2　砂壤土两种保水剂不同生育期不同处理不同粒径水稳性团聚体分布

生育期	处理	>2 mm	1 ~ 2 mm	0.5 ~ 1 mm	0.25 ~ 0.5 mm	<0.25 mm	>0.25 mm
拔节期	1	1.50h	3.85de	14.66bc	40.73e	39.26bc	60.74d
	2	3.41e	3.08e	10.43ef	48.06c	35.01e	64.99c
	3	4.01bcd	2.61fgh	8.47h	54.25b	30.66f	69.34b
	4	4.16bcd	3.68de	9.36fg	60.68a	24.12g	75.88a
	5	4.09bcd	10.90a	13.95bc	39.86e	31.20e	68.80f
	6	1.31a	2.36fgh	11.06def	43.24e	41.03c	58.97d
	7	2.84fg	2.58fgh	10.21efg	47.42d	36.95d	63.05c
	8	5.46a	9.75b	11.27def	39.87bc	37.65e	62.35c
	9	2.11fg	4.92c	16.48a	44.76g	31.48a	68.52g
孕穗期	1	3.88bd	3.66cde	16.54cdef	46.81g	31.11b	68.89bc
	2	2.34ab	4.20bc	16.17def	48.69f	28.60cd	71.40c
	3	3.34cd	4.45abc	16.22def	50.10e	25.89f	74.11d
	4	1.40a	2.45efg	21.84b	55.35b	18.96i	81.04e
	5	1.35a	2.21fg	11.05i	57.53a	27.85e	72.15d
	6	1.12a	2.78efg	11.91hi	52.01c	32.18a	67.82c
	7	3.19cd	4.70abc	14.58g	55.27b	22.26h	77.74de
	8	1.50a	3.27de	26.71a	40.51h	28.01d	71.99c
	9	3.15d	4.36bc	17.00cdef	51.20d	24.28g	75.72d
成熟期	1	2.37bc	1.71e	9.90e	51.03ef	34.98b	65.02ab
	2	1.72a	1.68e	9.72e	54.81c	32.03c	67.97f
	3	1.10a	2.35d	10.52d	56.83a	29.20f	70.80c
	4	2.37bc	3.06b	18.76a	51.72ef	24.09h	75.91a
	5	1.59b	2.80c	12.85c	52.02de	30.74e	69.26d
	6	3.43d	4.47a	13.02b	48.01g	31.07d	68.93e
	7	2.15bc	2.42d	6.95g	51.76de	36.71a	63.29g
	8	5.47e	2.34d	12.45c	50.58f	29.17f	70.83c
	9	3.30d	3.09b	8.63f	56.48ab	28.50g	71.50b

注：同列不同字母表示处理间差异极显著（P < 0.05）。

经显著性相关分析表明，0.25 ~ 0.5 mm 团聚体和 1 ~ 2 mm 团聚体、<0.25 mm 团聚体、>0.25 mm 团聚体极显著相关，<0.25 mm 团聚体与 >0.25 mm 团聚体极显著相关，0.5 ~ 1 mm 团聚体与 <0.25 mm 团聚体、>0.25 mm 团聚体显著相关。

3.1.7.2　保水剂对砂土不同生育期不同粒径水稳性团聚体分布的影响

综上所述,两种保水剂对土壤团聚体的影响差别显著,研究两种保水剂不同处理在不同生育期对土壤结构的影响,进一步分析了其对不同粒径砂土团聚体的影响。试验表明,保水剂对土壤团聚体的影响与保水剂的种类、用量紧密相关。从表 3-3 中可以看出,营养型抗旱保水剂 >0. 25 mm 的团聚体表现为处理 4 > 处理 3 > 处理 2 > 处理 1 > 处理 5。其中拔节期不同处理比对照提高,但随着用量的增加团聚体含量有升高的趋势,处理 4(45 kg/hm^2)团聚体含量最高。拔节期沃特保水剂 >0. 25mm 的团聚体表现为处理 8 > 处理 7 > 处理 6 > 处理 1 > 处理 9,沃特保水剂有一个用量比对照降低,三个用量比对照提高,而且效果最好的用量是 45 kg/hm^2,与营养型抗旱保水剂相似。但营养型抗旱保水剂改良效果比沃特保水剂好。两种保水剂对于团聚体的改良主要集中在 0. 25 ~0. 5 mm 的团聚体,对于其他不同粒径的团聚体改良不明显。孕穗期营养型抗旱保水剂对于团聚体的改良效果明显比拔节期好,随着用量的增大明显呈上升趋势,45 kg/hm^2 时最大。沃特保水剂与拔节期一致。两种保水剂总体表现为处理 4 > 处理 3 > 处理 8 > 处理 5 > 处理 2 > 处理 6 > 处理 1 > 处理 9 > 处理 7,营养型抗旱保水剂比沃特保水剂效果好。

对于 0. 5 ~1 mm 粒径的团聚体两种保水剂不同处理为处理 3 > 处理 8 > 处理 7 > 处理 4 > 处理 9 > 处理 2 > 处理 1 > 处理 5 > 处理 6,沃特保水剂比营养型抗旱保水剂好。成熟期两种保水剂不同处理对于不同粒径的团聚体改良没有明显规律,与对照相比,营养型抗旱保水剂处理 2、处理 3 效果好,沃特保水剂只有处理 6 效果较好。但和拔节期及孕穗期比较,成熟期明显下降。成熟期下降的原因可能是作物生长停止,小麦根系萎缩,也可能是天气干旱,浇水次数增加,土壤板结,孔隙度降低所致。

表 3-3　砂土两种保水剂不同生育期不同处理不同粒径水稳性团聚体分布

生育期	处理	>2 mm	1 ~2 mm	0. 5 ~1 mm	0. 25 ~0. 5 mm	<0. 25 mm	>0. 25 mm
拔节期	1	0. 26ef	0. 12e	0. 30e	15. 22d	84. 09bc	15. 91e
	2	0. 76b	0. 26cd	0. 28e	18. 70c	80. 01e	19. 99c
	3	0. 67c	0. 29cd	0. 65c	19. 53b	78. 87f	21. 13b
	4	0. 66c	0. 44b	1. 39a	21. 43a	76. 08g	23. 92a
	5	0. 98a	0. 17ed	0. 14d	14. 30f	84. 41b	15. 59e
	6	0. 24f	0. 58a	0. 34de	14. 90d	83. 93c	16. 07e
	7	0. 31e	0. 32c	0. 41d	17. 34c	81. 62d	18. 38d
	8	0. 69c	0. 10e	0. 26e	19. 06c	78. 89e	20. 11bc
	9	0. 38d	0. 67a	0. 90b	8. 90g	89. 16a	10. 84g
孕穗期	1	0. 51ef	0. 57e	0. 75e	16. 73g	81. 45bc	18. 55ef
	2	0. 43g	0. 67bc	0. 81d	18. 53e	80. 55cd	19. 45de
	3	0. 80b	1. 13a	1. 13a	26. 32b	70. 62g	29. 39b
	4	1. 92a	0. 63cd	0. 99c	29. 84b	66. 60h	33. 40a
	5	0. 21h	0. 64bcd	0. 56f	21. 83c	76. 76ef	23. 24c
	6	0. 54de	0. 56d	0. 54f	17. 20ef	81. 16bc	18. 84ef
	7	0. 49f	0. 69b	1. 02b	17. 34f	80. 47cd	19. 53de
	8	1. 68b	0. 57e	1. 02b	20. 82d	76. 91ef	23. 09c
	9	0. 58c	0. 58e	0. 88cd	15. 88h	80. 8a	17. 92g

续表 3-3

生育期	处理	>2 mm	1 ~ 2 mm	0.5 ~ 1 mm	0.25 ~ 0.5 mm	<0.25 mm	>0.25 mm
成熟期	1	1.98efg	1.98abc	0.74g	12.07h	83.23ab	16.77h
	2	3.84a	0.84f	0.71gh	13.27g	81.34c	18.66ef
	3	2.92bc	1.76cd	3.54a	15.05cde	76.73f	23.27b
	4	1.922fg	1.92bc	1.95bc	21.58a	72.32g	27.68a
	5	2.25de	0.76f	0.63h	15.96bcd	80.39de	19.61df
	6	1.08h	0.31g	1.41de	14.87de	82.31bc	17.69g
	7	1.99efg	2.00ab	1.98bc	13.72fg	80.31de	19.69de
	8	1.71g	1.60d	1.57de	15.34cde	79.79e	20.21cd
	9	2.65cd	1.03e	0.91f	13.49fg	81.91cd	18.09fg

注:同列不同字母表示处理间差异极显著($P<0.05$)。

3.2　保水剂对不同土壤冬小麦各生育期土壤孔隙的影响

试验情况及处理同3.1节。长期以来,人们对保水剂的作用原理进行了各方面的探讨,农用研究主要集中在保水剂对土壤和作物的效应方面。由于土壤本身是一个不均匀、多相和多孔的复杂有机体,在生产实践中,保水剂的直接穴施、沟施或与土壤混合后再穴施、沟施都会造成保水剂在土壤中的分布不均匀,使土壤结构的研究受到限制。目前对保水剂应用后的研究主要集中在提高土壤水稳性团聚体含量、增加土壤总孔隙度、改善土壤理化性质、提高土壤入渗率、降低土壤侵蚀量、保护土壤耕层,避免养分流失、提高作物产量和质量等方面,对土壤结构的研究很少,对保水剂应用后的土壤结构动态变化方面的研究更少。为了揭示保水剂在土壤中一段时间内对土壤结构的影响程度,本试验利用 CT 扫描技术探讨两种保水剂对麦地不同质地土壤结构的一个生育期的影响。

土壤结构是由固、液、气三种状态组成的复杂三维结构体,是一个多尺度的立体概念。人们对土壤结构的认识是从固体→液体→气体,从二维到三维的过程。土壤结构的变化主要是土壤团聚体、土壤孔隙度的变化。目前研究较多的是土壤团聚体和土壤孔隙度两个方面。土壤大孔隙是一个相对概念,它的定义一直没有完整的定论,一般认为土壤大孔隙的概念为:不论孔隙大小、形状如何,能够提供优先水流路径的任何孔隙都可称之为大孔隙,土壤中普遍存在着大孔隙。如果土壤中没有大孔隙的存在,土壤中的水分和化学物质就不能快速、远距离地运输。大孔隙的存在使土壤水与溶于其中的溶质不能与土壤发生充分的相互作用而直接快速地经过大孔隙进入地下水,即优先迁移。为了评价大孔隙对水流和溶质运移特征的影响,必须确定大孔隙的大小、数量、分布、类型和连通性。然而过去的野外和室内研究由于缺乏一定的非破坏定量技术,测量大孔隙非常困难。自从1982 年医用 CT (Computed Tomography) 首次被 Petrovic 等引入土壤科学研究,使土壤结构研究有了很大进展。飞利浦 256 层极速 CT 扫描可准确揭示大孔隙(直径 $d \geq 0.096$ mm) 的数量、大小和位置。与常规土壤物理分析方法相比,CT 具有分析速度快,可以进行三维立体分析等优点。

利用 CT 研究土壤大孔隙结构文献较多,大部分是研究自然植被下土壤结构不同深度的土壤孔隙变化状况，研究同一层次不同处理耕作层土壤孔隙变化很少，或者同一层次不同时期土壤孔隙度变化更少。运用不同保水剂不同处理在不同生育期研究土壤孔隙动态变化特征的文献较少。本试验利用两种保水剂不同处理在不同生育期对不同质地土壤的孔隙度变化研究，探讨保水剂对土壤孔隙度变化的动态过程，以揭示保水剂改善土壤结构的机制，为人们利用保水剂改善土壤结构提供科学依据。

3.2.1　土柱扫描及图像分析

试验采用的 CT 扫描仪是河南武警总队医院 CT 扫描中心的飞利浦 256 层极速 CT 扫描仪，为飞利浦第 4 代最新 CT 机，能够把目标物体在几秒内快速重建 256 层三维图像，使物体内部真实的三维结构展现出来。由于 CT 扫描仪主要用于医学领域的人体扫描，而现改为对土壤进行扫描，因此必须重新设定扫描系数。经调整峰值电压定为 120 kV，电流为 300 mA，扫描视野为 180 mm，每次扫描的时间为 0.75 s，扫描厚度为 1 mm。CT 图像是由一定数目由黑到白不同灰度的像素按矩阵排列所构成的，试验矩阵为 512 × 512。本试验土柱为 20 cm，每隔 1 mm 扫描一个横断面，每个土柱成像 200 幅，由于土柱前后两端取土时受到人为因素影响很大，所以处理时剔除前后各 20 幅。处理分析采用 Photoshop 软件、地图信息系统软件 MapInfo 和 ImageJ（1.44 版本）公众软件。将图像转换为只有黑白两种色调的灰度图像，在转化图像过程中，需要对阈值进行设定，它直接关系到计算机将多少灰色区域转化为黑色区域，将多少灰色区域转化为白色区域，这对计算机所得的大孔隙面积有一定影响，阈值选取参照文献（冯杰等，2002；Rachman et al，2005）。本试验由于土壤不同，生育期不同，阀值设定也不同，要根据实际情况确定合适的阀值，才能真实地反映出土壤孔隙度变化的实际情况。阀值设定后得到黑白二值图像，白色部分为固体，黑色部分为孔隙。分析的孔隙特征参数包括孔隙的数目、面积、周长、成圆率和分形维数。本试验孔隙结果可分为大孔隙（当量直径 ≥0.35 mm）和粗孔隙（当量直径 0.2 ~ 1 mm）两类（赵世伟等，2010），CT 测定的总孔隙数为大孔隙数和粗孔隙数之和。CT 测定的大（粗）孔隙度为大（粗）孔隙的面积占图像面积的百分数，总孔隙度为大孔隙度与粗孔隙度之和。孔隙的成圆率采用如下公式计算得到：成圆率 $=4\pi \times$ 孔隙面积/周长^2。CT 测定的分形维数采用计盒法得到。具体的软件测定项目和操作步骤，参考 Udawatta（2006，2008）的方法。

3.2.2　常规耕作不同生育期土壤孔隙度变化状况

3.2.2.1　断面 CT 扫描图像

将三个时期常规农田管理的原状土柱经 CT 扫描后得到不同深度横断面图像（见图 3-5），横断面图从左到右在土柱中的位置逐渐加深、从上到下依次为拔节期、孕穗期、成熟期。第一个图像是土柱 5 cm 处 CT 图像，图像从左向右逐渐加深，相隔 1 cm，最后一个图像是第 14 cm 处 CT 图像。图像中黑色区域代表土壤大孔隙，白色区域代表土壤基质，从黑色区域过渡到白色区域的是灰色区域，灰色区域代表有机质、松散的土壤颗粒等，从中可以看出原状土土壤中的确存在许多大小和形状各异的大孔隙，随着土壤深度的不同，大孔隙的大小、形状和位置都在发生变化。浅层土壤孔隙大，而且分布不均匀，随着深度加大,土壤孔隙逐渐减小而且逐渐均匀。从三个时期土柱同一层次 CT 图像可以看出,孕穗期土壤孔隙比拔节期减小而且变得均匀,到成熟期土壤孔隙虽变得均匀,但数量在减少。为了看得更清晰进行纵断面扫描(见图 3-6),并利用 Photoshop 软件、地图信息系统软件 MapInfo 将图片进行了处理(见图 3-7 和图 3-8),从五次纵断面扫描图像可看出,大孔隙在纵向的走向并不是垂直向下的,而是弯曲向下,而且大孔隙并不是贯穿整个土层,延伸一定深度就停止或转向。

图 3-5　三个时期不同深度横断面 CT 图像

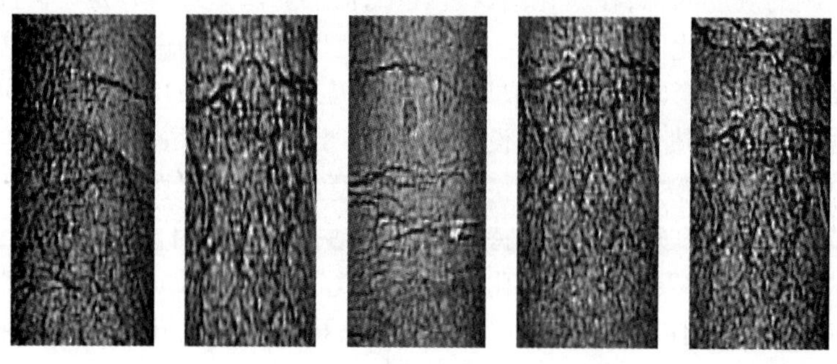

图 3-6　纵断面 CT 图像

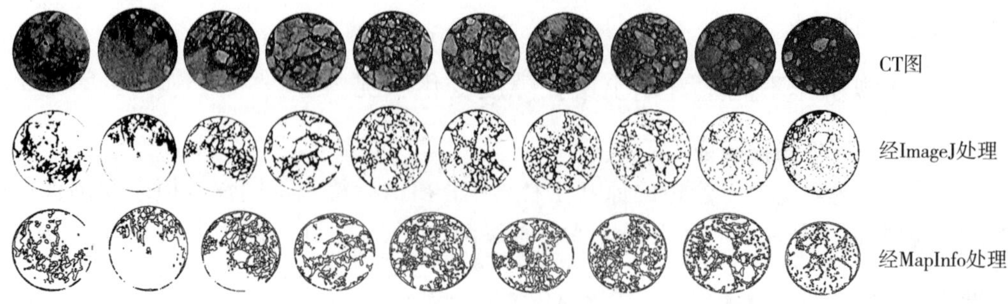

图 3-7　拔节期不同深度横断面 CT 图及经 ImageJ 和 MapInfo 处理后的图形

图 3-7 和图 3-8 是用土柱 10 cm 处 CT 图经 ImageJ 和 MapInfo 处理后的图形,图 3-7

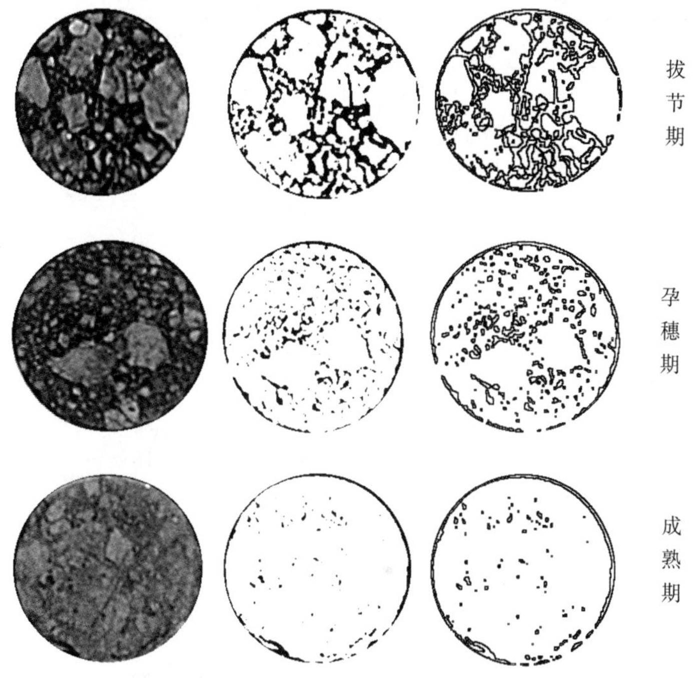

图 3-8　三个时期第 100 mm 处 CT 图及经 ImageJ 和 MapInfo 处理后的图形

中第二行和图 3-8 中第二列是经 ImageJ 处理的图形,图 3-7 中第三行和图 3-8 中第三列是经 MapInfo 处理的图形,黑点表示孔隙,不规则的封闭圆也表示孔隙。从图 3-7 中可以看出随着土壤深度的增加大孔隙变小而且均匀,从图 3-8 中可以看出拔节期土壤大孔隙大而且分布不规则,孕穗期大孔隙大小适中、分布均匀,成熟期大孔隙明显减少。

3.2.2.2　三个土柱不同时期不同深度土壤不同粒径大孔隙数分布

从表 3-4 可看出,拔节期不同深度等效直径为 1～2 mm 和 2～4 mm 的大孔隙数量最多,大于 4 mm 的孔隙数平均超过 4 个;大孔隙数目超过 100 的才 2 个,随着深度的增加,孔隙数逐渐增加,在 90～130 mm 处孔隙数目最多,到 140 mm 时数量减少。孕穗期不同深度等效直径为 0.5～1 mm 和 1～2 mm 的大孔隙数量最多,大于 4 mm 的孔隙数平均超过 5;与拔节期相比发生了明显的变化。>0.35 mm 孔隙数目超过 100 的已达 4 个。成熟期不同深度等效直径为 0.35～0.5 mm 的孔隙数比拔节期和孕穗期都多,2～4 mm 和 >4 mm 的孔隙数都明显减少。综上所述,土壤孔隙度随着时间的推移,在不断地发生变化,由于孕穗期土壤随着作物的生长、土壤解冻、土壤动物活跃,土壤孔隙度比拔节期增大,到成熟期随着天气干旱,浇水次数增加,土壤不断板结,孔隙度又不断减少和变小。每一横断面中,等效直径大于 2 mm 的大孔隙的数目明显比等效直径小于 2 mm 的大孔隙的数目少,说明较大的大孔隙在整个大孔隙中所占比例不大,平均为 15%。大孔隙度的平均值为 9.31%。

表 3-4 三个时期不同深度不同直径大孔隙数

生育期	深度（mm）	不同粒径大孔隙数					
		>0. 35 mm	0. 35 ~ 0. 5 mm	0. 5 ~ 1 mm	1 ~ 2 mm	2 ~ 4 mm	>4 mm
拔节期	50	73	11	17	25	19	1
	60	86	19	21	20	21	5
	70	82	6	29	35	12	0
	80	70	10	20	30	8	2
	90	93	12	20	39	21	1
	100	77	6	15	31	21	4
	110	70	7	13	21	18	11
	120	94	7	17	34	26	10
	130	87	24	15	28	14	6
	140	52	4	13	15	15	5
孕穗期	50	47	1	7	21	15	3
	60	46	8	10	17	9	2
	70	46	3	8	14	18	3
	80	89	3	11	35	32	8
	90	118	6	25	52	27	8
	100	163	21	33	66	36	7
	110	96	10	23	42	15	6
	120	103	12	22	42	24	3
	130	92	17	17	30	23	5
	140	135	9	20	56	41	9
成熟期	50	58	13	17	16	8	4
	60	73	9	17	26	17	4
	70	81	15	21	31	11	3
	80	70	8	20	29	13	0
	90	90	14	26	37	13	0
	100	103	20	33	40	9	1
	110	113	6	22	45	31	9
	120	132	20	30	27	43	12
	130	114	10	25	40	32	7
	140	96	14	11	46	21	4

3. 2. 2. 3 三个土柱不同时期土壤总孔隙度、大孔隙度和粗孔隙度

作物的生育期对土壤孔隙度影响很大，土壤孔隙随着季节变化而变化，植物根系作用、干湿交替、土壤动物活动等诸多因素影响着孔隙度的改变。从表 3-5 中可以看出总孔隙度孕穗期最大，其次是成熟期，最小是拔节期。经方差分析土壤孔隙度随着季节变化发生显著变化。由于受作物、冷热变化、雨水作用，孔隙愈来愈好，大孔隙度逐渐增加，粗孔隙度在减小，这是农田土壤孔隙度的变化规律。土层深度对大孔隙度也有影响（见图3-9）。

表 3-5　自然状况下不同生育期农田土壤孔隙度变化特征

生育期	粗孔隙度(%)	大孔隙度(%)	总孔隙度(%)
拔节期	0.37b	4.48c	4.85c
孕穗期	0.48a	6.16a	6.64a
成熟期	0.28c	5.34b	5.62b

注:同列不同字母表示处理间差异显著。

3.2.2.4　三个土柱不同时期不同深度土壤总孔隙数、大孔隙数和粗孔隙数的变化

不同层次的土壤总孔隙数、粗孔隙数和大孔隙数变化见图 3-9。从图中可以看出,拔节期总孔隙数随着深度的增加呈"S"形变化,先增大,接着减小,又增大随着又减小;孕穗期呈反"S"形变化,变化规律和拔节期相反;成熟期和拔节期相似。拔节期和成熟期土壤孔隙度都是在 100 ~ 120 mm 处最大,孕穗期在 80 ~ 100 mm 处最大。

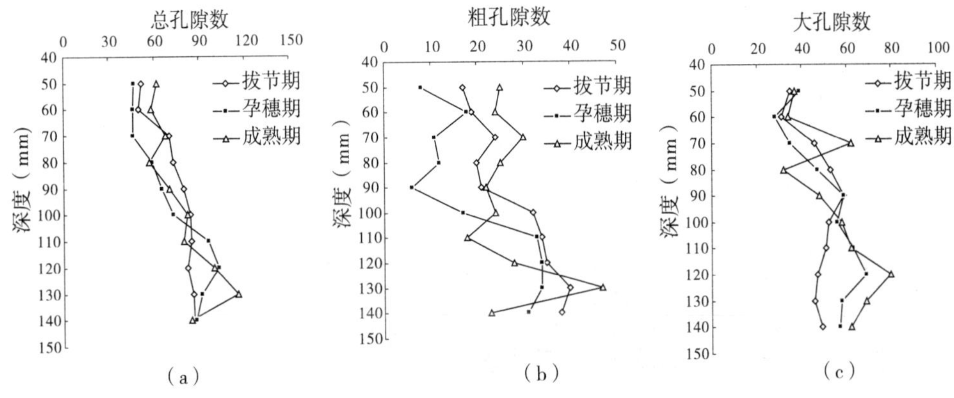

图 3-9　CT 测定的总孔隙数、粗孔隙数和大孔隙数

(大孔隙为 CT 测定的≥1 mm 孔隙,粗孔隙为 CT 测定的 0.35 ~ 1 mm 孔隙,总孔隙为 >0.35 mm 孔隙,下同)

3.2.2.5　三个土柱不同时期不同深度土壤孔隙成圆率和面积

成圆率是常用来表示孔隙形态特征的参数之一,成圆率数值越接近于 1,表示孔隙形态越接近于圆,若孔隙面积相同而孔隙周长越不规则,成圆率则越小。从图 3-10(a)中可以看出,同一深度成圆率成熟期 > 孕穗期 > 拔节期;图 3-10(b)表示大孔隙面积,拔节期不同深度大孔隙面积波动较大;孕穗期在 50 ~ 80 mm 处随深度增加不断增大,以后减小,接着又不断增大;成熟期在 50 ~ 100 mm 处变化大,在 100 ~ 140 mm 处不断增大。总的趋势是孕穗期随着深度增加而增加,在同一深度处等效面积成熟期最大。

3.2.3　不同保水剂对砂壤土孔隙的影响

3.2.3.1　营养型抗旱保水剂对砂壤土孔隙的影响

不同生育期不同处理对砂壤土土壤孔隙的影响见图 3-11,营养型抗旱保水剂在不同时期不同处理对土壤孔隙的影响比较明显,三个时期都是随着用量的增大孔隙不断减小,且分布趋于均匀,但用量过大时,作用不明显或起反作用。三个时期都是用量为 45 kg/hm^2 时孔隙分布最好。从图中可以看出,三个时期中同一处理孕穗期孔隙分布最好,比如

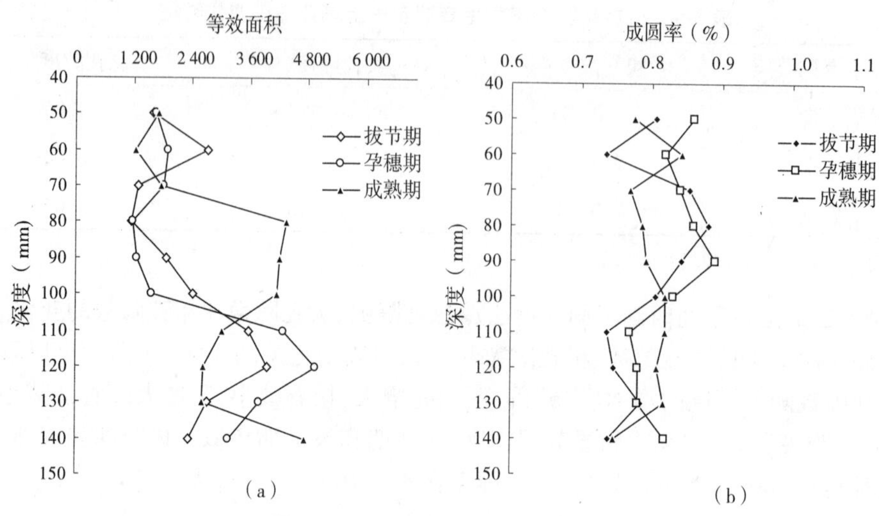

图 3-10　孔隙等效面积和成圆率

30 kg/hm² 处理：拔节期 CT 图上半部分大孔隙分布大且较多，下半部分分布少且较小；成熟期 CT 图右下部分大孔隙分布大、不均匀且较少，其余部分几乎看不到孔隙分布；只有孕穗期 CT 图大孔隙分布多且均匀。与 45 kg/hm² 处理比较，大孔隙比 30 kg/hm² 处理分布更多、更小、更均匀。说明施用保水剂处理与对照上下层次孔隙变化趋势一致。

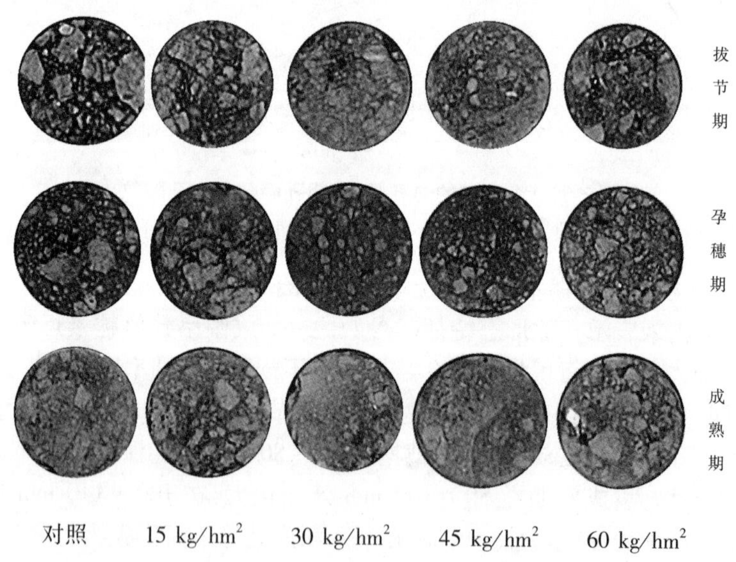

图 3-11　三个时期不同处理 100 mm 处横断面 CT 图

图 3-12 是孕穗期不同处理横断面 CT 图及经 ImageJ 和 MapInfo 处理后的图形，图 3-13是三个时期45 kg/hm² 处理第 100 mm 处 CT 图及经 ImageJ 和 MapInfo 处理后的图形，从不同生育期不同处理的图形和不同生育期同一处理的图形经处理后孔隙更直观地看出孕穗期土壤孔隙分布更好，更有利于水肥气热的协调，提高土壤改良效果。

不同时期营养型抗旱保水剂不同处理不同深度土壤不同粒径大孔隙数分布。从 CT

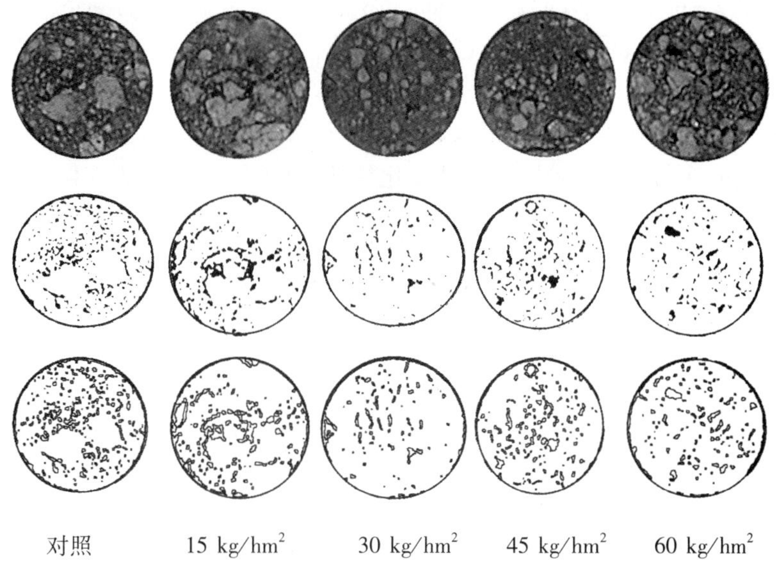

图 3-12　孕穗期不同处理横断面 CT 图及经 ImageJ 和 MapInfo 处理后的图形

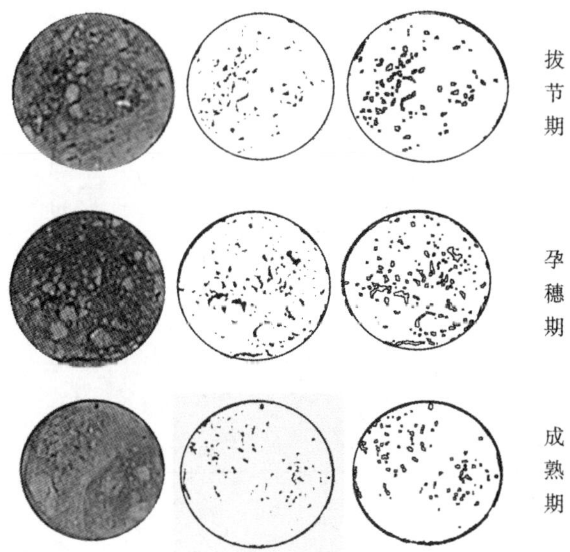

图 3-13　三个时期 45 kg/hm^2 处理第 100 mm 处 CT 图及经 ImageJ 和 MapInfo 处理后的图形

图形中可以看出，经 ImageJ1.44 处理后可以得到不同粒径大孔隙个数分布（见表 3-6）。从表 3-6 中可以看出，>0.35 mm 的大孔隙孕穗期 4 > 成熟期 4 > 拔节期 4、孕穗期 3 > 拔节期 3 > 成熟期 3、孕穗期 2 > 成熟期 2 > 拔节期 2、孕穗期 1 > 成熟期 1 > 拔节期 1、成熟期 5 > 孕穗期 5 > 拔节期 5。处理 1 是对照，不加保水剂的常规农田管理土壤孔隙变化状况，孕穗期最好。施加保水剂后处理不同，三个时期变化不一致，处理 3、处理 4 一样，都是孕穗期最好，成熟期次之，拔节期最差，和常规管理相似。处理 5 用量最高，成熟期孔隙个数比孕穗期和拔节期都多。从不同粒径的孔隙分布看 >4 mm 的孔隙个数最少，在 2 ~ 7 个不等,大部分是 2～4 个;最多的是 1～2 mm 的孔隙,在不同处理中占到 40% 左右;其次是 0.5～1 mm 和 2～4 mm 的孔隙个数,它们大致相当,各占 25% 左右。从不同时期不同处理变化看,三个时期 0.5～1 mm 和 2～4 mm 的孔隙个数变化规律相似,随着用量增加个数增加,在 45 kg/hm² 处理时达到最大;而这两个粒径的团聚体占整个团聚体含量的 50%,所以它们的变化直接影响团聚体的变化规律,其他粒径团聚体变化没有规律可循,可见保水剂对土壤孔隙的影响主要在 0.5～4 mm 范围内。

表 3-6　营养型抗旱保水剂不同时期不同处理大孔隙数分布

生育期	处理	不同粒径大孔隙数					
		>0.35 mm	0.35～0.5 mm	0.5～1 mm	1～2 mm	2～4 mm	>4 mm
拔节期	1	78d	11d	18c	28e	18c	3b
	2	86c	15a	22a	32c	15d	2c
	3	95b	13c	20b	37b	22b	4a
	4	108a	14b	20b	45a	25a	4a
	5	73e	9e	18c	30d	14e	2c
孕穗期	1	93e	8e	17d	39b	23c	6b
	2	94c	10d	19c	32e	26b	7a
	3	102b	16b	24b	37c	18e	7a
	4	128a	19a	29a	45a	29a	6b
	5	89e	14c	19c	33d	20d	3c
成熟期	1	83e	15b	16c	31d	18d	3c
	2	93c	13c	22a	35b	19c	4b
	3	91d	12d	22a	32c	21b	4b
	4	114a	17a	21b	43a	27a	6a
	5	107b	17a	22a	43a	21b	4b

注:同列不同字母表示处理间差异显著。

营养型抗旱保水剂不同时期不同处理对土壤总孔隙度、粗孔隙度及大孔隙度的影响。土壤孔隙度是土壤孔隙占整个体积的百分比(理想土壤的固、液、气三相比为 50%、25%、25%)。本节研究的土壤孔隙度是某个界面等效直径 0.35～7 mm 范围内孔隙占某个单位截面土壤孔隙度的百分比。从表 3-7 可以看出,同一生育期不同处理、同一处理不同生育期变化较大。孔隙度大小为:拔节期处理 4 > 处理 3 > 处理 2 > 处理 5 > 处理 1;孕穗期处理 4 > 处理 3 > 处理 2 > 处理 5 > 处理 1;成熟期处理 4 > 处理 5 > 处理 3 > 处理 2 > 处理 1。三个时期都是不同处理比对照增大,随着保水剂用量的增大,孔隙度不断增大,当达到一定用量后不再增加反而降低。拔节期最大用量时孔隙度降低幅度最大,降低了 4 个百分点;孕穗期降低 2 个百分点;成熟期降低 1 个百分点。同一处理土壤孔隙度最大时期是孕穗期,成熟期和拔节期孔隙度变化除处理 5 外,其余变化不大。可见孔隙度变化规律是从拔节期到孕穗期不断增大,到成熟期为不断减小。粗孔隙度只占总孔隙度的 5% 左右,大孔隙度占总孔隙度高达 95% ,所以孔隙度变化主要是大孔隙度的变化。

营养型抗旱保水剂不同时期不同处理不同深度总孔隙数、粗孔隙数及大孔隙数的影响。拔节期保水剂不同处理对不同层次土壤总孔隙数、粗孔隙数及大孔隙数的影响见图 3-14,从图中可以看出随着深度的增加不同处理的总孔隙数也在不断增加,在同一层次中,处理 4 > 处理 3 > 处理 2 > 处理 5 > 处理 1,第二层比第一层个数降低,接着不断增大;140 mm 处比 130 mm 处降低。大孔隙数与总孔隙数有相似的规律,粗孔隙数变化幅度较大,说明大孔隙数影响着整个孔隙数的变化。从图 3-15 、图 3-16 中可以看出,孕穗期保水剂不同处理对不同层次土壤总孔隙数、粗孔隙数及大孔隙数的影响和拔节期趋势十分相似,而成熟期的变化较显著。从图 3-16 中可以看出,成熟期不同处理土壤孔隙数变化除用量 45 kg/hm^2 外,其他变化不显著,有些层次比对照多,有些比对照少,说明保水剂对成熟期孔隙数变化影响不大。

表 3-7　营养型抗旱保水剂不同生育期不同处理孔隙度分布特征

生育期	处 理	总孔隙度(%)	大孔隙度(%)	粗孔隙度(%)
拔节期	1	4. 85e	4. 48d	0. 37abc
	2	6. 81c	6. 51c	0. 3c
	3	7. 52b	7. 19b	0. 33bc
	4	9. 05a	8. 69a	0. 36abc
	5	5. 16d	4. 48d	0. 3c
孕穗期	1	6. 64d	6. 16e	0. 48a
	2	8. 76c	8. 47c	0. 29c
	3	9. 83b	9. 35b	0. 48b
	4	10. 74a	10. 42a	0. 32bc
	5	8. 62c	7. 94d	0. 68a
成熟期	1	5. 62e	5. 34e	0. 28bc
	2	6. 27d	6. 03d	0. 24bc
	3	7. 26c	6. 93cd	0. 33abc
	4	9. 53a	9. 12a	0. 41abc
	5	8. 5bc	8. 14b	0. 36abc

注:同列不同字母表示处理间差异显著($P<0.05$)。

营养型抗旱保水剂不同时期对不同深度土壤孔隙成圆率和面积的影响。随着季节的变化,土壤孔隙成圆率和面积也随着变化,施加保水剂后也发生着同样的变化,但变化规律与保水剂用量有关。从图 3-17(a)中可以看出,拔节期施加保水剂后不同处理除部分面积减小外,大部分都比对照增大,在 70 ~ 110 mm 范围内总趋势为处理 4 > 处理 3 > 处理

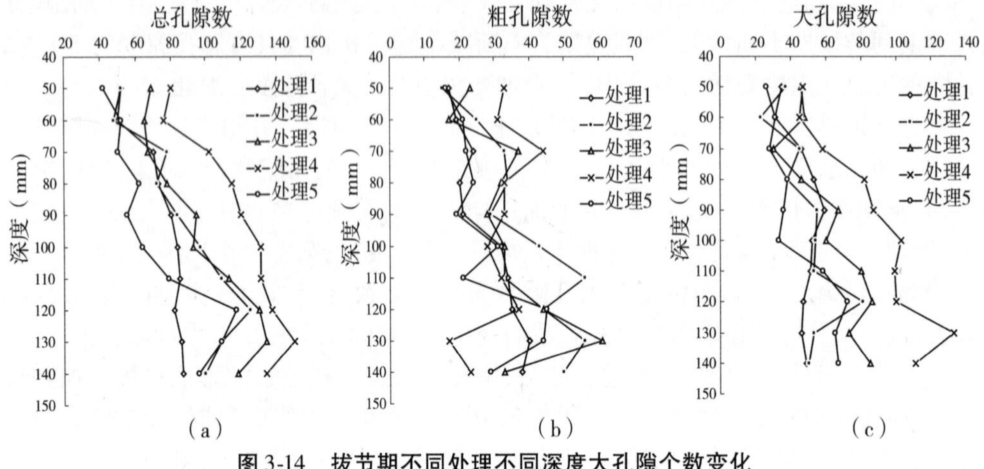

图 3-14　拔节期不同处理不同深度大孔隙个数变化

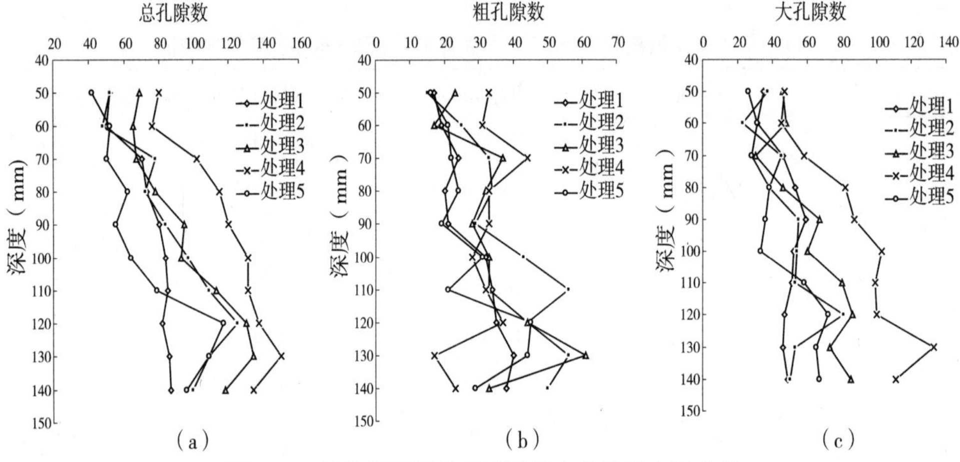

图 3-15　孕穗期不同处理不同深度大孔隙个数变化

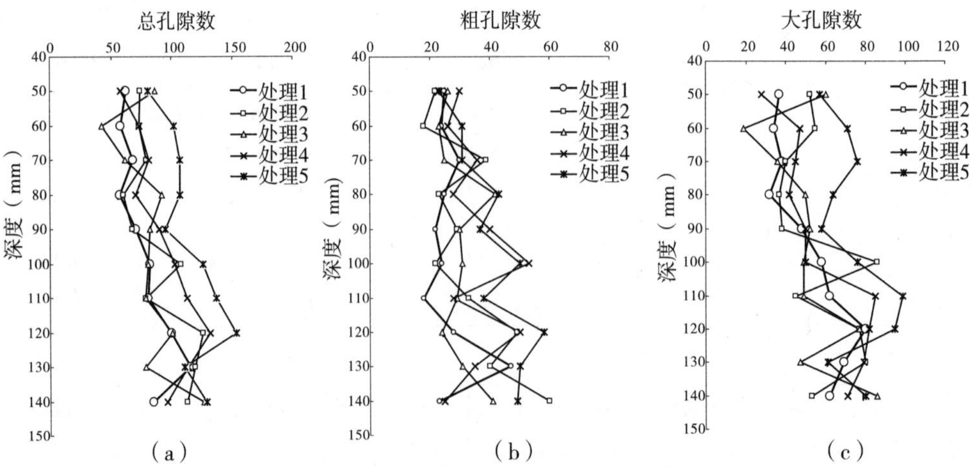

图 3-16　成熟期不同处理不同深度大孔隙个数变化

5 > 处理 2 > 处理 1,50 ~ 70 mm 和 110 ~ 140 mm 范围内波动较大。除试验误差外,可能是保水剂的影响范围有限,因为施加保水剂的深度在 10 ~ 100 mm 范围,主要影响在 90 mm 处上下,这一点从图 3-17(b)也可以看到。图 3-17(b)是孔隙成圆率,成圆率越大孔隙面积越小,从两图对比也可看出,处理 4 面积同一深度比其他处理大,成圆率在同一深度也最小。在 50 ~ 130 mm 范围内孔隙面积随着深度增加不断增大,130 mm 以后面积突然降低,说明超过一定深度后孔隙面积减小。

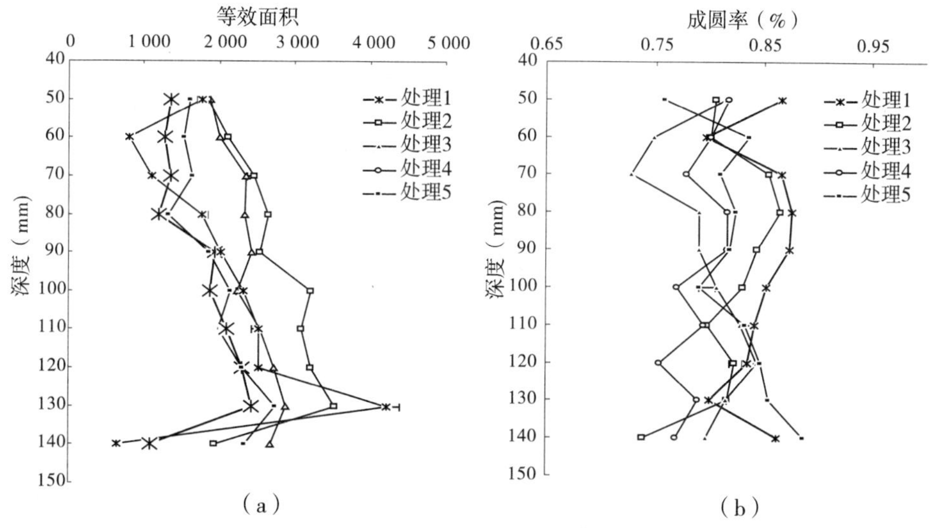

图 3-17　拔节期不同处理不同深度孔隙等效面积和成圆率

孕穗期不同处理孔隙面积变化和拔节期类似,从图 3-18(a)中可以看出,除小部分外都比对照增大,但不同的是处理 3 和处理 4 及处理 5 和处理 2 不同深度变化相互交错,处理 3 > 处理 2、处理 5、处理 1,处理 4 > 处理 2、处理 5、处理 1;处理 2、处理 5 > 处理 1。说明保水剂对改善土壤孔隙有作用,用量在 45 ~ 60 kg/hm^2 范围内为宜,过高过低都不好。拔节期超过 130 mm 深度后孔隙面积突然降低,而孕穗期却有两个处理面积增大。孕穗期孔隙成圆率和拔节期变化也有所不同,在 80 ~ 100 mm 范围内处理 1 > 处理 5 > 处理 3 > 处理 2 > 处理 4,不同深度成圆率波动变化比拔节期小。

成熟期不同处理孔隙面积随着深度增大不断增大,但增大幅度很小。在 60 ~ 100 mm 范围内各处理同一深度孔隙大小为处理 4 > 处理 3 > 处理 2 > 处理 1 > 处理 5。此时期的用量对孔隙影响较大,随着用量增加孔隙面积增大,当达到一定用量后不再增大反而减小,最佳用量为处理 4。从图 3-19(b)中可以看出,孔隙成圆率在 60 ~ 100 mm 范围内有一定的规律,处理 4 < 处理 3 < 处理 2 < 处理 1 < 处理 5,都是先增大后减小,在 80 ~ 90 mm 范围内最大。

3.2.3.2　沃特保水剂不同处理在不同生育期对砂壤土土壤孔隙度的影响

不同处理在不同生育期对砂壤土土壤孔隙的影响。沃特保水剂不同生育期不同处理对土壤孔隙的影响见图 3-20,从图中可以看出不同处理变化不同,不同季节也有变化。拔节期对照孔隙大分布不均匀;30、60 kg/hm^2 处理孔隙有所减小,分布也较为均匀;45 kg/hm^2 处理孔隙最小,分布更为均匀。孕穗期和拔节期有相似的规律,但相同处理比拔节期

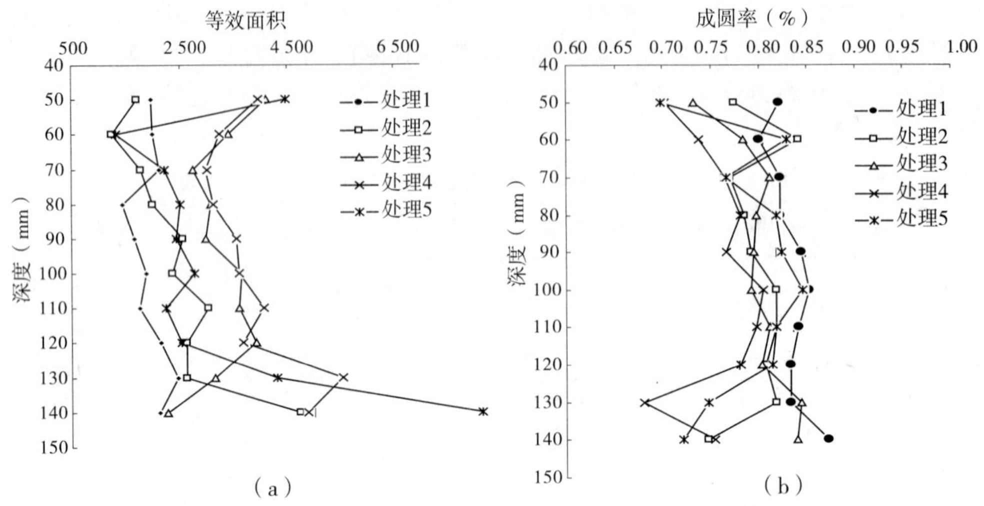

图 3-18　孕穗期不同处理不同深度孔隙等效面积和成圆率

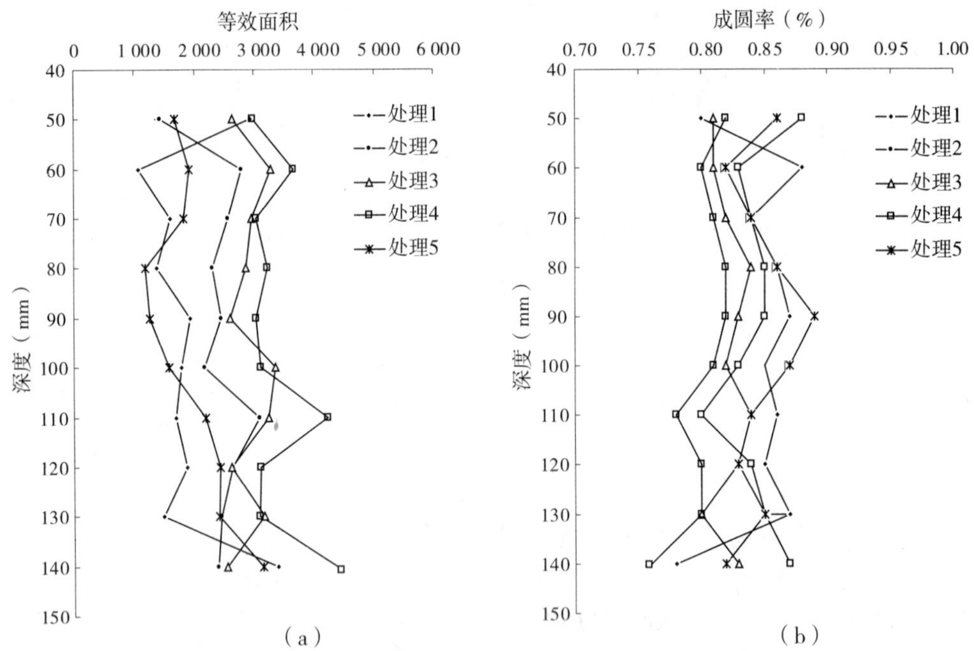

图 3-19　成熟期不同处理不同深度孔隙等效面积和成圆率

孔隙减小、分布更均匀。成熟期与前两个时期都发生了明显改变，随着用量的增大孔隙不断增大，60 kg/hm^2 处理的孔隙出现了大的裂隙。

为了更清楚地看出孔隙大小分布，将 CT 灰度图经 ImageJ 和 MapInfo 处理，得到更加直观的孔隙分布图（见图 3-21、图 3-22）。图 3-21 是孕穗期不同处理 100 mm 深度处横断面图，图 3-21 第 2 行中黑色部分表示孔隙，图 3-21 第 3 行封闭曲线是图 3-21 第 2 列黑色部分。从图 3-21 第 3 行可以看出不同处理孔隙分布状况，处理 1 最好，处理 5 最差。从图 3-22 可以看出不同季节孔隙变化状况，孕穗期最好，成熟期最差。

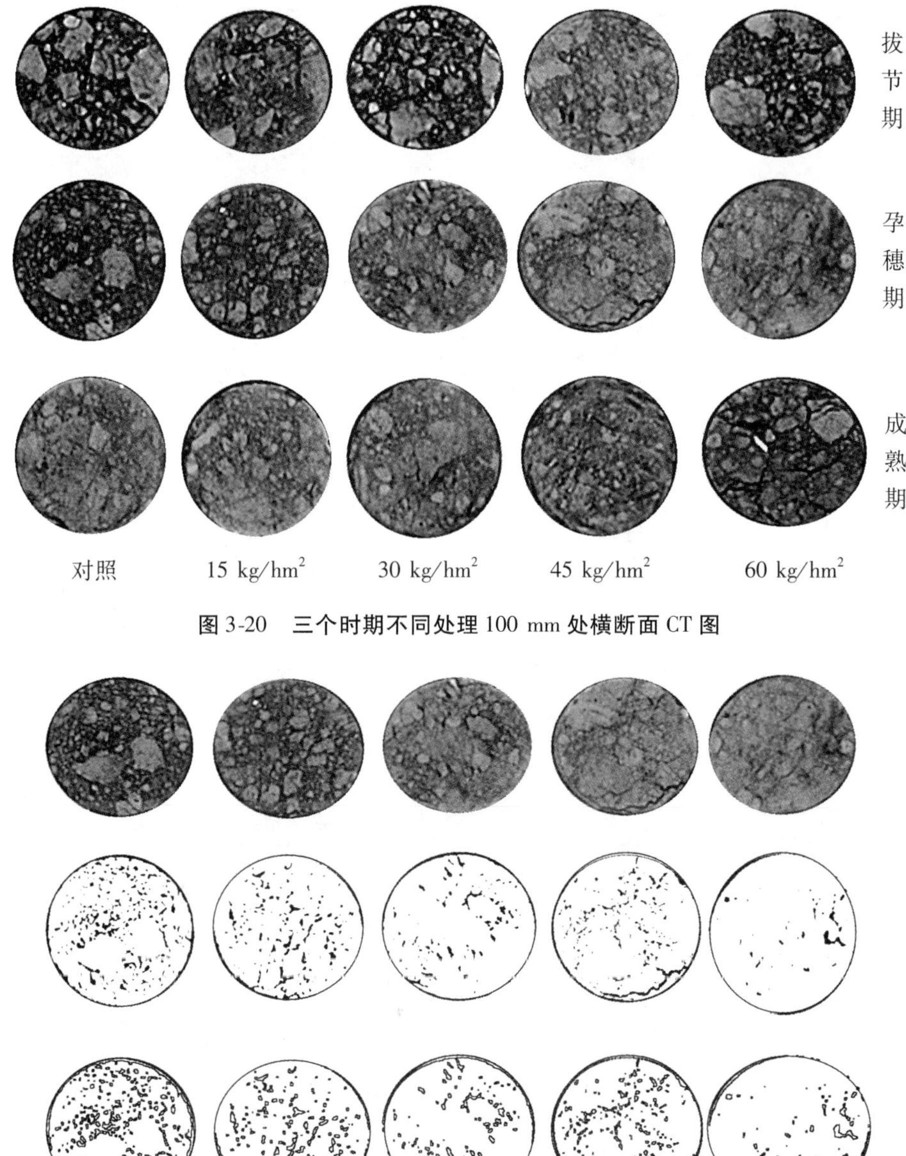

图 3-20　三个时期不同处理 100 mm 处横断面 CT 图

图 3-21　孕穗期不同处理横断面 CT 图及经 ImageJ 和 MapInfo 处理后的图形

沃特保水剂不同时期对不同处理土壤不同粒径大孔隙数的影响。从表 3-8 可以看出，沃特保水剂不同时期不同处理对土壤不同粒径大孔隙数的影响。同一时期不同处理变化较大，拔节期 >0.35 mm 粒径的大孔隙数为处理 7 > 处理 9 > 处理 1 > 处理 8 > 处理 6；孕穗期 >0.35 mm 粒径的大孔隙数为处理 8 > 处理 7 > 处理 9 > 处理 1 > 处理 6；成熟期 >0.35 mm 粒径的大孔隙数为处理 8 > 处理 7 > 处理 9 > 处理 1 > 处理 6。孕穗期和成熟期规律相似，都是处理 8 对土壤孔隙度影响最大。三个时期不同粒径都是 0.5 ~ 2 mm 范围内最多，占 80% 左右，>4 mm 的孔隙数最少，只占 5% 左右，>4 mm 的孔隙最多的只有 6

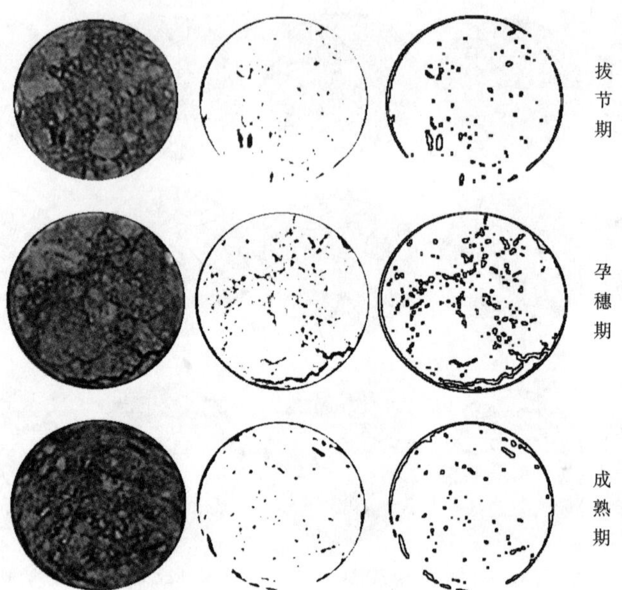

图 3-22 三个时期 45 kg/hm² 处理第 100 mm 处 CT 图及经 ImageJ 和 MapInfo 处理后的图形

个。1 ~2 mm 粒径的孔隙占整个孔隙数的 35% 左右,是孔隙的主要组成部分。同一处理总孔隙数为孕穗期 > 成熟期 > 拔节期。

表 3-8 沃特保水剂三个时期不同处理不同粒径大孔隙数分布

生育期	处理	不同粒径大孔隙数(等效直径)					
		>0.35 mm	0.35 ~0.5 mm	0.5 ~1 mm	1 ~2 mm	2 ~4 mm	>4 mm
拔节期	1	78c	11c	18c	28c	18b	3b
	6	47e	6e	10e	18e	10d	3b
	7	83a	10d	19b	36a	15c	3b
	8	74d	16a	20a	27d	9e	2c
	9	82b	12b	14d	29b	21a	6a
孕穗期	1	93d	8d	17d	39b	23b	6a
	6	85e	17a	19c	31e	15d	3d
	7	103b	16b	24a	35d	23b	5b
	8	109a	14c	24a	41a	24a	6a
	9	97c	17a	22b	38c	16c	4c
成熟期	1	83d	15b	16c	31d	18d	3c
	6	78e	13c	15d	30e	16e	4b
	7	94b	18a	17b	36c	19c	4b
	8	96a	5e	23a	41a	22a	5a
	9	85c	8d	16c	38b	20b	3c

注:同列不同字母表示处理间差异显著($P<0.05$)。

沃特保水剂不同时期不同处理对土壤总孔隙度、粗孔隙度及大孔隙度的影响。孔隙度是孔隙占整个界面面积的百分比,孔隙度的大小能够反映土壤结构状况。三个时期不同处理孔隙度分布见表 3-9。从表 3-9 中可以看出，拔节期总孔隙度处理 9 > 处理 7 > 处理 6 > 处理 8 > 处理 1，说明沃特保水剂不同处理孔隙度都比对照增大；孕穗期总孔隙度处理 9 > 处理 1 > 处理 8 > 处理 6 > 处理 7，说明只有高用量对孔隙有改善作用，低用量反而降低孔隙度；成熟期总孔隙度处理 9 > 处理 8 > 处理 6 > 处理 7 > 处理 1，说明不同处理都能提高土壤孔隙度。

表 3-9　沃特保水剂三个时期不同处理总孔隙度、大孔隙度、粗孔隙度分布

生育期	处理	总孔隙度(%)	大孔隙度(%)	粗孔隙度(%)
拔节期	1	4. 85e	4. 48e	0. 37bcd
	6	5. 85cd	5. 7c	0. 15e
	7	6. 17bcd	5. 86bc	0. 31cd
	8	5. 26d	4. 58de	0. 68a
	9	8. 65a	8. 41a	0. 24d
孕穗期	1	6. 64c	6. 16c	0. 48ab
	6	5. 59de	5. 2d	0. 39bcd
	7	5. 53e	5. 2d	0. 33d
	8	6. 59bc	6. 21bc	0. 38cd
	9	8. 28a	7. 89a	0. 39bcd
成熟期	1	5. 62e	5. 34e	0. 28d
	6	8. 56c	8. 18c	0. 38bc
	7	6. 32d	5. 98de	0. 34c
	8	9. 19b	8. 81b	0. 38bc
	9	9. 52ab	9. 02ab	0. 5a

注：同列不同字母表示处理间差异显著($P<0.05$)。

沃特保水剂不同时期不同处理不同深度总孔隙数、粗孔隙数及大孔隙数的影响。沃特保水剂不同处理对不同时期土壤不同层次孔隙个数的影响见图 3-23 ~ 图 3-25。从图 3-23(a)可以看出，拔节期不同处理随着深度增加，总孔隙数不断增加。在 70 ~ 110 mm 范围内处理 9 > 处理 1 > 处理 7 > 处理 8 > 处理 6，只有高用量 60 kg/hm^2 时，对土壤孔隙数有改善作用，低用量反而降低孔隙数。粗孔隙数不同处理相互交叉，不能看出哪个处理好；大孔隙数变化和总孔隙数相似，说明大孔隙数是影响整个总孔隙数变化的主要对象。

从图 3-24(a)中可以看出，孕穗期总孔隙数随着深度增加也不断增大，各个处理相互交叉，总的来看是不同处理都比对照多(处理 70 ~ 110 mm 和 120 mm 处比对照小)。粗孔隙数在 70 ~ 110 mm 范围内不同处理都比对照大，其他深度孔隙数变化没有规律，大孔隙数变化也没有规律。

从图 3-25(a)中可以看出，成熟期总孔隙数随着深度增加不断增加，在 80 ~ 120 mm 范围内处理 9 > 处理 8 > 处理 6 > 处理 7 > 处理 1，此变化趋势和孔隙度变化趋势相似。图 3-25(b)是粗孔隙数不同深度分布图，从图中可以看出处理 1 也就是对照粗孔隙数在

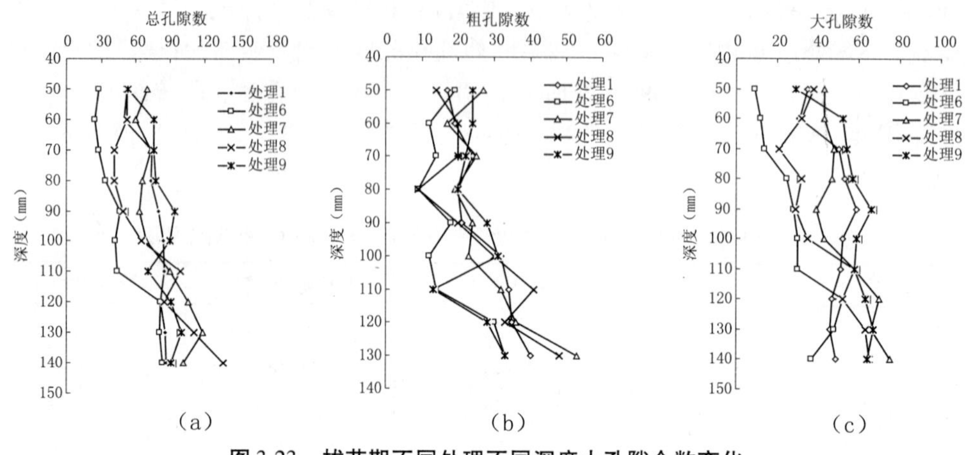

图 3-23　拔节期不同处理不同深度大孔隙个数变化

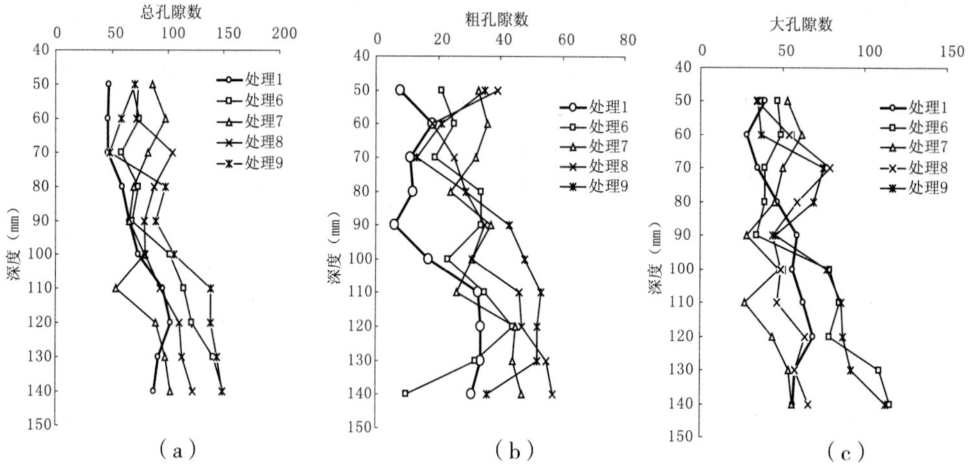

图 3-24　孕穗期不同处理不同深度孔隙个数变化

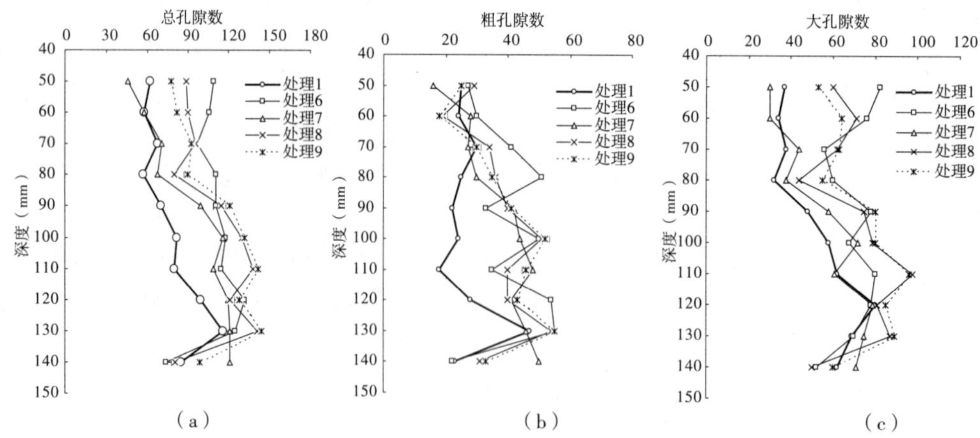

图 3-25　成熟期不同处理不同深度孔隙个数变化

50～110 mm 范围内随着深度增加不断减小，在 110～130 mm 范围内随着深度增加不断增大,超过 130 mm 后突然减少,其余不同处理变化无规律。图 3-25(c)是大孔隙数不同深度变化分布图,从图中可以看出其变化规律和总孔隙数相似。

沃特保水剂不同时期对不同深度土壤孔隙成圆率和面积的影响。从图 3-26 中可以看出,拔节期不同处理孔隙面积随着深度增加面积不断减小,70 ~ 110 mm 范围内同一层次处理 9 > 处理 7 > 处理 6 > 处理 1 > 处理 8,其他层次变化无规律可循。孕穗期 90 ~ 120 mm 表现为处理 9 > 处理 6 > 处理 8 > 处理 1 > 处理 7(图 3-27),其他层次没有明显的变化规律。成熟期 70 ~ 110 mm 表现为处理 6 > 处理 9 > 处理 8 > 处理 7 > 处理 1(图 3-28),其他层次变化规律不明显。成圆率在三个时期的变化大,均无明显规律。

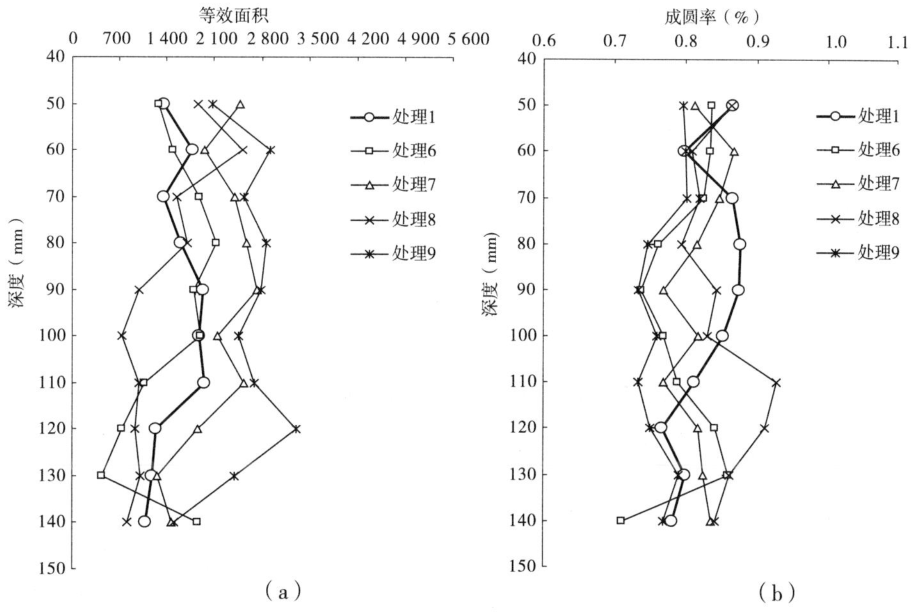

图 3-26　拔节期不同处理不同深度孔隙等效面积和成圆率

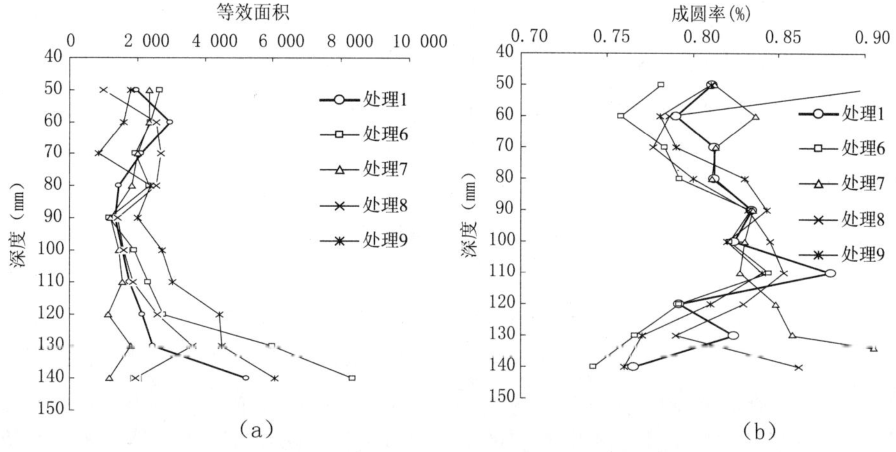

图 3-27　孕穗期不同处理不同深度孔隙等效面积和成圆率

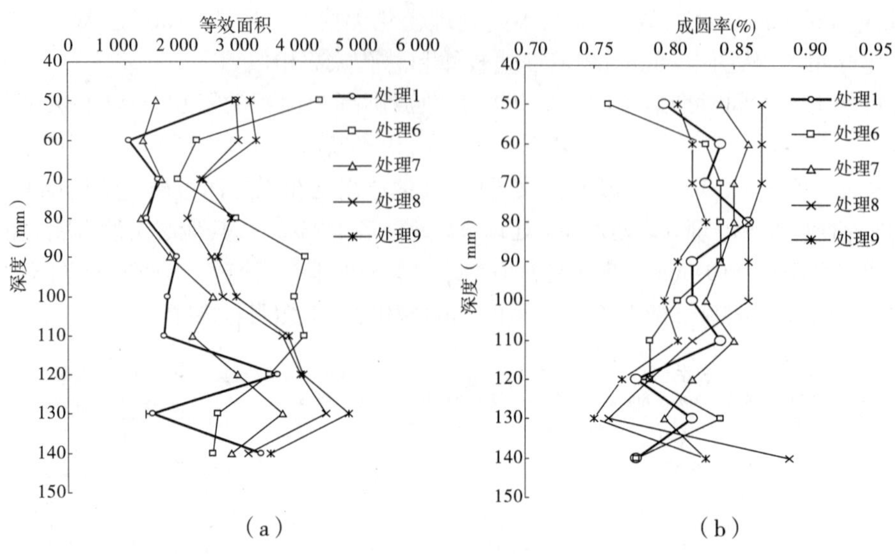

图 3-28　成熟期不同处理不同深度孔隙等效面积和成圆率

3.2.4　不同保水剂对砂土孔隙度的影响

3.2.4.1　两种保水剂不同处理不同生育期对砂土孔隙的影响

从图 3-29 可以看出,拔节期对照孔隙分布不均匀,上半部分有大的裂隙,下半部分孔隙较少;YY-15 kg/hm^2 处理大的裂隙与对照比明显减少,分布比对照均匀,整个横断面都有孔隙分布;YY-30 kg/hm^2 处理的孔隙变得更少、更小,土壤比较紧实;YY-45 kg/hm^2 处理的土壤比较疏松,孔隙比对照和其他处理增多。沃特保水剂随着用量增大孔隙增多,WT-45 kg/hm^2 处理和 WT-60 kg/hm^2 处理的孔隙看不出哪个多及均匀。孕穗期营养型抗旱保水剂和沃特保水剂不同处理对土壤孔隙的影响差别不大。成熟期两种保水剂不同生育期不同处理土壤孔隙度变化不一样,营养型抗旱保水剂随着用量增大孔隙增多,沃特保水剂随着用量增大孔隙减少。从三个时期的对照中可以看出,拔节期孔隙分布不均匀且有较大裂隙 ,孕穗期明显变得均匀且没有大的裂隙,成熟期孔隙减少,土壤变得紧实。为了更清晰地看出孔隙分布状况,现将孕穗期两种保水剂不同处理 100 mm 处横断面 CT 图用 ImageJ 和 MapInfo 软件进行处理,将土壤基质白化,土壤孔隙黑化,再将黑化部分封闭成孔隙(见图 3-30)。

为了比较两种保水剂同一处理在不同生育期土壤孔隙变化状况,现将营养型抗旱保水剂和沃特保水剂三个时期 45 kg/hm^2 处理 100 mm 处 CT 图进行 ImageJ 和 MapInfo 软件处理(见图 3-31、图 3-32)。从图 3-31 可以看出,成熟期孔隙数最多,其次是孕穗期,最少是拔节期;沃特保水剂与营养型抗旱保水剂不同,孔隙数最多是拔节期,其次是成熟期,最少是孕穗期。孔隙度变化和孔隙数不同,营养型抗旱保水剂孕穗期孔隙度最大,其次是拔节期,最少是成熟期;沃特保水剂孔隙度最大是拔节期,其次是孕穗期,最小是成熟期。

对照　YY-15 kg/hm²　YY-30 kg/hm²　YY-45 kg/hm²　YY-60 kg/hm²　WT-15 kg/hm²　WT-30 kg/hm²　WT-45 kg/hm²　WT-60 kg/hm²

图 3-29　三个时期两种保水剂不同处理 100 mm 处横断面 CT 图

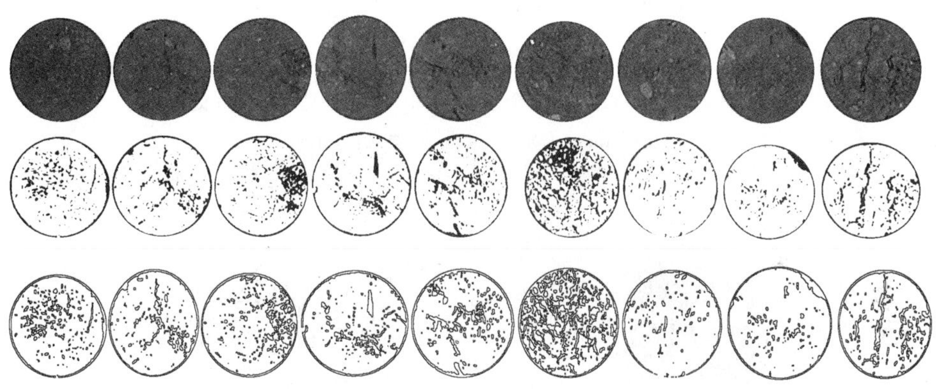

对照　YY-15 kg/hm²　YY-30 kg/hm²　YY-45 kg/hm²　YY-60 kg/hm²　WT-15 kg/hm²　WT-30 kg/hm²　WT-45 kg/hm²　WT-60 kg/hm²

图 3-30　孕穗期不同处理 100 mm 处横断面 CT 图及经 ImageJ 和 MapInfo 处理后的图形

3. 2. 4. 2　两种保水剂不同生育期对不同处理砂土不同粒径大孔隙数的影响

从表 3-10 可以看出,不同时期保水剂处理对砂土不同粒径大孔隙数的影响,同一时期不同处理变化较明显。拔节期 >0. 35 mm 粒径的大孔隙为处理 9 > 处理 7 > 处理 4 > 处理 8 > 处理 3 > 处理 5 > 处理 1 > 处理 6 > 处理 2;孕穗期 >0. 35 mm 粒径的大孔隙为处理 2 > 处理 3 > 处理 6 > 处理 1 > 处理 7 > 处理 5 > 处理 9 > 处理 4 > 处理 8;成熟期 >0. 35 mm 粒径的大孔隙为处理 6 > 处理 4 > 处理 7 > 处理 8 > 处理 3 > 处理 9 > 处理 5 > 处理2 > 处理 1。拔节期除处理 2 和处理 6 外,都比对照增多,处理 2 和处理 6 是两种保水剂用量最小的处理,说明低用量在拔节期反而使孔隙数减少。

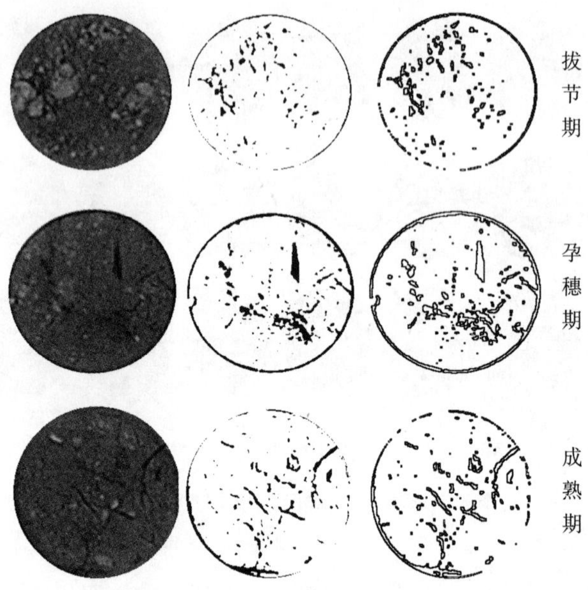

图 3-31 营养型抗旱保水剂三个时期 45 kg/hm^2 处理 100 mm 处 CT 图及经 ImageJ 和 MapInfo 处理后的图形

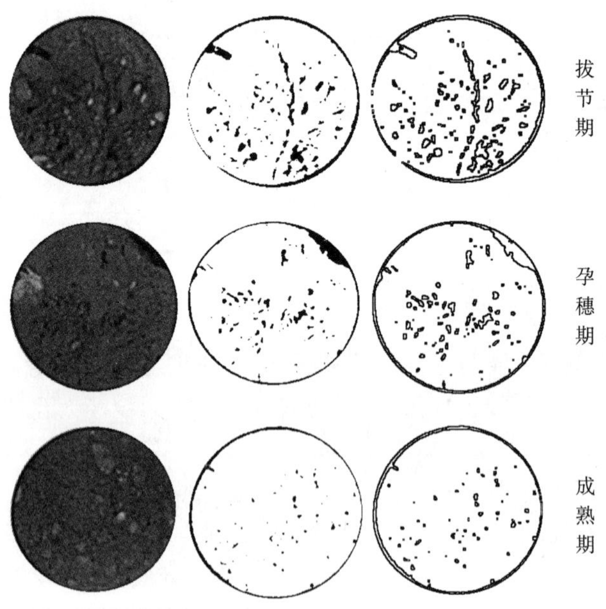

图 3-32 沃特保水剂三个时期 45 kg/hm^2 处理 100 mm 处 CT 图及经 ImageJ 和 MapInfo 处理后的图形

表 3-10　两种保水剂不同生育期对不同处理砂土不同粒径大孔隙数的影响

生育期	处理	不同粒径大孔隙数					
		>0.35 mm	0.35 ~ 0.5 mm	0.5 ~ 1 mm	1 ~ 2 mm	2 ~ 4 mm	>4 mm
拔节期	1	55f	11d	13e	18f	11d	2b
	2	50g	12c	15d	15g	7f	1c
	3	61d	15a	15d	22d	8e	1c
	4	74c	14b	18b	28b	12c	2b
	5	59e	14b	16c	20e	8e	1c
	6	51g	11d	16c	11h	11d	2b
	7	77b	14b	18b	28b	14b	3a
	8	73c	15a	20a	24c	12c	2b
	9	84a	15a	20a	32a	15a	2b
孕穗期	1	109c	23b	24d	41c	18d	3e
	2	124a	25a	26c	44a	23a	6c
	3	122b	25a	29a	42bc	21b	5d
	4	81e	18cd	20efg	30f	11f	2f
	5	89dc	17de	19fg	30f	18d	5d
	6	121b	25a	28b	40d	21b	7b
	7	90d	16e	18g	31e	17e	8a
	8	48f	10g	12h	16h	9g	1g
	9	87c	15f	18g	29g	19c	6c
成熟期	1	34i	6g	9g	13g	5h	1e
	2	41h	9f	9g	14f	7f	2d
	3	49e	12c	12f	18d	6g	1e
	4	85b	15b	20a	29b	15a	6a
	5	46g	11d	13e	15e	6g	1e
	6	88a	17a	18b	34a	14b	5b
	7	61c	11d	15c	21c	11c	3c
	8	56d	12c	14d	21c	8e	1e
	9	47f	10e	12f	14f	9d	2d

注:同列不同字母表示处理间差异显著($P<0.05$)。

拔节期营养型抗旱保水剂处理 4 对土壤孔隙数影响最大,处理 5 用量为 60 kg/hm^2 时孔隙数反而减少;孕穗期营养型抗旱保水剂处理 2、处理 3 孔隙数比对照少,处理 4、处理 5 比对照多;成熟期随着用量增加孔隙数不断增多。沃特保水剂在拔节期随着用量增加孔隙数有增多的趋势,最大用量时孔隙数最多;孕穗期和成熟期随着用量增大,孔隙数有减小的趋势。说明营养型抗旱保水剂随着用量增加对土壤孔隙改良效果越好;沃特保水剂在低用量对土壤孔隙改良效果好,因此低用量既经济效果又好。从表 3-10 中还可以看出,不同时期不同处理孔隙数主要集中在 0.35 ~ 2 mm,占整个孔隙数的 60% 以上,2 ~ 4 mm 的孔隙数只占 40% 。

经显著性相关分析表明,除处理 9 外不同处理 >0.35 mm 孔隙数与对照均达到显著相关,与季节变化没有关系。

3.2.4.3　两种保水剂不同处理在不同生育期对砂土土壤孔隙数的影响

不同生育期土壤孔隙数变化较大(见表 3-11),且为孕穗期 > 拔节期 > 成熟期,不同生育期同一处理孕穗期比拔节期孔隙数增加,孕穗期各处理与拔节期各处理比较除处理 8 降低了 34% 外,其他处理 1 到处理 9 分别增加了 98%、148%、100%、9.5%、50.8%、137%、16.9%、3.6%;成熟期除处理 4 和处理 8 分别比孕穗期提高了 4.7%、14.3% 外,其他分别比孕穗期处理 1 到处理 9 降低了 221%、202%、149%、93.5%、37.5%、47.5%、85.1%。两种保水剂不同处理对不同层次土壤总孔隙数、粗孔隙数及大孔隙数的影响见图 3-33、图 3-34、图 3-35,从图中可以看出三个时期都是随着深度的增加,不同处理的总孔隙数也在不断增加,拔节期同一层次中,总孔隙数有处理 4 > 处理 5 > 处理 3 > 处理 1 > 处理 2 及处理 9 > 处理 8 > 处理 7 > 处理 1 > 处理 6 的趋势,前 5 个是营养型抗旱保水剂,后 4 个是沃特保水剂,营养型抗旱保水剂在低用量下,孔隙数减少,高用量下孔隙数增多,沃特保水剂也表现出同样趋势。孕穗期同一层次中,总孔隙数有处理 2 > 处理 3 > 处理 1 > 处理 5 > 处理 4 及处理 6 > 处理 7 > 处理 1 > 处理 9 > 处理 8 的趋势,和拔节期刚好相反。成熟期同一层次中,总孔隙数有处理 4 > 处理 5 > 处理 3 > 处理 1 > 处理 2 及处理 6 > 处理 7 > 处理 8 > 处理 9 > 处理 1 的趋势,用量增大总孔隙数有减小趋势。第二层比第一层个数降低,接着不断增大;140 mm 处比 130 mm 处降低。大孔隙数与总孔隙数有相似的规律,粗孔隙数变化幅度较大,说明大孔隙数影响着整个孔隙数的变化。图 3-33、图 3-34 表明孕穗期保水剂不同处理对不同层次土壤总孔隙数、粗孔隙数及大孔隙数的影响和拔节期趋势十分相似,而成熟期的变化规律却差别很大。从图 3-35 中可以看出,成熟期不同处理土壤孔隙数变化除高用量 45 kg/hm^2 外,其他变化不明显,有些层次比对照多,有些比对照少,说明保水剂对成熟期孔隙数变化影响不明显。

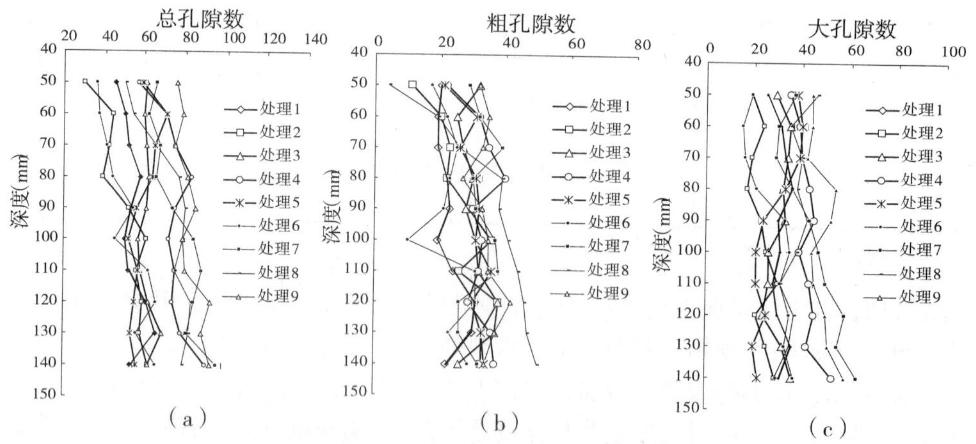

图 3-33　拔节期两种保水剂不同处理不同深度总孔隙个数变化

3.2.4.4　两种保水剂不同处理在不同生育期对砂土土壤孔隙度的影响

不同生育期土壤孔隙度变化很大,从表 3-11 中可以看出总孔隙度变化趋势除处理 2、处理 4、处理 6 外为孕穗期 > 拔节期 > 成熟期,孕穗期处理 2、处理 4、处理 6 > 成熟期处理 2、处理 4、处理 6 > 拔节期处理 2、处理 4、处理 6。同一生育期不同处理孔隙度变化为:拔节期处理 7 > 处理 9 > 处理 1 > 处理 4 > 处理 8 > 处理 6 > 处理 3 > 处理 5 > 处理 2,营养型

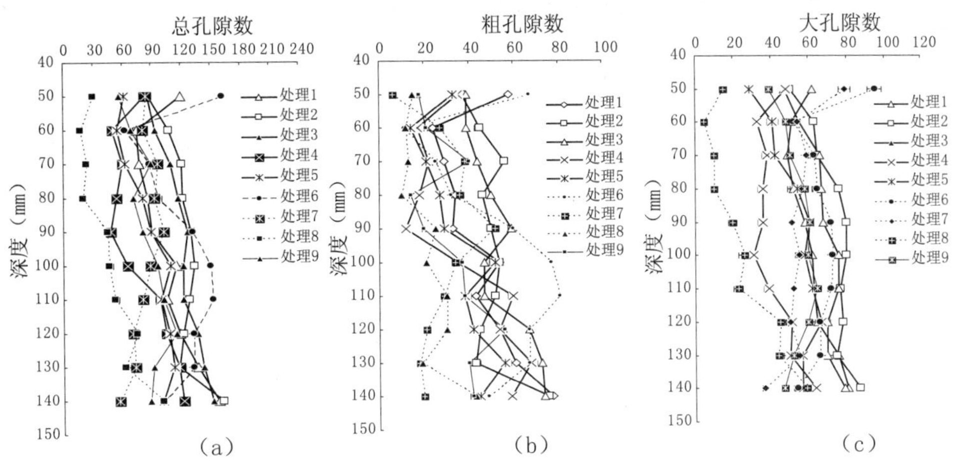

图3-34　孕穗期两种保水剂不同处理不同深度总孔隙个数变化

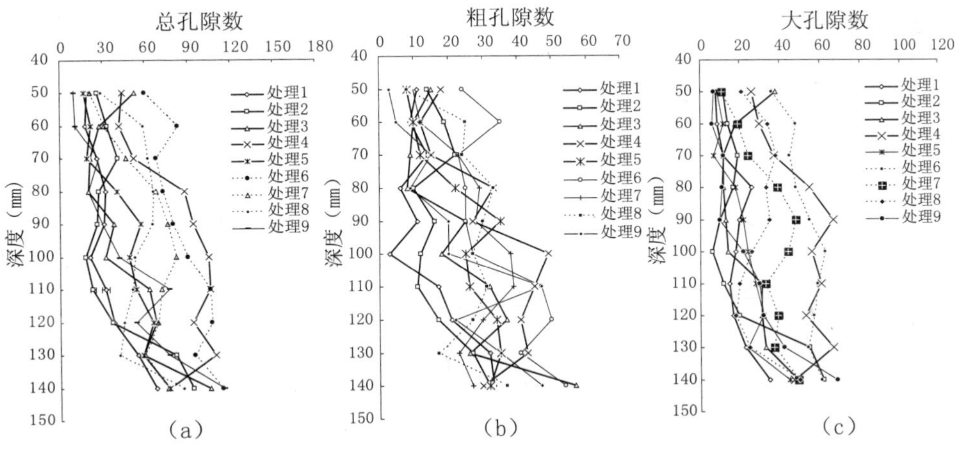

图3-35　成熟期两种保水剂不同处理不同深度总孔隙个数变化

抗旱保水剂不同处理孔隙度都比对照降低，沃特保水剂高用量增大，低用量降低。孕穗期处理6 > 处理2 > 处理3 > 处理9 > 处理5 > 处理1 > 处理7 > 处理4 > 处理8，营养型抗旱保水剂低用量处理孔隙度增大，高用量孔隙度降低，与拔节期截然相反，沃特保水剂的最大和最小用量都增大，中间用量降低。成熟期处理6 > 处理4 > 处理7 > 处理2 > 处理9 > 处理8 > 处理3 > 处理5 > 处理1，不同处理孔隙度都增大。孕穗期总孔隙度比较大，经处理后高用量降低，低用量孔隙度反而增大；成熟期孔隙度较小，经处理后孔隙度增大，说明孔隙度有所改善，随着用量增大孔隙度增大，达到一定用量后不再增加反而降低。三个时期的粗孔隙度所占比例都非常小，只有5%左右，而大孔隙度高达90%以上。大孔隙度的变化规律和总孔隙度相似，说明总孔隙度的变化主要由大孔隙度变化所控制。

经显著性相关分析表明，拔节期两种保水剂低浓度15 kg/hm^{2}与对照比，降低较大，达到显著水平。孕穗期两种保水剂低浓度15 kg/hm^{2}与对照比，升高较大，达到显著水平。成熟期两种保水剂不同处理与对照比提高较大，达到显著水平。不同生育期、不同处理总孔隙度与粗孔隙度达到显著水平。

表 3-11　两种保水剂不同处理在不同生育期对沙土土壤孔隙度的影响

生育期	处理	总孔隙度(%)	粗孔隙度(%)	大孔隙度(%)
拔节期	1	4.00d	0.22e	3.78d
	2	2.60f	0.25de	2.35h
	3	3.03e	0.28cd	2.75g
	4	4.31c	0.31bc	4.00c
	5	2.72f	0.51a	2.21i
	6	3.05e	0.22e	2.83f
	7	5.52a	0.30c	5.22a
	8	4.02d	0.34b	3.68e
	9	4.98b	0.34b	4.64b
孕穗期	1	6.84f	0.42bc	6.42f
	2	9.77b	0.46ab	9.31b
	3	8.67c	0.50a	8.17c
	4	4.33h	0.38c	3.95h
	5	7.17e	0.38c	6.85e
	6	9.95a	0.48a	9.47a
	7	5.70g	0.30d	5.40g
	8	2.80i	0.21e	2.59i
	9	8.20d	0.30d	7.90d
成熟期	1	1.80g	0.15d	1.65g
	2	2.92d	0.15d	2.77de
	3	2.46ef	0.21c	2.25f
	4	5.44b	0.34a	5.10b
	5	2.34f	0.22c	2.12f
	6	6.73a	0.32a	6.41a
	7	4.21c	0.28bc	3.93c
	8	2.85d	0.23c	2.62e
	9	2.87d	0.21c	2.66e

注:同列不同字母表示处理间差异显著($P<0.05$)。

3.2.4.5　两种保水剂不同时期对不同深度土壤孔隙成圆率和等效面积的影响

从图 3-36、图 3-37、图 3-38 中可以看出,两种保水剂不同处理对土壤孔隙成圆率的影响与生育期有很大关系,拔节期两种保水剂不同处理孔隙成圆率都比对照增大,说明不同处理的孔隙都比对照降低。孕穗期两种保水剂不同处理孔隙成圆率变化没有规律,营养型抗旱保水剂成熟期为处理 3 > 处理 5 > 处理 1 > 处理 2 > 处理 4,沃特保水剂为处理 8 > 处理 9 > 处理 7 > 处理 1 > 处理 6。在成熟期营养型抗旱保水剂对成圆率的影响看不出规律,沃特保水剂高用量能够增大孔隙成圆率,低用量降低孔隙成圆率。拔节期与孕穗期孔隙成圆率随着深度增加孔隙成圆率有增大的趋势,成熟期孔隙成圆率有减小的趋势。

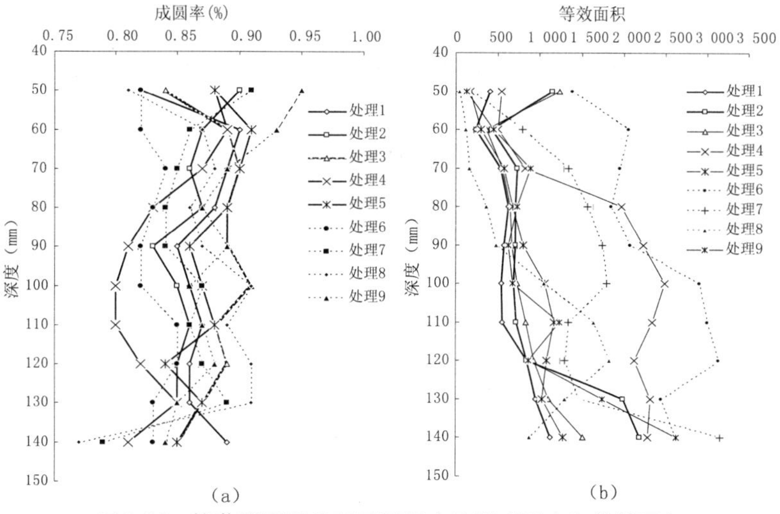

图 3-36　拔节期不同处理不同深度孔隙成圆率和等效面积

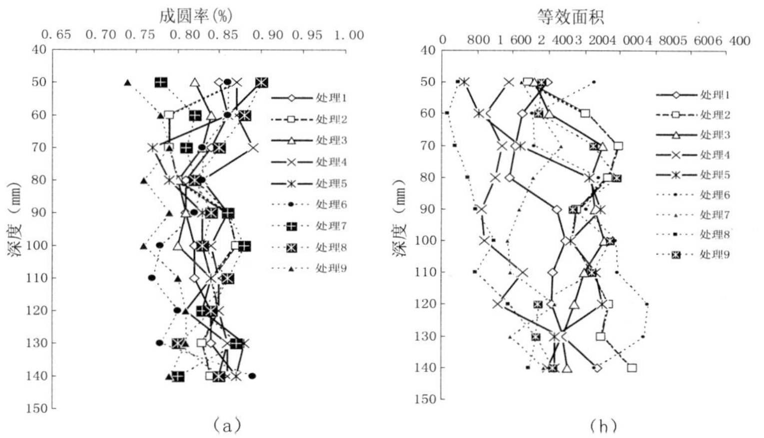

图 3-37　孕穗期不同处理不同深度孔隙成圆率和等效面积

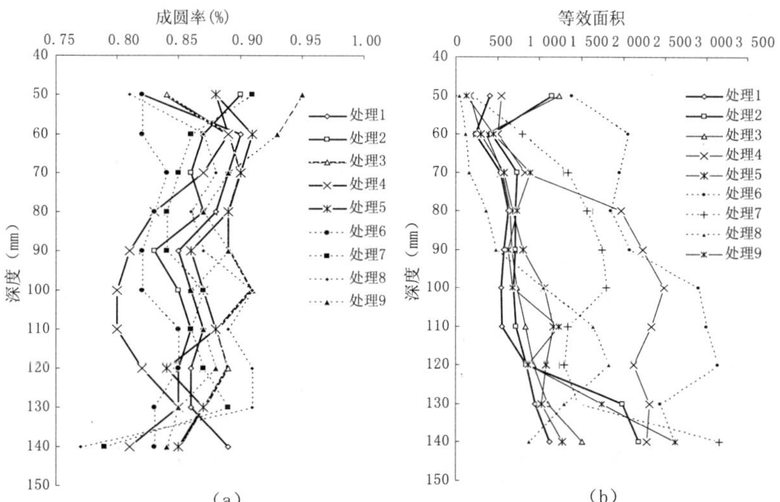

图 3-38　成熟期不同处理不同深度孔隙成圆率和等效面积

3.3　保水剂与氮肥配施对土壤结构的影响

本研究在禹州试验基地进行，田间试验保水剂处理设置为：B_0（0 kg/hm^2）、B_1（30 kg/hm^2）、B_2（60 kg/hm^2）、B_3（90 kg/hm^2），采用沟施。氮肥采用尿素，设 3 个水平的用量，即 N_0（0 kg/hm^2）、N_1（纯氮 225 kg/hm^2）、N_2（纯氮 450 kg/hm^2）。普通过磷酸钙做底肥，用量为 90 kg/hm^2。

小麦品种为郑麦 9694。盆栽试验保水剂用量设置为：B_0'（0 mg/kg）、B_1'（27 mg/kg）、B_2'（54 mg/kg）、B_3'（81 mg/kg），氮肥采用尿素，用量设置为，N_0'（0 mg/kg）、N_1'（432 mg/kg）、N_2'（864 mg/kg）。设置两个灌水水平 W_1（占田间持水量的 50% ~65%）和 W_2（占田间持水量的 70% ~85%）。磷肥，纯磷 533 mg/kg。

3.3.1　田间试验冬小麦收获后不同处理土壤团粒分布及土壤结构特征

3.3.1.1　不同处理土壤团粒分布

从图 3-39 的分析结果可以看出，土壤团聚体的粒径峰值存在于 <0.25 mm 的粒级中，其次为 >2.0 mm 的粒级，1.0 ~2.0 mm 粒级的团聚体含量最低，且不同处理的土壤水稳性团聚体组成各异。对照 >2.0 mm 粒级的团聚体含量小于其他处理，而 <0.25 mm 粒级的团聚体含量大于其他处理。保水剂和氮肥的施用提高了 >2.0 mm 粒级的团聚体的含量，且低保水剂和中保水剂用量与氮肥叠加施用（B_1N_0、B_1N_1、B_1N_2、B_2N_0、B_2N_1、B_2N_2）均较高，而以 B_1N_2 最高。说明保水剂与氮肥配施对 >2.0 mm 的土壤水稳性团聚体的形成具有促进作用，这可能与作物的根系有关，因为水分和养分促进了根系的生长，同时保水剂具有团聚土壤颗粒的功能，从而改善了土壤的团粒结构，尤其是 >2.0 mm 粒级的团聚体。而对照由于水分和养分条件较差，不利于小麦根系生长，因此土壤的团粒结构易受外界影响和破坏，土壤团聚体稳定性下降，土壤结构水稳性较差。

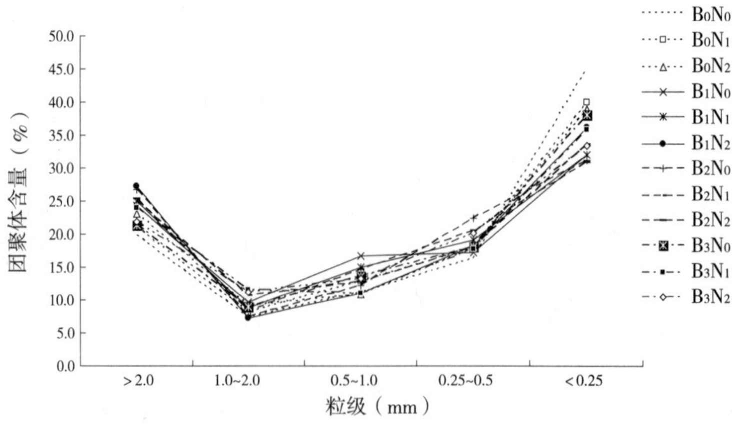

图 3-39　大田试验不同处理土壤团粒分布特征

3. 3. 1. 2　不同处理 >0. 25 mm 水稳性团聚体含量

土壤中 >0. 25 mm 的团聚体被认为对土壤物理性质和营养条件具有良好的作用。施用保水剂、作物生长、反复吸收等均对土壤结构产生重要影响。

从图 3-40 中可以看出，水稳性团聚体(>0. 25mm 团聚体含量)表现为：$B_2N_2 > B_2N_0 > B_1N_0$、$B_1N_1 > B_2N_1$、$B_3N_2 > B_3N_1 > B_1N_2 > B_0N_2 > B_0N_1 > B_0N_0$。说明施用保水剂显著提高了大田表层土壤结构的稳定性，而施用氮肥同样促进了土壤结构稳定性的提高，这可能与氮肥促进了作物根系的生长和土壤微生物的活动有关。需要强调的是，并不是保水剂用量越高，水稳性团聚体含量越高，土壤结构越稳定，这可能是因为保水剂用量过高，吸收膨胀后分散比胶结土壤颗粒的能力要强所致。

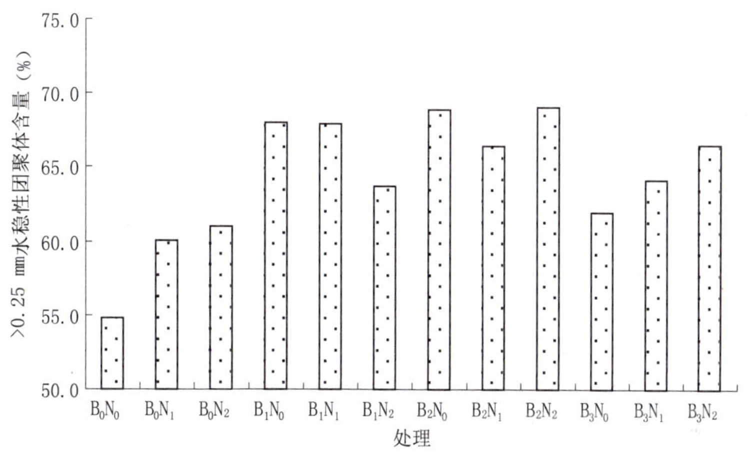

图 3-40　不同处理 >0. 25 mm 团聚体含量

3. 3. 1. 3　不同处理团聚体平均重量直径(MWD)、几何平均直径(GMD)及分形维数(D)

Van Bavel 研究表明，土壤团聚体平均重量直径越大，土壤结构越稳定。Gardener 在团聚体分布服从对数正态分布的假设的基础上，提出了几何平均直径(geometric meandiameter，GMD)的概念。有研究认为，GMD 比 MWD 更为准确，能更好地反映团聚体分布的变化情况。杨培岭等通过计算土壤的分形维数来表征土壤结构状况，分形维数是反映土壤结构稳定性的一项综合性指标，团聚体分形维数越小，土壤结构就越稳定。

大田不同处理土壤团聚体平均重量直径、几何平均直径及分形维数见表 3-12。从表中可以看出，各处理土壤团聚体的 MWD 与 GMD 的变化趋势一致，且各处理均显著大于对照。不施氮肥时，随保水剂用量的增加，土壤团聚体的 MWD 与 GMD 有所降低，但均显著高于对照。不施保水剂而仅施氮肥时，随氮肥用量的增加，MWD 和 GMD 均增大。低用量和中等用量保水剂与氮肥配施时，随氮肥用量的增加，土壤团聚体的 MWD 和 GMD 有所降低。而高用量保水剂与氮肥配施时，其值先增后减，但显著大于对照。最终，低用量和中等用量保水剂及其与氮肥配施的土壤团聚体的 MWD 和 GMD 最高，土壤结构较其他处理稳定，而氮肥的施用会降低土壤结构的稳定性。

表 3-12 大田不同处理土壤团聚体平均重量直径、几何平均直径及分形维数

处理	MWD	GMD	D
B_0N_0	0.767f	0.521e	2.728a
B_0N_1	0.808b	0.555d	2.677b
B_0N_2	0.846d	0.577c	2.681b
B_1N_0	0.903a	0.636a	2.585f
B_1N_1	0.896a	0.627a	2.596e
B_1N_2	0.895a	0.609b	2.672b
B_2N_0	0.900a	0.623a	2.600e
B_2N_1	0.906a	0.629a	2.620d
B_2N_2	0.898a	0.629a	2.583f
B_3N_0	0.826e	0.572c	2.655c
B_3N_1	0.889b	0.612b	2.648c
B_3N_2	0.865c	0.605b	2.603e

各处理的分形维数(D)均显著小于对照。其中,不施保水剂的处理的团聚体 D 均显著高于施用保水剂的处理。而不施保水剂而仅施氮肥的处理,高肥(N_2)和中肥(N_1)均降低了土壤团聚体分形维数,但两者间差异不显著。低用量保水剂与氮肥配施时,随氮肥用量的增加,团聚体分形维数增加。而中等用量和高用量保水剂与氮肥配施,随氮肥用量的增加分形维数有所增大。同样说明施用适量保水剂时再施氮肥土壤结构稳定性有所降低,但仍高于对照。

3.3.1.4 土壤结构指标相关性分析

对 >0.25 mm 水稳性团聚体含量、团聚体分形维数(D)、平均几何直径 GMD、平均重量直径 MWD、土壤容重和有机质等进行相关性分析,结果见表 3-13。大田土壤的团聚体

表 3-13 大田土壤结构指标相关性分析

相关系数($n=11$)	>0.25 mm 水稳性团聚体含量	D	GMD	MWD	容重	有机质
>0.25 mm 水稳性团聚体含量	1	-0.93**	0.92**	0.84**	0.66**	0.34*
D		1	-0.78**	-0.64**	-0.69**	-0.24
GMD			1	0.97**	0.57**	0.45*
MWD				1	0.48*	0.48*
容重					1	0.46*
有机质						1

注:* 表示 $P<0.05$、** 表示 $P<0.01$,下同。

平均重量直径、几何平均直径、>0.25 mm 水稳性团聚体含量容重及有机质含量五者呈显著或极显著正相关。而团聚体平均重量直径、几何平均直径、>0.25 mm 水稳性团聚体含量容重与分形维数呈极显著负相关,土壤有机质与其相关性不显著。

3.3.2　盆栽试验冬小麦各处理土壤团粒分布及土壤结构特征

盆栽试验同大田试验表层为过筛 10 mm 的土壤,由于保水剂和氮肥用量及水分条件和土壤与保水剂作用时间不同,导致生长(根系作用)状况的差异,因此其土壤团粒分布和土壤结构特征表现不同。

3.3.2.1　冬小麦拔节期不同水分条件各处理土壤团粒分布

从图 3-41 中可以看出,相同时期和不同水分条件各处理(处理同 2.4)不同粒径的分布趋势基本一致,即拔节期各处理的团聚体粒级 0.25 ~ 0.5 mm > (< 0.25 mm) > 0.5 ~ 1.0 mm > 1.0 ~ 2.0 mm > (> 2.0 mm)。

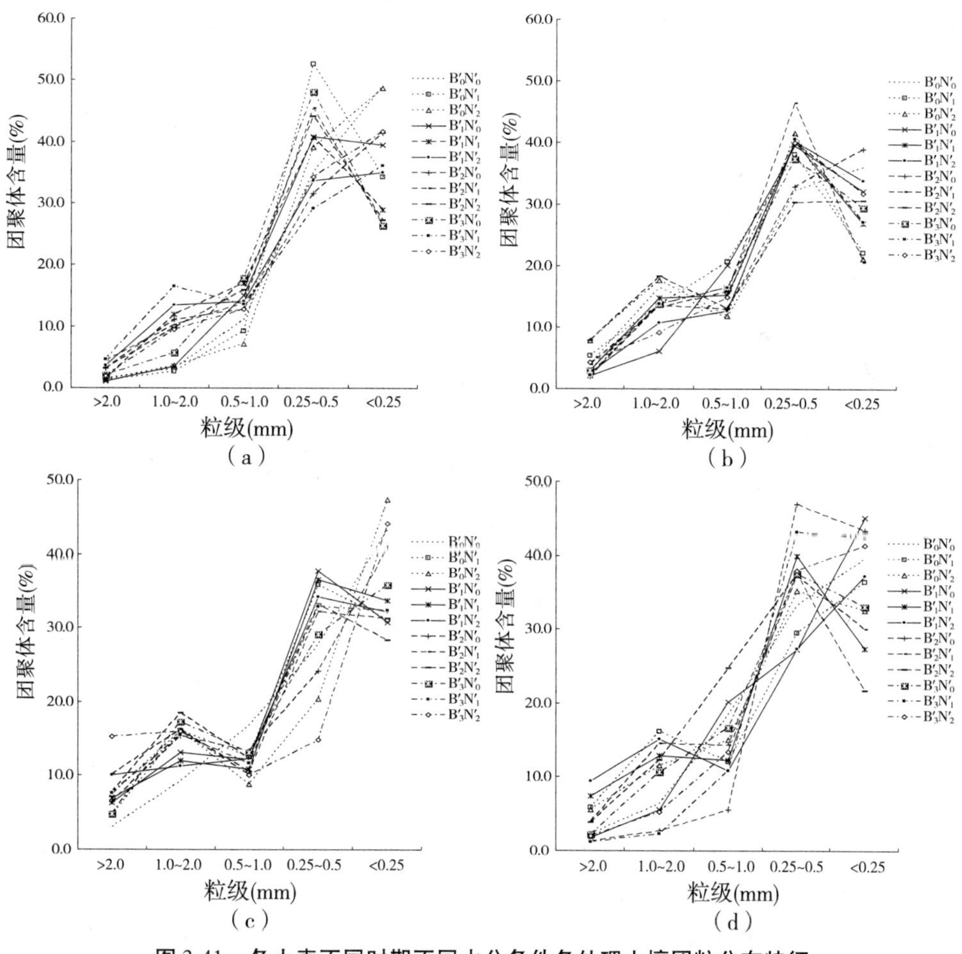

图 3-41　冬小麦不同时期不同水分条件各处理土壤团粒分布特征

施用保水剂后灌水与不灌水对土壤结构产生重要影响,灌水量的大小同样会引起土壤结构的变化。充分灌水时(见图 3-41(a)), > 2.0 mm 和 1.0 ~ 2.0 mm 的团聚体表现为：$B_3'N_1'$最高，$B_2'N_0'$次之，未施保水剂的处理（$B_0'N_0'$、$B_0'N_1'$、$B_0'N_2'$）均较低，而中等用量的保水剂处理（$B_2'N_x'$）居中。0.5 ~1.0 mm 粒级的团聚体含量不施保水剂的最低，而其他处理差异较小。而0.25 ~0.5 mm 粒级的团聚体含量各处理间差异最显著，具体表现为$B_0'N_1' > B_3'N_0' > B_2'N_1' > B_2'N_2' > B_1'N_0'$、$B_1'N_1' > B_0'N_2' > B_0'N_0' > B_3'N_2' > B_1'N_2' > B_2'N_0' > B_3'N_1'$。而 <0.25 mm粒级的团聚体含量表现为：$B_0'N_0'$和 $B_0'N_2'$ >2.0 mm 粒级的团聚体含量最高，$B_3'N_0'$和 $B_2'N_2'$的最低。

而轻度胁迫时（图 3-41（b）），>2.0 mm 和 1.0 ~2.0 mm 的团聚体表现为：$B_2'N_2'$和 $B_0'N_2'$最高，$B_1'N_0'$、$B_1'N_2'$和 $B_3'N_1'$最低，其他处理居中。0.5 ~1.0 mm 粒级的团聚体含量$B_0'N_2'$最低，而 $B_0'N_1'$和 $B_1'N_0'$最高，其他处理变化各异。0.25 ~0.5 mm 粒级的团聚体含量以$B_1'N_2'$显著高于其他处理，而 $B_2'N_2'$含量最低。而 <0.25 mm 粒级的团聚体含量大小范围为20% ~40%，各处理表现各异。

3.3.2.2　冬小麦收获后不同水分条件各处理土壤团粒分布

从图 3-41（c）中可以看出，充分灌水时，各处理的团聚体粒级表现为：0.25 ~0.5 mm >（ <0.25 mm）>1.0 ~2.0 mm >0.5 ~1.0 mm >（ >2.0 mm）。收获后 >2.0 mm 粒级的团聚体含量明显高于拔节期的处理，且 $B_3'N_2'$最高，其次为 $B_1'N_2'$和 $B_2'N_2'$，而 $B_0'N_0'$最低，其他处理居中。1.0 ~2.0 mm 粒级的团聚体含量表现为：$B_2'N_2'$最高，$B_3'N_0'$次之，$B_0'N_0'$仍最低。而低保水剂用量及与氮肥配施的处理该粒级的团聚体含量较低。0.5 ~1.0 mm 粒级的团聚体含量较其他粒级变化较小。而 0.25 ~0.5 mm 粒级的团聚体含量各处理间差异显著，具体表现为：$B_1'N_0' > B_1'N_1' > B_0'N_1' > B_1'N_2' > B_3'N_1'$、$B_2'N_2' > B_2'N_1' > B_3'N_0' > B_0'N_0' > B_2'N_0' > B_0'N_2' > B_3'N_2'$。而 <0.25 mm 粒级的团聚体含量表现为：$B_0'N_2' > B_3'N_2'$、$B_0'N_0' > B_2'N_0' > B_3'N_0' > B_1'N_1' > B_3'N_1' > B_2'N_1'$、$B_1'N_0' > B_0'N_1' > B_1'N_0' > B_2'N_2'$。

而轻度胁迫时（图 3-41（d）），收获后各处理间各粒级土壤团聚体分布差异较拔节期和 70% ~85% 的灌水量显著。>2.0 mm 与 0.25 ~0.5 mm 粒级的团聚体含量较其他粒级高。其中，>2.0 mm 粒级的团聚体含量表现为：$B_1'N_2' > B_1'N_1' > B_0'N_1' > B_0'N_2' > B_2'N_1'$、$B_2'N_2' > B_3'N_0'$、$B_0'N_0'$、$B_1'N_1'$、$B_3'N_2' > B_2'N_0'$、$B_3'N_1'$。而 0.25 ~0.5 mm、0.5 ~1.0 mm 及 1.0 ~2.0 mm 粒级的团聚体含量各处理表现各异。

3.3.2.3　冬小麦不同生育期不同水分条件各处理 >0.25 mm 团聚体含量变化特征

从图 3-42 中可以看出，各处理不同条件下 >0.25 mm 水稳性团聚体含量均大于50%，且轻度胁迫条件下，拔节期 >0.25 mm 水稳性团聚体含量均高于收获时和充分灌水时的处理。两水分条件下，不施保水剂的处理均显著低于施用保水剂的处理，且拔节期大于收获时的处理。各处理中，中氮处理促进了水稳性团聚体含量的提高，这可能是该用量氮肥有利于小麦的根系生长所致，而当用氮量过高时，出现了少苗现象，抑制了根系的生长，从而降低了根系对土壤颗粒的团聚作用。轻度胁迫处理的 >0.25 mm 水稳性团聚体均高于充分灌水的各处理，说明适度干旱有利团粒结构的形成，提高了土壤结构的稳定性。其中，以 $B_2'N_1'$和 $B_2'N_2'$处理不同水分条件和不同生育期的 >0.25 mm 水稳性团聚体含量最高，而高用量保水剂对小麦根系的生长可能产生了一定的抑制，因此在增施氮肥时，水稳性团聚体含量降低。

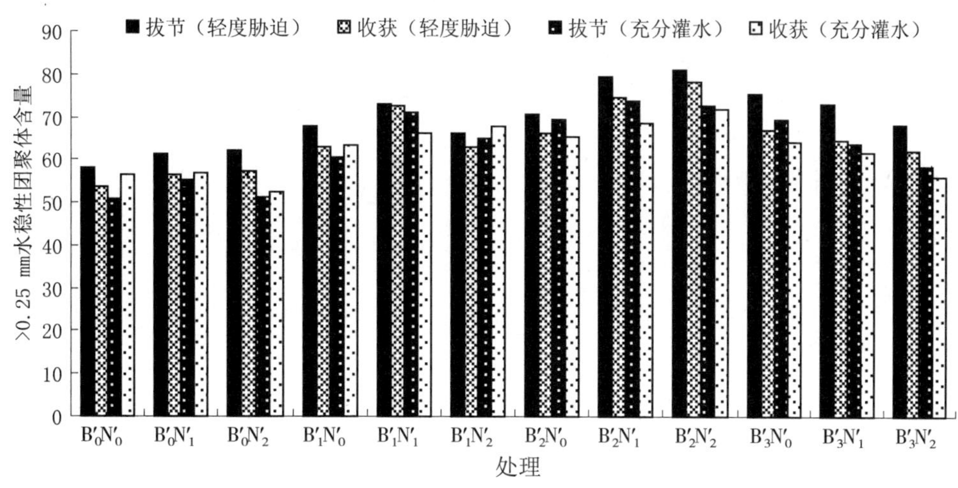

图 3-42　不同灌水量、不同生长阶段各处理土壤水稳性团聚体含量

3.3.2.4　不同处理团聚体平均重量直径(MWD)及几何平均直径(GMD)及分形维数(D)

保水剂和氮肥施用后，作物不同生长期生长状况和灌水量差异，导致土壤结构产生变化。因此，其土壤团聚体的 MWD、GMD 及 D 不同(见表 3-14)。

轻度胁迫时，在两个时期(拔节期和收获期)，保水剂显著降低了土壤团聚体的 MWD 和 GMD，随保水剂用量的增加其值增大，但均低于对照。保水剂与氮肥配施时，与仅施保水剂相比，土壤团聚体的 MWD 和 GMD 增加，但保水剂用量过高则结果相反。而收获后土壤团聚体的 MWD 和 GMD 随施氮量的增加而增加，而高用量保水剂的处理降低。该灌水量条件下，两时期所取土样土壤团聚体的 MWD 和 GMD 表现为：仅施氮肥时，拔节期大于收获时的土样。保水剂与氮肥配施的处理，除 $B_1'N_1'$ 和 $B_1'N_2'$外，其他相应处理拔节期仍大于收获时的土样。说明，水分亏缺一直影响作物的生长，且干旱导致微生物活动等降低，且过多干旱的反复吸水使保水剂的胶黏度降低，最终导致土壤结构稳定性下降。

而该水分条件不同时期各处理的分形维数(D)表现为：在拔节期，除 $B_2'N_0'$外，施用保水剂及与氮肥配施显著降低了土壤团聚体分形维数。不施保水剂时，施用氮肥降低了土壤团聚体的分形维数。各处理均随氮肥用量的增加土壤团聚体分形维数先降后增，但均小于对照。而在收获后，不施保水剂时，随氮肥用量的增加土壤团聚体分形维数降低。而不施氮肥时，随保水剂用量的增加土壤团聚体分形维数先增后降，仅高用量保水剂显著低于对照，而保水剂与氮肥配施后，结果相反。

充分灌水时，在两个时期，保水剂显著提高了土壤团聚体的 MWD 和 GMD。其中在拔节期，随保水剂用量的增加土壤团聚体的 MWD 和 GMD 先增后降，但均高于对照。而收获时的土壤团聚体的 MWD 和 GMD 随保水剂用量的增加而增加。在拔节期，保水剂与氮肥配施显著提高了土壤团聚体的 MWD 和 GMD，各处理提高的幅度各异。收获时的土壤团聚体的 MWD 和 GMD 随施氮量的增加而增加，以 $B_3'N_2'$效果最佳。该灌水量条件下，两时期所取土样土壤团聚体的 MWD 和 GMD 表现为：各处理拔节期大于收获时的土样。说明，水分条件较好时，养分更利于被作物吸收，有利于促进作物地上和地下根系的协调

表 3-14 盆栽不同处理土壤团聚体平均重量直径、几何平均直径及分形维数

处理	拔节期(轻度胁迫)			拔节期(充分灌水)			收获(轻度胁迫)			收获(充分灌水)		
	MWD	GMD	D	MWD	GMD	D	MWD	GMD	D	MWD	GMD	D
$B_0'N_0'$	0. 674b	0. 500b	2. 528b	0. 417h	0. 356f	2. 681a	0. 504e	0. 412e	2. 577c	0. 536g	0. 422f	2. 622b
$B_0'N_1'$	0. 666b	0. 523a	2. 330f	0. 417h	0. 368e	2. 528e	0. 652b	0. 485c	2. 565c	0. 638f	0. 486c	2. 589c
$B_0'N_2'$	0. 718a	0. 543a	2. 339f	0. 404i	0. 348f	2. 683a	0. 612c	0. 470c	2. 511d	0. 649d	0. 464d	2. 693a
$B_1'N_0'$	0. 513g	0. 426e	2. 482d	0. 440g	0. 379e	2. 578c	0. 487f	0. 400e	2. 628a	0. 632f	0. 480c	2. 493g
$B_1'N_1'$	0. 611c	0. 481b	2. 415e	0. 561d	0. 454b	2. 438e	0. 652b	0. 494b	2. 449e	0. 621f	0. 467d	2. 539d
$B_1'N_2'$	0. 543f	0. 432de	2. 519c	0. 596b	0. 460b	2. 535e	0. 692a	0. 502ab	2. 592bc	0. 671c	0. 495c	2. 531df
$B_2'N_0'$	0. 558e	0. 436de	2. 576a	0. 547e	0. 425c	2. 609b	0. 393h	0. 347h	2. 636a	0. 650d	0. 479c	2. 615b
$B_2'N_1'$	0. 621c	0. 493b	2. 303e	0. 580c	0. 459b	2. 416f	0. 619c	0. 479c	2. 469e	0. 720b	0. 526a	2. 520f
$B_2'N_2'$	0. 718a	0. 532a	2. 495d	0. 560d	0. 452b	2. 421ef	0. 642b	0. 516a	2. 306f	0. 719b	0. 535a	2. 462h
$B_3'N_0'$	0. 602c	0. 474bc	2. 453e	0. 507f	0. 427c	2. 400f	0. 551d	0. 442d	2. 501g	0. 651d	0. 488c	2. 550d
$B_3'N_1'$	0. 593cd	0. 472bc	2. 413f	0. 641a	0. 483a	2. 552d	0. 408g	0. 358g	2. 617b	0. 675c	0. 501b	2. 523f
$B_3'N_2'$	0. 563e	0. 445d	2. 496d	0. 508f	0. 407d	2. 606b	0. 466f	0. 387f	2. 605b	0. 783 a	0. 540a	2. 594c

生长,且保水剂胶黏状态较佳。因此,根系与保水剂的双重作用更有效地改善了扰动土土壤结构。

各处理团聚体分形维数表现为:在拔节期,不施保水剂时,高氮增加了土壤团聚体的分形维数。不施氮肥时,随保水剂用量的增加土壤团聚体分形维数将先增加再降低,均显著低于对照。除高用量保水剂外,其他保水剂用量与氮肥配施的土壤团聚体分形维数降低,且低用量氮肥效果较佳。对收获后的土样分析得知,施用氮肥后各处理的土壤团聚体分形维数略高于拔节期的对应处理。且保水剂与氮肥配施均降低了土壤团聚体的分形维数,其中以中用量保水剂与氮肥配施的团聚体分形维数降低最为显著。

3. 3. 2. 5 土壤结构指标相关性分析

对盆栽筛分土壤结构指标进行相关性分析得知(见表 3-15):轻度胁迫条件下,>0. 25 mm水稳性团聚体含量与 GMD、MWD、有机质含量呈极显著正相关,与 D 呈极显著负相关。D 与 GMD、MWD、有机质含量呈极显著负相关。GMD 与 MWD 呈极显著正相关。而充分灌水条件下,>0. 25 mm 水稳性团聚体含量与 GMD、有机质含量呈显著正相关,与 MWD 呈一定的正相关关系,但不显著,而与 D 呈极显著负相关。D 与 GMD、MWD、有机质含量呈极显著负相关,与 MWD 呈一定的负相关关系,但不显著。GMD 与 MWD 呈显著正相关。说明,水分不同对筛分土壤结构指标间的相关性产生一定的影响,这可能与水分条件对保水剂的胶结作用、作物根系生长影响等有关,有待进一步研究。

表 3-15 大田土壤结构指标相关性分析

相关系数 (n =11)	轻度胁迫					充分灌水				
	>0. 25 mm 水稳性团聚体含量	D	GMD	MWD	有机质	>0. 25 mm 水稳性团聚体含量	D	GMD	MWD	有机质
>0. 25 mm 水稳性团聚体含量	1	-0. 97**	0. 80**	0. 72**	0. 77**	1	-0. 98**	0. 47*	0. 25	0. 61**
D		1	-0. 72**	-0. 62**	-0. 80**		1	-0. 37*	-0. 17	-0. 61**
GMD			1	0. 98**	0. 54**			1	0. 95**	0. 31
MWD				1	0. 42*				1	0. 15
有机质					1					1

3. 3. 3 CT 扫描土柱孔隙特征

土壤孔隙状况反映了空气或水分在土壤中的分布状况,尤其是大孔隙(>1 mm),其数目、大小、形状、方向及空间分布等,决定着土壤中水分的流量、流速、流态及持水性能。

3. 3. 3. 1 CT 扫描土柱图像及土壤孔隙

CT 扫描仪对盆栽土柱进行扫描后,得到土柱不同灰度的图像(见图 3-43),图像中黑色区域代表土壤大孔隙,白色区域代表土壤基质,从黑色区域过渡到白色区域的是灰色区域,灰色区域代表有机质、松散的土壤颗粒等。可以看出,土壤中存在着大小和形状各异的土壤孔隙,而保水剂用量不同和土柱深度的不同,施用保水剂后其土壤孔隙的大小、形状均各异。

对于大孔隙孔径的划分及对大孔隙最小值的定义均没有一致的结论。Warner 和 Luxmoore 认为当量孔径大于 1 mm 的孔隙是大孔隙;而 Beven 认为直径 >0. 03 mm 的孔隙可称为大孔隙。Warner 利用 CT 扫描准确分析出了 >1 mm 的大孔隙。本试验中,由于优化了 CT 各项参数的设定,并提高了普通扫描仪的分辨率,所以大孔隙的分析精度可达到 0. 5 mm。

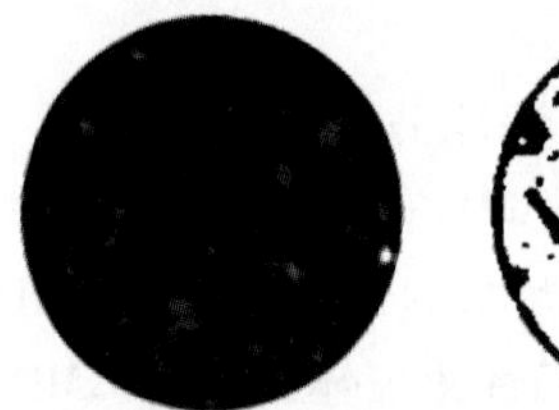

图 3-43　CT 图像分析示意图

3. 3. 3. 2　轻度胁迫条件下土壤总孔隙、大孔隙和粗孔隙特征

保水剂、氮肥与土壤混合并经过土壤整个小麦生育期干湿交替作用后,轻度胁迫条件下,不同处理的土壤孔隙分布特征见表 3-16。从表中可以看出,施用保水剂和氮肥及其配施均提高了土壤孔隙数目(总孔隙、大孔隙、粗孔隙)和孔隙度(总孔隙度、大孔隙度、粗孔隙度)。而各处理的大孔隙数目均小于粗孔隙数目,但其孔隙度表现为大孔隙度大于粗孔隙度。

表 3-16　轻度胁迫不同处理土壤总孔隙、大孔隙和粗孔隙数特征

处理	孔隙数目			孔隙度(%)		
	总孔隙数	大孔隙数	粗孔隙数	总孔隙度	大孔隙度	粗孔隙度
$B_0'N_0'$	10e	4d	6f	3. 70d	2. 52f	0. 18c
$B_0'N_1'$	14d	7bc	7e	4. 36c	4. 25c	0. 12c
$B_0'N_2'$	16d	6c	9d	5. 50a	5. 31a	0. 19c
$B_1'N_0'$	15d	6c	9d	5. 54a	5. 37a	0. 17c
$B_1'N_1'$	21bc	9b	12c	5. 45a	5. 18a	0. 27b
$B_1'N_2'$	19c	8b	11c	4. 44c	4. 21c	0. 24b
$B_2'N_0'$	22b	8b	14b	5. 12b	4. 84b	0. 28b
$B_2'N_1'$	16d	9b	7e	3. 91d	3. 75d	0. 16c
$B_2'N_2'$	30a	13a	18a	5. 75a	5. 36a	0. 39a
$B_3'N_0'$	22b	9b	13bc	3. 32e	3. 09e	0. 23b
$B_3'N_1'$	23b	6c	17a	3. 49de	3. 12de	0. 37a
$B_3'N_2'$	18c	8b	11c	3. 64d	3. 44d	0. 20bc

各处理孔隙数目的具体表现为：不施氮肥时，随保水剂用量的增加，土壤总孔隙数、大孔隙数和粗孔隙数均提高，但中等用量保水剂与高用量保水剂处理间差异不显著。保水剂与氮肥配施后，各处理表现各异。与对照相比，处理 $B_3'N_1'$、$B_3'N_0'$、$B_2'N_0'$和 $B_1'N_1'$的总孔隙数最多，增加了 1.1 倍以上。而处理 $B_2'N_1'$、$B_0'N_2'$、$B_1'N_0'$和 $B_0'N_1'$的总孔隙数较对照增加较少。但大孔隙以 $B_2'N_1'$处理最多，且较对照增加了 2.25 倍。粗孔隙数以不同用量保水剂及其与不同氮肥配施（除 $B_2'N_1'$）较高，为对照的 2 倍以上。说明，保水剂与氮肥的施用在灌水量较低的条件下，其粗孔隙增加数目较大孔隙多。

而各处理孔隙度表现为：不施氮肥时，随保水剂用量的增加，总孔隙度和大孔隙度均降低，而粗孔隙度增大。保水剂与氮肥配施后，$B_2'N_2'$处理和高用量保水剂与氮肥配施后的土壤总孔隙度和大孔隙度增加，而粗孔隙表现各异。各处理中，$B_1'N_0'$、$B_1'N_1'$和 $B_2'N_2'$处理的总孔隙度和大孔隙度提高最为显著，分别为对照的 0.50 和 1.13 倍。说明，该处理较其他处理更有利于小麦根系的生长。

3.3.3.3　充分灌水条件下土壤总孔隙、大孔隙和粗孔隙特征

充分灌水条件下，不同处理的土壤孔隙分布特征见表 3-17。不施保水剂时，随施氮量的增加，土壤总孔隙数和粗孔隙数增加。而施用保水剂时，随保水剂用量的增加，土壤孔隙数增加。保水剂与氮肥配施时，随氮肥用量的增加各处理土壤孔隙数均增加，其中，总孔隙数和大孔隙数以 $B_3'N_2'$和 $B_3'N_1'$处理最高。粗孔隙数处理 $B_3'N_2'$最高。对照各孔隙数均小于其他处理。

表 3-17　充分灌水不同处理土壤总孔隙、大孔隙和粗孔隙特征

处理	孔隙数目			孔隙度(%)		
	总孔隙数	大孔隙数	粗孔隙数	总孔隙度	大孔隙度	粗孔隙度
$B_0'N_0'$	13f	5f	7g	4.12g	3.87g	0.26d
$B_0'N_1'$	14e	7e	7g	4.80e	4.26f	0.54b
$B_0'N_2'$	15c	6ef	9f	4.49f	4.20f	0.29d
$B_1'N_0'$	20cd	9de	11f	5.85c	5.73c	0.11e
$B_1'N_1'$	22c	12c	10f	5.15de	5.02d	0.13e
$B_1'N_2'$	30b	10d	20b	4.91e	4.48e	0.43c
$B_2'N_0'$	22c	9de	13de	4.55f	4.28g	0.27d
$B_2'N_1'$	21c	9de	12e	6.48b	6.22b	0.27d
$B_2'N_2'$	23c	9de	14d	5.36d	5.11d	0.25d
$B_3'N_0'$	23c	10d	13de	6.74a	6.50a	0.24d
$B_3'N_1'$	30b	14b	16c	5.83c	5.65c	0.18e
$B_3'N_2'$	39a	16a	23a	6.76a	6.15b	0.61a

各处理孔隙度表现为：不施保水剂时，随施氮量的增加土壤总孔隙度、大孔隙度及粗孔隙度均先增后降。而不施氮肥仅施保水剂时，随保水剂用量的增加土壤总孔隙度和大

孔隙度先增后减再增，其中高用量保水剂处理的土壤总孔隙度和大孔隙度显著高于其他处理。保水剂与氮肥配施后，低用量保水剂的处理总孔隙度和大孔隙度随施氮量的增加而降低；中等用量的处理均增高，但中肥处理较高；高用量的处理与中肥配施时降低，而与高肥配施时升高。但需要说明的是，各处理均显著高于对照，以 $B_3'N_0'$和 $B_2'N_1'$处理的大孔隙度和总孔隙度较其他处理高。对于粗孔隙来讲，保水剂和氮肥处理及两者配施的处理均低于对照。

充分灌水与轻度胁迫对应的处理相比，其总孔隙数略高于轻度胁迫的处理，且大孔隙所占的比例也较高。同时，总孔隙度和大孔隙度也高于轻度胁迫的处理，而粗孔隙度两者间差异不显著。

3.3.3.4 不同水分条件不同处理对土壤孔隙成圆率的影响

成圆率是用来表示孔隙形态特征的参数之一，成圆率数值越接近于 1，表示孔隙形态越接近于圆，若孔隙面积相同而孔隙周长越不规则，成圆率则越小。土壤孔隙的成圆率采用公式 $C=4\pi A/P^2$ 计算，其中 A 是孔隙面积，P 是孔隙周长，成圆率的值在 1 和 0 之间。

由图 3-44 可知，轻度胁迫条件下，土壤孔隙成圆率在 0.62 ~ 0.81。各处理的土壤孔隙成圆率均高于对照，其中以处理 $B_3'N_1'$的成圆率提高最为显著，是对照的 1.32 倍。不施保水剂时，随施氮量的增加，土壤孔隙成圆率间差异不显著。而不施氮肥时，随保水剂用量的增加，土壤孔隙成圆率先增后降，但均高于对照。保水剂与氮肥配施时，保水剂用量中等和较低时，施用氮肥降低了土壤孔隙成圆率，尤其是中肥的处理，但均高于对照。

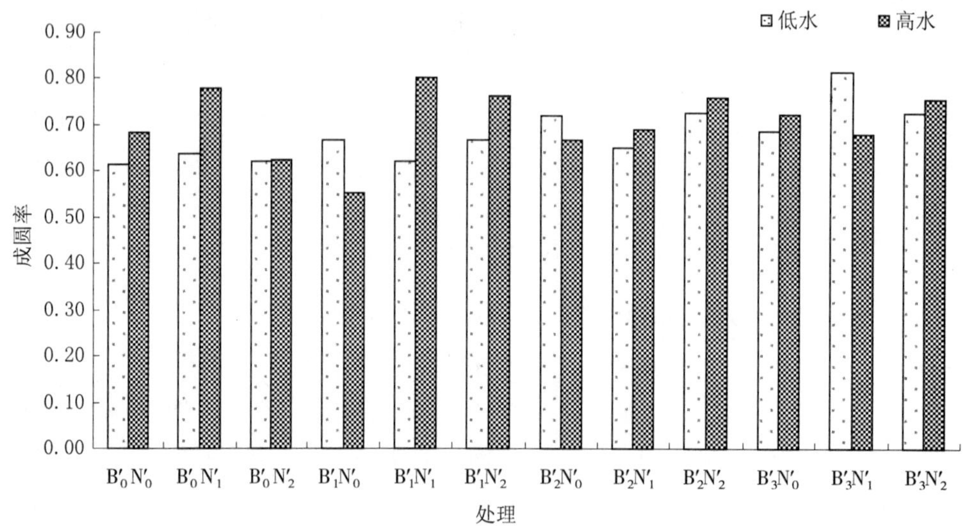

图 3-44 不同处理土壤各土层孔隙平均成圆率

充分灌水条件下，土壤孔隙成圆率除 $B_0'N_2'$和 $B_1'N_0'$显著低于对照外，其他处理均显著高于对照。其中，$B_1'N_1'$处理是对照的 1.20 倍。从图 3-44 中可以看出，仅施氮肥时，中肥显著提高了土壤孔隙成圆率，而氮肥用量过高，土壤孔隙成圆率显著降低。而仅施保水剂时，低用量保水剂处理的土壤孔隙成圆率显著降低，而中等用量的保水剂处理的最高。不同用量保水剂与氮肥配施时，除 $B_3'N_1'$处理外，均显著提高了土壤孔隙成圆率，但各处理间大小各异。

两水分条件进行比较得出：充分灌水条件下的土壤孔隙成圆率除 $B_1'N_1'$、$B_2'N_0'$和 $B_3'N_1'$等处理低于轻度胁迫条件外，其他处理均高于轻度胁迫的对应处理。说明，灌水量不同造成保水剂膨胀率、作物根系生长、微生物生存环境及干湿交替程度不同，其综合作用最终导致过筛土土壤结构发生变化。

3.3.3.5　不同水分条件不同土层总孔隙数、大孔隙数和粗孔隙数

由于保水剂和氮肥的混合样主要施用范围在 50 ~ 100 mm 的土层中，因此该层次的土壤结构及孔隙变化对土壤水分和养分的供应尤为重要。

不同水分条件下保水剂施用层次各处理总孔隙数、大孔隙数及粗孔隙数见图 3-45 和图 3-46。轻度胁迫条件下，各层次总孔隙数主要集中在 10 ~ 30。而随土层深度的加深，各处理间变化缩小。而大孔隙数和粗孔隙数的处理间差异增加，且对照的总孔隙数、大孔隙数和粗孔隙数均较少。而 55 mm 处的 $B_2'N_2'$处理的总孔隙数、大孔隙数和粗孔隙数均最高，但随土层加深其孔隙数减低。65 ~ 75 mm 土层的粗孔隙数以 $B_3'N_1'$处理最高。

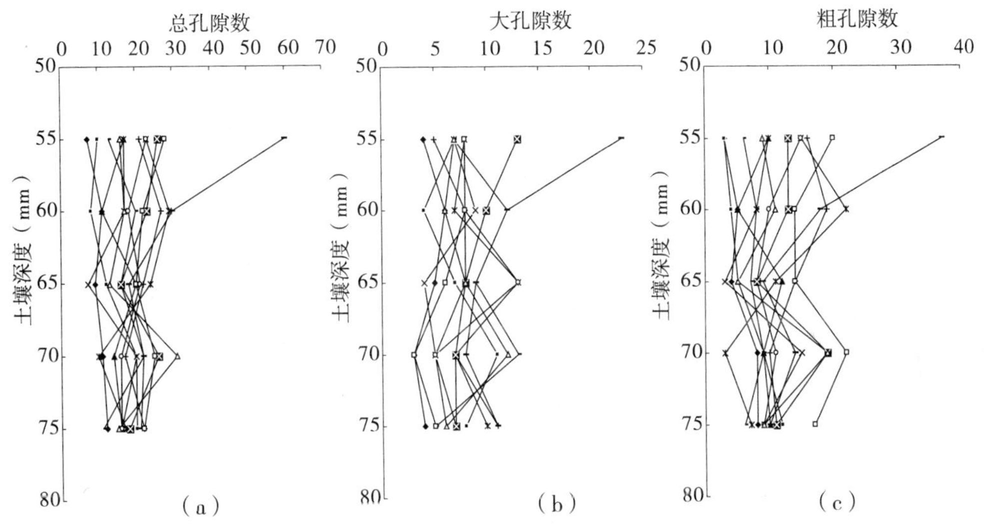

$B_0'N_0'$　$B_0'N_1'$　$B_0'N_2'$　$B_1'N_0'$　$B_1'N_1'$　$B_1'N_2'$　$B_2'N_0'$　$B_2'N_1'$　$B_2'N_2'$　$B_3'N_0'$　$B_3'N_1'$　$B_3'N_2'$

图 3-45　轻度胁迫不同土层总孔隙数、大孔隙数和粗孔隙数

而充分灌水条件下各处理间的孔隙数目差异明显较轻度胁迫时大。总孔隙数大小范围为 10 ~ 40。对照及未施保水剂处理的总孔隙数均较少，而 $B_3'N_2'$处理的总孔隙数在 55 ~ 75 mm的土层中均最多，$B_3'N_1'$和 $B_1'N_2'$处理次之，其他处理变化各异。而大孔隙数和粗孔隙数的表现与总孔隙数变化基本一致。

3.3.3.6　不同水分条件不同土层总孔隙度、大孔隙度和粗孔隙度

从图 3-46、图 3-47 中可以看出，轻度胁迫条件下各处理总孔隙度、大孔隙度和粗孔隙度在 65 mm 处较为集中，尤其是粗孔隙度、总孔隙度和大孔隙度在 55 ~ 65 mm 土层间 $B_2'N_2'$处理均最高，而对照最低。从 65 mm 以下到 75 mm 土层间的总孔隙度和大孔隙度均以$B_1'N_2'$处理最低，$B_3'N_0'$次之。总孔隙度和大孔隙度变化趋势基本一致。粗孔隙度各层次各处理的变化各不相同。

充分灌水条件下各处理的孔隙度(图 3-47)表现为：对照的总孔隙度和大孔隙度均较

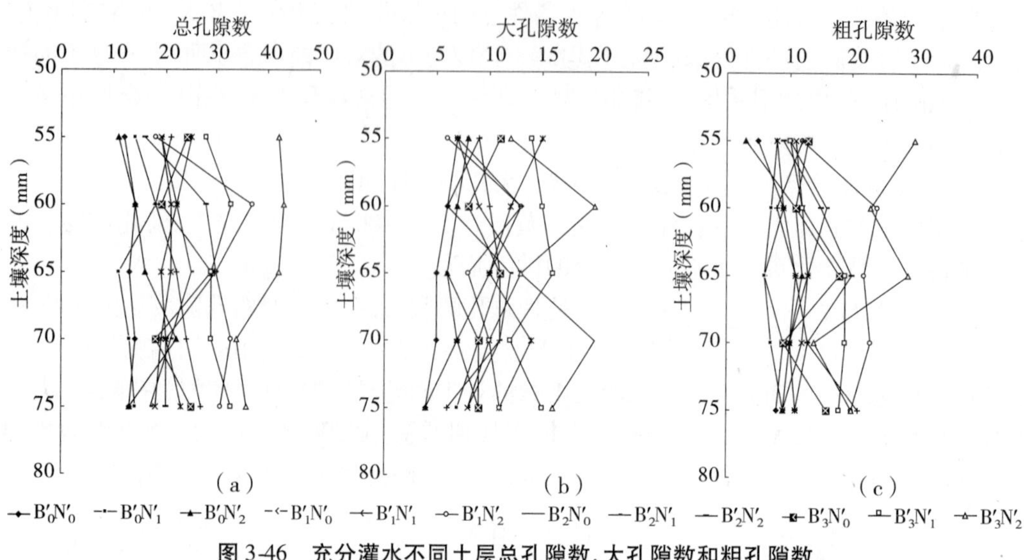

图 3-46 充分灌水不同土层总孔隙数、大孔隙数和粗孔隙数

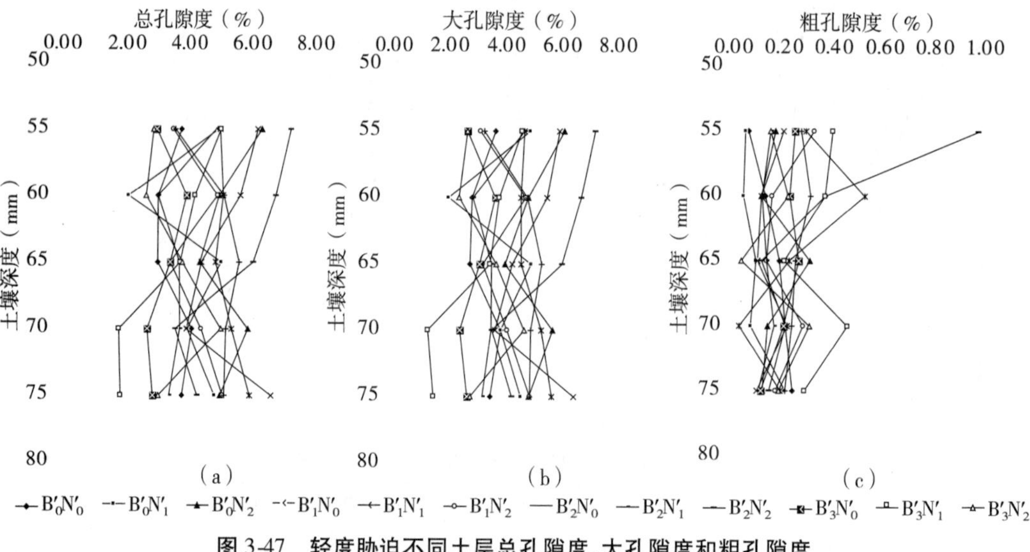

图 3-47 轻度胁迫不同土层总孔隙度、大孔隙度和粗孔隙度

低，而高保水剂及其与氮肥配施的处理的总孔隙度和大孔隙度均较高，其他处理各层次的总孔隙度和大孔隙度变化不一，但随土层深度的加深其总孔隙度和大孔隙度均降低。而各处理的粗孔隙度表现如图 3-48（c）所示，其中 $B'_1N'_0$和 $B'_1N'_1$各土层的粗孔隙度均较低，$B'_0N'_1$处理较高，而 $B'_3N'_1$与 $B'_3N'_2$处理各土层间差异变化较大。

综上所述，轻度胁迫条件各处理土壤各层次总孔隙度和大孔隙度差异较充分灌水条件下的低（如 $B'_3N'_0$），而粗孔隙度则相反。

3.3.3.7 不同水分条件不同土层土壤孔隙成圆率

不同水分条件下各处理不同层次土壤孔隙成圆率见图 3-49。两水分条件下的土壤孔隙度成圆率在 0.40 ~ 0.80。在轻度胁迫条件下，随土层深度的加深，孔隙成圆率成波动性变化（如“X 形”），其中对照变幅较大，而 $B'_3N'_1$处理各层次土壤孔隙成圆率较其他处理

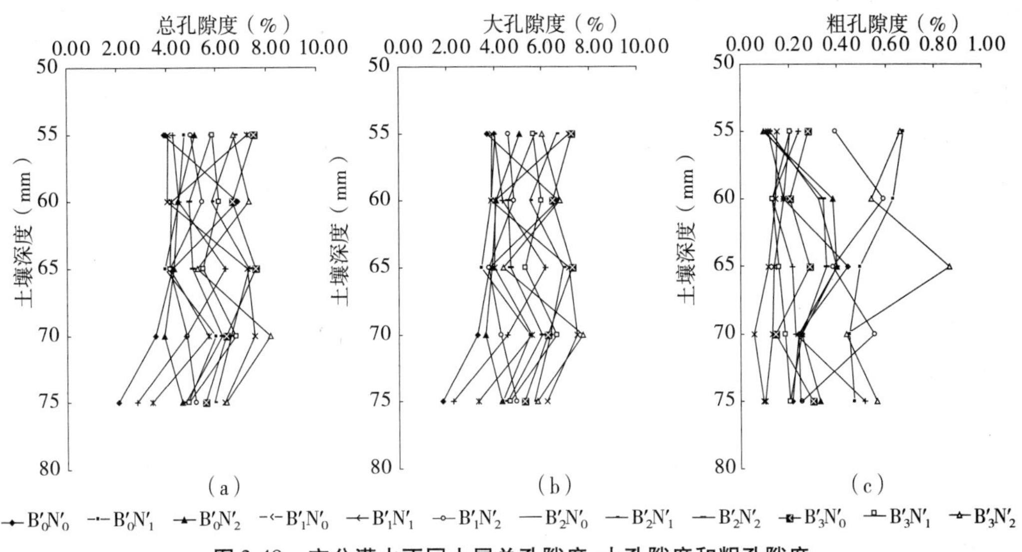

图 3-48　充分灌水不同土层总孔隙度、大孔隙度和粗孔隙度

高，其他处理各层次变化各异。

在充分灌水条件下，随土层深度的加深，土壤孔隙成圆率如“梭形”。65 mm 处各处理差异显著，其次为 60 mm 处的土层。其中，$B_1'N_0'$处理相对最低，而 60 ~ 65 mm 土层的土壤孔隙成圆率以 $B_1'N_1'$处理最高。说明，灌水量不同，其在土壤颗粒与保水剂胀缩过程中两者的接触和胶结程度不同，导致不同层次对应处理间的孔隙成圆率有一定的差别，表明了土壤结构稳定性的差异。

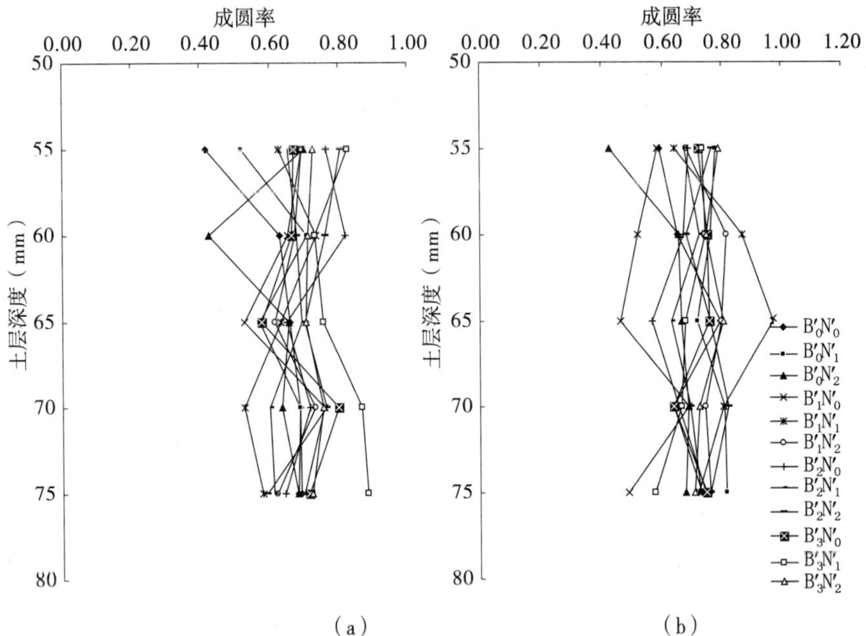

图 3-49　不同水分条件各处理不同层次土壤孔隙成圆率

3.3.3.8　土壤孔隙参数间相关性分析

从表 3-18 和表 3-19 中可以看出,各指标间的相关性大小不一。轻度胁迫条件下,孔隙成圆率与粗孔隙数呈极显著正相关,与粗孔隙度、总孔隙数呈显著正相关。粗孔隙数与粗孔隙度呈极显著正相关。大孔隙数与总孔隙数呈极显著正相关。总孔隙数与粗孔隙度呈极显著正相关。大孔隙度与总孔隙度呈极显著正相关。

表 3-18　轻度胁迫条件下土壤孔隙参数相关关系

指标	孔隙成圆率	粗孔隙数	大孔隙数	总孔隙数	粗孔隙度	大孔隙度	总孔隙度
孔隙成圆率	1	0.61**	0.05	0.40*	0.48*	-0.04	-0.07
粗孔隙数		1	0.02	0.32	0.90**	0.03	0.03
大孔隙数			1	0.64**	0.24	0.14	0.09
总孔隙数				1	0.77**	0.10	0.06
粗孔隙度					1	0.02	0.03
大孔隙度						1	0.93**
总孔隙度							1

充分灌水条件下,孔隙成圆率与各指标间没有显著相关性。粗孔隙数与大孔隙数呈极显著正相关。大孔隙数与总孔隙数呈极显著正相关,与大孔隙度、总孔隙度间呈显著正相关。大孔隙度与总孔隙度呈极显著正相关。

表 3-19　充分灌水条件下土壤结构指标与土壤孔隙参数相关关系

指标	孔隙成圆率	粗孔隙数	大孔隙数	总孔隙数	粗孔隙度	大孔隙度	总孔隙度
孔隙成圆率	1	0.05	0.09	0.08	0.21	-0.01	0
粗孔隙数		1	0.61**	0.93	0.17	0.20	0.27
大孔隙数			1	0.83**	0.03	0.39*	0.43*
总孔隙数				1	0.11	0.29	0.36*
粗孔隙度					1	-0.01	0.01
大孔隙度						1	0.97**
总孔隙度							1

第4章 保水剂对土壤持水、保肥能力及水分常数的影响

土壤的持水性是指土壤吸持水分的能力。在对植物的有效水范围内,土壤所吸持的水分由土壤孔隙的毛管引力和土壤颗粒的分子引力所引起。土壤中水分的多寡以及水分运动的快慢直接影响植物的吸收利用,而土壤持水性能通常以饱和持水量、田间持水量、稳定凋萎湿度等表示。而土壤水分特征曲线可反映土壤保持水分的状况和表现土壤水分的数量与能量之间的关系。

保水剂具有反复吸水功能,其能提高土壤持水能力、抑制土壤水分的无效损耗,提高土壤入渗能力、减少径流及肥力流失。同时,保水剂可吸附土壤或肥料中的养分,且具有缓慢释放的作用,可减少可溶性养分的淋溶损失。相关研究表明,保水剂保持的这部分水大多在低吸力段(0 ~0.8 bar),可被作物吸收利用。但因保水剂类型的不同,表现的结果并不一样。且保水剂施用后经过冬小麦整个生长周期、不同水分条件及其保水剂与氮肥配施等综合作用下的土壤水分特征及保水剂减少养分淋溶等特征如何,需要深入研究。

因此,本章主要通过研究保水剂施入土壤后,在冬小麦生育中期及收获后的土壤持水、供水和保水性能的大小,探讨保水剂吸持水分的有效性、对土壤入渗能力及抗蒸发能力的改善及保肥能力等,为保水剂的合理应用提供科学依据。

4.1 不同保水剂对不同土壤持水能力的影响研究

试验设置在河南省延津县的沙土和砂壤土两种土壤类型上,在小麦不同生育期取两种土壤土表层环刀样及原状土带回室内进行土壤持水能力、土壤结构等试验与分析。

试验处理同2.3节。

4.1.1 不同保水剂不同生育期对砂壤土土壤持水性能的影响

土壤持水性能是土壤的基本特征之一,土壤持水性能的高低能很好地反映土壤孔隙状况,保水剂对土壤持水性能的影响是通过对土壤孔隙的改变而达到的。土壤水分特征曲线能很好地反映土壤持水性能。因此,可以通过土壤水分特征曲线研究土壤的持水性能。不同保水剂在不同时期对沙土影响的水分特征曲线见图4-1。试验结果表明,营养型抗旱保水剂不同处理在拔节期和孕穗期对土壤持水性能影响随用量增加持水性能增大,45 kg/hm^2 处理效果最好;成熟期不同处理土壤持水性能变化不大。沃特保水剂在不同时期不同处理对土壤持水性能影响都以 15 kg/hm^2 效果最好,45 kg/hm^2 处理效果最差。

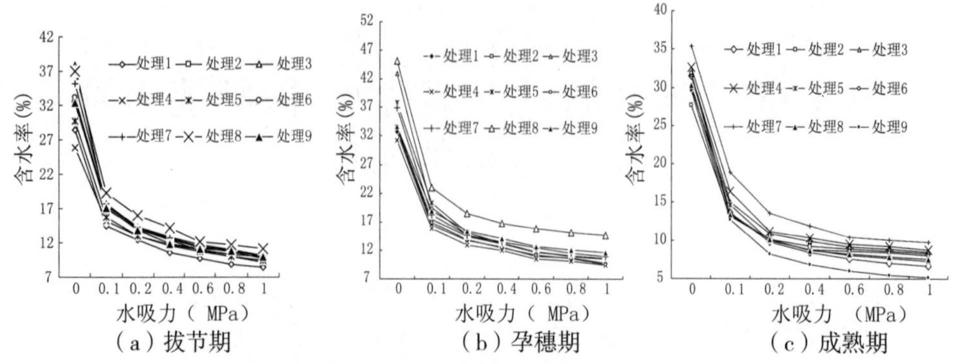

图 4-1　两种保水剂不同生育期不同用量对土壤持水性能的影响

4.1.2　不同保水剂不同时期对砂壤土饱和含水量的影响

土壤饱和含水量是指土壤颗粒间所有孔隙都充满水时的含水量，亦称持水度。不同土壤的孔隙数量、大小和形状是很不相同的。它们对土壤中水、肥、气、热诸多肥力因素的变化与供应状况有很大影响。试验结果表明（见图 4-2）：①拔节期和孕穗期营养型抗旱保水剂不同处理随着用量增大含水量增加，在 45 kg/hm^2 时比对照提高 33.5%；到成熟期土壤饱和含水量变化不明显。②沃特保水剂在拔节期随着用量增加土壤总孔隙度不断减小，只是在 30 kg/hm^2 时增加了 2%；孕穗期随着用量的增加土壤饱和含水量不断增加，最

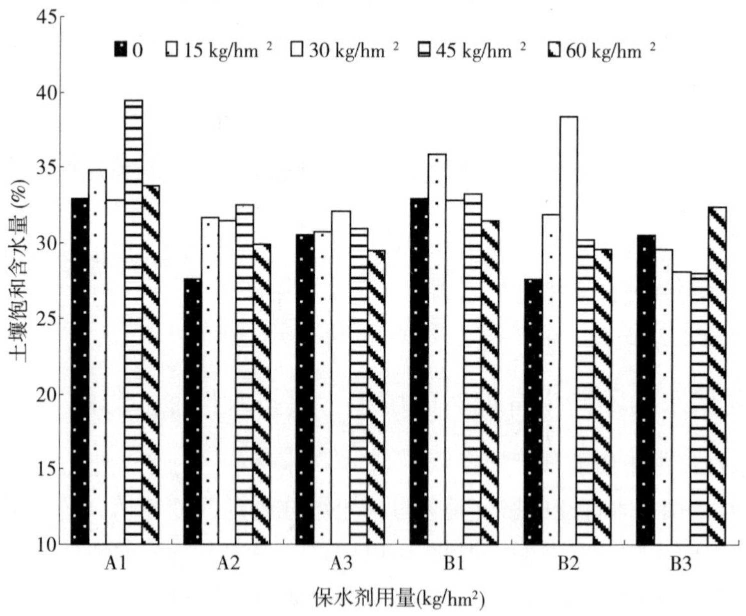

A1：拔节期营养保水剂；A2：孕穗期营养保水剂；A3：成熟期营养保水剂；
B1：拔节期沃特保水剂；B2：孕穗期沃特保水剂；B3：成熟期沃特保水剂

图 4-2　两种保水剂不同时期不同处理土壤饱和含水量变化

大增加了 16%，涨幅非常明显；成熟期土壤饱和含水量变化不明显。由以上分析可以看出，两种保水剂都是在孕穗期对土壤孔隙度影响比较大，而且比较明显，说明保水剂对土壤饱和含水量的影响和保水剂使用时间和作物生长季节有关，可能在刚施保水剂时对土壤影响不明显，随着时间的推移，对土壤改良效果慢慢显现出来。而且达到一定时间后，随着作物的生长，根系的影响、雨水的作用以及其他土壤动物关系，使土壤孔隙度逐渐趋于稳定；也可能是保水剂在外界其他作用下暂时不能发挥作用，比如土壤含水量，这将在后面相关性分析中作一说明。

4.1.3　不同保水剂不同时期对砂土土壤持水性能的影响

从图 4-3 中可以看出，营养型抗旱保水剂对砂壤土和砂土持水性能都能增大，拔节期不同处理与对照相比没有孕穗期增加的幅度大，成熟期虽也增加，但幅度仍比拔节期小。可见土壤持水性能也是随着季节的变化而变化，说明保水剂对土壤结构的改变可能与作物生长关系密切。孕穗期小麦生长最旺盛，根系发达，改变了土壤结构，使土壤持水性能增加。到成熟期时，小麦停止生长，需水也减小，土壤容重增加，土壤孔隙度减小，持水性能减小。沃特保水剂不同处理在拔节期和孕穗期与对照比，随着用量的增加持水性能不断增加，但增加幅度没有营养型抗旱保水剂大；成熟期不同处理与对照比没有什么变化。营养型抗旱保水剂用量为 45 kg/hm^2 时持水性能最强，而沃特保水剂 60 kg/hm^2 时持水性能最强。与砂壤土比较，营养型抗旱保水剂对砂土持水性能的改变较大。因此，营养型抗旱保水剂对砂土改良效果比砂壤土好，可能砂地有机质含量低，施入营养型抗旱保水剂后改变了土壤有机质含量，使土壤团聚体和孔隙度增加，从而改变了土壤持水性能。沃特保水剂对砂土改良效果比对砂壤土效果好，可能是因为砂土有机质比砂壤土含量低，施加保水剂后改良效果更明显。

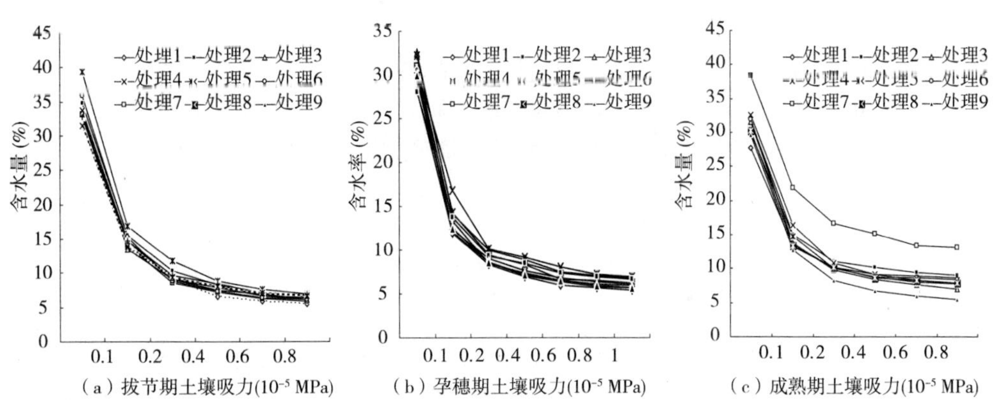

图 4-3　两种保水剂不同时期不同处理对土壤持水性能的影响

4.1.4　不同保水剂不同时期对砂土土壤饱和含水量的影响

两种保水剂不同用量在不同时期对砂土饱和含水量的影响见图 4-4。从图上可以看出:①营养型抗旱保水剂在拔节期和孕穗期都可以提高砂土土壤饱和含水量,拔节期处理4 > 处理2 > 处理5 > 处理1 > 处理3,孕穗期处理4 > 处理2 > 处理3 > 处理5 > 处理1,从以上结果中可以看出营养型抗旱保水剂用量为45 kg/hm^2 处理效果最佳;成熟期只有30 kg/hm^2 处理提高了1.5%,其余没有提高甚至降低。成熟期营养型抗旱保水剂没有提高土壤饱和含水量。②沃特保水剂在孕穗期可以提高土壤饱和含水量,处理7 > 处理6 > 处理8 > 处理9 > 处理1,和营养型抗旱保水剂相似点是45 kg/hm^2 处理和15 kg/hm^2 处理较好。拔节期和成熟期随着用量增加含水量逐渐降低,拔节期只有15 kg/hm^2 处理比对照提高,提高了2.5%;成熟期只有60 kg/hm^2 处理提高,提高了1.5%,其余都比对照降低。成熟期之所以没能体现出保水效果,可能是成熟收获6月8 ~9 日降水的因素,所以没有体现出保水剂的效果。

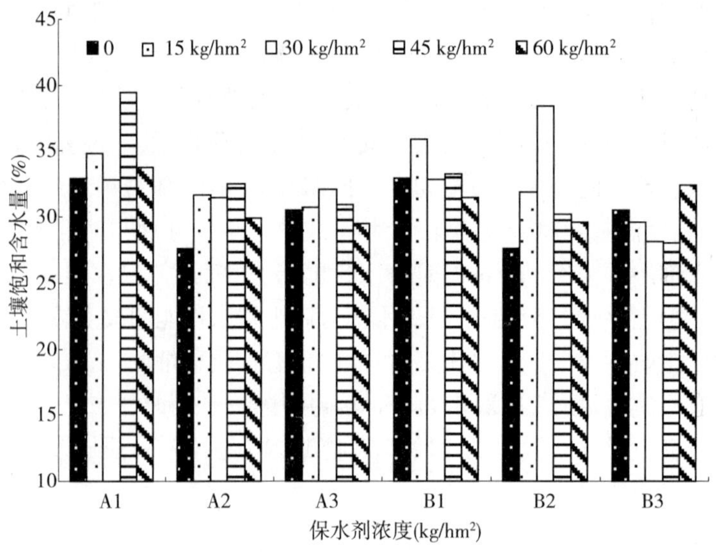

A1:拔节期营养保水剂;A2:孕穗期营养保水剂;A3:成熟期营养保水剂;
B1:拔节期沃特保水剂;B2:孕穗期沃特保水剂;B3:成熟期沃特保水剂

图4-4 两种保水剂不同时期不同处理对土壤饱和含水量的影响

4.2 保水剂与氮肥配施对土壤水分参数的影响

采用盆栽试验,根据前期的工作经验,保水剂处理设置为:B'_0(0 mg/kg)、B'_1(27 mg/kg)、B'_2(54 mg/kg)、B'_3(81 mg/kg)。氮肥采用尿素,设3 个水平的用量,即N'_0(0 mg/kg)、N'_1(432 mg/kg)、N'_2(864 mg/kg)。普通过磷酸钙做底肥。设置两个灌水水平W_1(占田间持水量的50% ~65%)和W_2(占田间持水量的70% ~85%)。磷肥,纯磷533 mg/kg。分别在拔节期和收获期采集盆栽内环刀样和原状土带回室内分析。

4.2.1　土壤水分特征曲线数学模型

土壤水分特征曲线是表征土壤水分的能量（基质吸力）和数量指标（含水量）之间关系的。由于存在滞后现象，一般用土壤水分特征曲线的脱湿过程表示土壤的持水性能。土壤水分特征曲线的高低反映了土壤持水能力的强弱，相同吸力，曲线越高，持水能力越强；反之持水能力越弱。研究表明，经验方程 $\theta = a \cdot S^{-b}$ 对土壤水分特征曲线有良好的模拟。方程中的 a 值决定了曲线的高低，亦即持水能力大小，a 值越大，持水能力越强；b 值决定了土壤含水量随土壤水势降低而递减的快慢。

本章采用该方程对土壤水分特征曲线进行拟和，测定结果拟合的含水量与土壤水吸力关系的回归方程如表 4-1 所示。可以看出，方程 $\theta = a \cdot S^{-b}$ 对各处理土壤的水分特征曲线的拟合达极显著水平（$P < 0.25$）。

从表 4-1 中可以看出，轻度胁迫和充分灌水条件下，拔节期的持水量（a 值）均大于收获时土壤的持水量，且拔节期轻度胁迫高用量保水剂处理的持水量大于充分灌水的相应处理，而其他处理均小于充分灌水处理。收获时的结果显示，充分灌水各处理的持水量间差异较小，a 值在 10.08 ~ 10.79，$B_1'N_0'$处理最高，对照居中。低水处理收获时样品显示，$B_2'N_0'$处理的持水性能显著大于对照，而保水剂配施氮肥时持水能力有所降低。说明，灌水量和不同时期土壤持水量差异显著，随生育期的推进，土壤持水能力下降，且随土壤水势降低土壤含水量递减加快。且灌水量较高与之结果相近，说明保水剂发生了部分降解或反复吸水后保水能力有所降低。

表 4-1　土壤水分特征曲线的数学模型与相关系数

处理	拔节期（轻度胁迫）	收获期（轻度胁迫）	拔节期（充分灌水）	收获期（充分灌水）	显著水平
$B_0'N_0'$	$\theta = 10.41S^{-0.19}$	$\theta = 10.20S^{-0.32}$	$\theta = 11.34S^{-0.29}$	$\theta = 10.45S^{-0.27}$	$P < 0.01$
$B_0'N_1'$	$\theta = 10.64S^{-0.22}$	$\theta = 10.57S^{-0.19}$	$\theta = 12.40S^{-0.23}$	$\theta = 10.26S^{-0.29}$	$P < 0.01$
$B_0'N_2'$	$\theta = 11.04S^{-0.19}$	$\theta = 10.43S^{-0.27}$	$\theta = 12.63S^{-0.18}$	$\theta = 10.77S^{-0.27}$	$P < 0.01$
$B_1'N_0'$	$\theta = 10.88S^{-0.20}$	$\theta = 10.40S^{-0.27}$	$\theta = 12.58S^{-0.21}$	$\theta = 10.79S^{-0.25}$	$P < 0.01$
$B_1'N_1'$	$\theta = 10.89S^{-0.22}$	$\theta = 10.77S^{-0.25}$	$\theta = 12.00S^{-0.21}$	$\theta = 10.65S^{-0.27}$	$P < 0.01$
$B_1'N_2'$	$\theta = 11.46S^{-0.20}$	$\theta = 9.56S^{-0.30}$	$\theta = 12.45S^{-0.23}$	$\theta = 10.08S^{-0.28}$	$P < 0.01$
$B_2'N_0'$	$\theta = 11.53S^{-0.21}$	$\theta = 11.02S^{-0.23}$	$\theta = 12.09S^{-0.22}$	$\theta = 10.43S^{-0.25}$	$P < 0.01$
$B_2'N_1'$	$\theta = 12.48S^{-0.19}$	$\theta = 9.76S^{-0.35}$	$\theta = 12.06S^{-0.21}$	$\theta = 10.11S^{-0.29}$	$P < 0.01$
$B_2'N_2'$	$\theta = 12.05S^{-0.24}$	$\theta = 10.32S^{-0.31}$	$\theta = 12.65S^{-0.19}$	$\theta = 10.22S^{-0.30}$	$P < 0.01$
$B_3'N_0'$	$\theta = 12.22S^{-0.18}$	$\theta = 9.91S^{-0.33}$	$\theta = 11.94S^{-0.22}$	$\theta = 10.17S^{-0.28}$	$P < 0.01$
$B_3'N_1'$	$\theta = 12.35S^{-0.20}$	$\theta = 10.68S^{-0.24}$	$\theta = 11.88S^{-0.23}$	$\theta = 10.17S^{-0.29}$	$P < 0.01$
$B_3'N_2'$	$\theta = 12.45S^{-0.19}$	$\theta = 9.55S^{-0.30}$	$\theta = 11.96S^{-0.20}$	$\theta = 10.21S^{-0.25}$	$P < 0.01$

4.2.2 土壤持水性能

土壤持水性能是指土壤对水分蓄集和保持的能力。轻度胁迫条件下不同时期各处理土壤在不同吸力阶段的土壤持水曲线如图 4-5 所示。

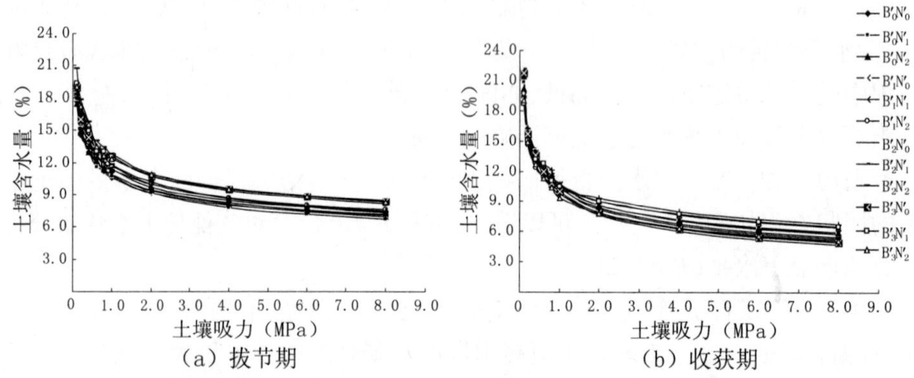

图 4-5　轻度胁迫条件下不同时期各处理土壤持水能力比较

从图 4-5 中可以看出，随土壤吸力的加大，各处理间的水分特征曲线高低差异显著。拔节期土壤各处理的特征曲线高于收获期的处理，说明轻度胁迫条件下，随冬小麦生长推进，土壤持水能力较低。

就各处理而言，拔节期，高用量保水剂及其与氮肥配施的处理曲线最高，$B'_1N'_2$处理次之，$B'_0N'_1$最低，其他处理居中。收获后，$B'_2N'_0$和 $B'_3N'_1$处理最高，$B'_2N'_1$和 $B'_3N'_0$处理最低，对照和其他处理居中。说明，在作物生长过程中，温度、干湿交替及养分等作用导致保水剂施用后其水分特征的曲线高低表现各异，但均以高用量保水剂及其与中氮施用时水分特征曲线较高。

充分灌水条件下（见图 4-6），拔节期土壤各处理较收获期土壤的水分特征曲线高低差异显著。拔节期对照的持水能力显著低于其他处理。$B'_0N'_2$和 $B'_2N'_2$曲线显著高于其他处理。收获后土壤的水分特征曲线高低表现为：$B'_1N'_0$处理最高，其他处理间差异不显著。

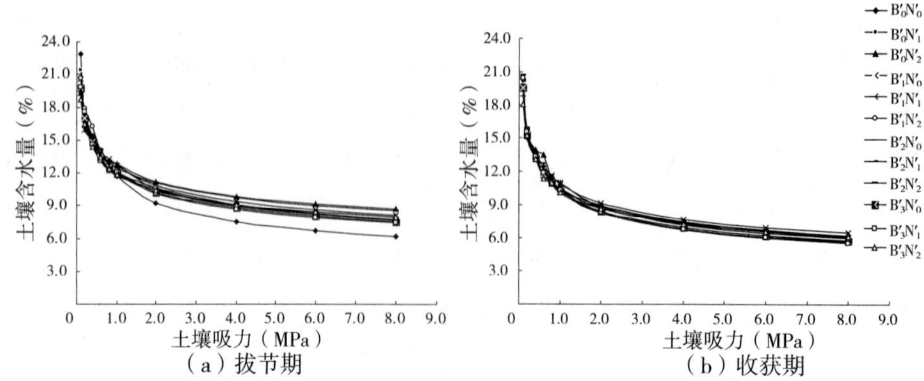

图 4-6　充分灌水条件下不同时期各处理土壤持水能力比较

4.2.3　土壤供水能力

土壤的供水性能是指在一定条件下土壤对植物生理需水的供给能力，常以有效水和有效度衡量，这种能力的强弱在很大程度上又取决于土壤的有效水储量。田间持水量至凋萎含水量之间的含水量一般视为土壤有效水范围。

比水容量是反映土壤持水性能的重要标志。如果植物以相同能力来吸水，则在不同吸力下从各种土壤中所吸收的水量会因比水容量的不同而形成很大的差别。比水容量表示土壤吸力变化时所引起的土壤含水量变化，其随土壤吸力的增大而减小，且能够说明土壤水的有效性和供水能力的强弱，是土壤的耐旱性指标，其数量为 $C\theta = -\mathrm{d}\theta/\mathrm{d}S = abS^{-(b+1)}$。式中，$ab$ 是土壤水吸力 S 为 10 kPa 时的比水容量，其反映土壤的供水能力的大小，ab 值越大，土壤比水容量达到 1.0×10^{-2} 数量级的吸力值越大，土壤耐旱性越差；$(b+1)$的值能够反映土壤失水的快慢，$(b+1)$的值越大失水越快，即比水容量变化越大。

从表 4-2 中可以看出，土壤的供水能力(ab)表现为：轻度胁迫时，拔节期的土壤样品各处理供水能力均小于收获期的土壤的对应处理；充分灌水时，除对照外，拔节期各处理供水能力均小于收获时对应处理。拔节期，轻度胁迫各处理的供水能力均小于充分灌水处理($B_2'N_2'$处理除外)；收获期，轻度胁迫与充分灌水的处理间供水能力高低各异。轻度胁迫条件时，拔节期以 $B_2'N_2'$处理供水能力最高，收获期以 $B_2'N_1'$处理最高；充分灌水条件时，拔节期对照供水能力最高；收获期以 $B_2'N_2'$处理供水能力最强。

表 4-2　土壤水分特征参数与相关系数

处理	轻度胁迫				充分灌水				显著水平
	拔节期		收获期		拔节期		收获期		
	ab	$b+1$	ab	$b+1$	ab	$b+1$	ab	$b+1$	
$B_0'N_0'$	1.95	1.19	3.22	1.32	3.33	1.29	2.84	1.27	$P<0.01$
$B_0'N_1'$	2.38	1.22	3.07	1.29	2.84	1.23	2.92	1.29	$P<0.01$
$B_0'N_2'$	2.13	1.19	2.86	1.27	2.27	1.18	2.91	1.27	$P<0.01$
$B_1'N_0'$	2.21	1.20	2.78	1.27	2.62	1.21	2.66	1.25	$P<0.01$
$B_1'N_1'$	2.36	1.22	2.68	1.25	2.51	1.21	2.92	1.27	$P<0.01$
$B_1'N_2'$	2.28	1.20	2.89	1.30	2.82	1.23	2.87	1.28	$P<0.01$
$B_2'N_0'$	2.40	1.21	2.56	1.23	2.62	1.22	2.60	1.25	$P<0.01$
$B_2'N_1'$	2.33	1.19	3.38	1.30	2.56	1.21	2.96	1.29	$P<0.01$
$B_2'N_2'$	2.89	1.24	3.15	1.31	2.39	1.19	3.05	1.30	$P<0.01$
$B_3'N_0'$	2.23	1.18	3.28	1.33	2.63	1.22	2.80	1.28	$P<0.01$
$B_3'N_1'$	2.44	1.20	2.53	1.24	2.69	1.23	2.99	1.29	$P<0.01$
$B_3'N_2'$	2.40	1.19	2.83	1.30	2.35	1.20	2.54	1.25	$P<0.01$

土壤的失水快慢($b+1$)大小表现为：不同水分条件不同时期土壤的失水快慢与供水

能力变化趋势一致。轻度胁迫时，拔节期各处理失水能力差异不显著；收获期对照的失水速度最快，而 $B_2'N_0'$、$B_3'N_1'$和 $B_1'N_1'$处理最慢。充分灌水条件下，拔节期对照失水速度最快，而其他处理间差异不显著；收获期，$B_1'N_0'$、$B_2'N_0'$和 $B_3'N_2'$处理失水速率较其他处理低。

当比水容量达到 10^{-2}数量级时，植物所能吸收的水量就显著减少，水分的运动和有效度也显著降低，植物的正常生长将受影响。根据计算可知，两水分条件下，拔节期的土壤的比水容量达到 10^{-2}数量级时的吸力在 30 kPa 左右，而收获时在 40 kPa 左右。因此，认为水分条件对筛分土壤种植小麦后的易效水与难效水的吸力界点拔节期在 30 kPa，而小麦收获时的土壤为 40 kPa。

4.2.4 土壤基本水分状况分析

田间持水量可作为植物有效水的上限，是决定土壤有效水库容的一个重要指标，可表示土壤持水能力的高低。而凋萎含水量被普遍视为土壤有效水的下限。从表 4-3 可知，两水分条件下，拔节期的田间持水量和凋萎含水量均大于收获时的土壤。说明，随生育期的推进，保水剂的持水性能有所降低。其中，$B_2'N_0'$处理在两水分条件下的饱和含水量较其他处理高。轻度胁迫条件下，两时期 $B_2'N_2'$处理的田间持水量较其他处理高。而充分灌水条件下，两时期 $B_1'N_2'$处理较其他处理高。整体来看，施用保水剂及其与氮肥配施均提高了土壤的田间持水量。

表 4-3 土壤基本水分状况分析 （%）

处理	拔节期（轻度胁迫）			收获期（轻度胁迫）			拔节期（充分灌水）			收获期（充分灌水）		
	饱和	田持	凋萎	饱和	田持	凋萎	饱和	田持	凋萎	饱和	田持	凋萎
$B_0'N_0'$	32.3	13.8	5.3	38.7	12.4	4.3	34.6	15.7	5.1	31.6	14.1	4.0
$B_0'N_1'$	33.1	13.4	5.2	37.0	12.5	4.8	33.5	15.9	5.7	36.4	14.0	4.7
$B_0'N_2'$	29.2	13.6	5.6	36.3	12.1	5.0	30.4	15.4	5.8	35.9	14.0	5.2
$B_1'N_0'$	32.6	13.6	6.3	34.0	13.1	5.0	32.9	15.8	7.2	32.0	14.2	5.5
$B_1'N_1'$	31.3	13.8	6.1	36.6	13.2	5.5	32.6	15.1	6.8	35.4	14.4	5.1
$B_1'N_2'$	32.7	14.3	6.7	34.6	13.3	4.2	30.9	16.0	6.7	35.8	14.8	4.7
$B_2'N_0'$	39.8	14.5	6.6	31.2	14.2	5.9	34.2	15.3	6.7	33.3	13.7	5.3
$B_2'N_1'$	33.0	15.3	7.5	36.2	14.3	3.8	33.8	15.2	6.8	36.9	13.9	4.6
$B_2'N_2'$	33.9	15.7	6.3	37.1	14.4	4.5	33.7	15.6	7.6	37.5	14.2	4.5
$B_3'N_0'$	33.6	14.6	6.8	38.7	14.3	4.0	34.5	15.2	6.6	35.1	13.8	4.8
$B_3'N_1'$	25.8	14.9	7.5	36.1	13.8	5.6	35.2	15.2	6.4	38.2	14.0	4.6
$B_3'N_2'$	27.1	15.4	7.4	28.1	13.2	4.3	25.6	14.8	7.0	34.8	13.4	5.2

4.2.5 土壤饱和导水率

土壤饱和导水率是反映土壤入渗性能的一个重要指标，同一质地土壤其入渗性能越大其土壤保水潜力就越大。

从图4-7中可以看出，轻度胁迫时，除 $B_2'N_0'$ 处理外，其他处理的饱和导水率表现为收获期>拔节期的土样。就各处理而言，在拔节期，不施保水剂时，随施氮量的增加，饱和导水率先增后降。不施氮肥时，随保水剂用量的增加土壤饱和导水率提高。保水剂与氮肥配施时，中、低用量保水剂随氮肥用量的增加饱和导水率先降后增。而高用量保水剂随氮肥用量的增加，饱和导水率显著降低，且 $B_3'N_2'$ 显著低于对照。在收获时，仅施用氮肥时，随施氮量的增加，饱和导水率先增后降，但均显著高于对照。不施氮肥时，随保水剂用量的增加饱和导水率先增后降再增。保水剂与氮肥配施时，随氮肥用量的增加，低用量和中等用量保水剂处理先增后降，均以中肥处理较高。而高保水剂用量随氮肥的增加而降低，但均显著高于对照。各处理中，以 $B_0'N_1'$ 和 $B_2'N_1'$ 处理的土壤饱和导水率最高。

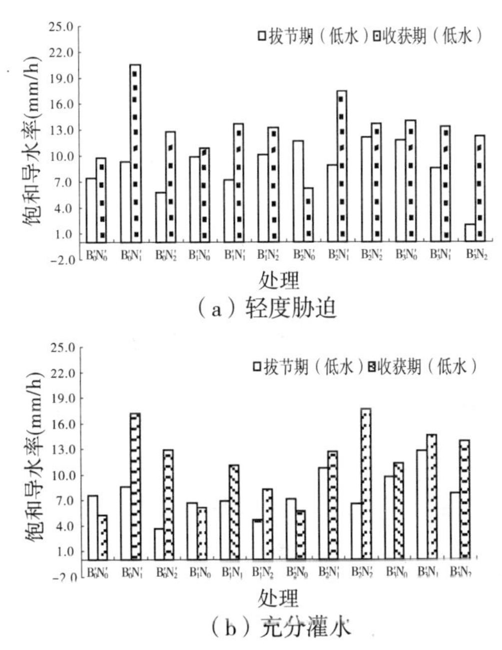

（a）轻度胁迫

（b）充分灌水

图4-7　不同水分条件不同时期各处理土壤饱和导水率

充分灌水时，各处理饱和水导水率较轻度胁迫时略低。除对照、$B_1'N_0'$ 和 $B_2'N_0'$ 外，其他处理的饱和导水率均以拔节期较高。就各处理而言，在拔节期，不施保水剂时，高肥显著降低了土壤饱和导水率。不施氮肥时，除 $B_3'N_0'$ 处理外，其他保水剂用量均低于对照。保水剂与氮肥配施时，中氮水平提高了土壤饱和导水率，而氮肥用量过高导致土壤饱和导水率降低，尤其是保水剂用量较低（$B_1'N_0'$）时，这可能是氮肥用量过高降低了保水剂性能所致。各处理中，以 $B_2'N_1'$ 和 $B_0'N_1'$ 处理的土壤饱和导水率最高。

4.3　保水剂对室内土柱氮肥的保持及吸收膨胀的影响

采用室内土柱法研究了保水剂不同用量与氮肥不同用量配施后水分淋溶后所保持的土壤全氮和速效氮含量。保水剂用量为 B_0(0)、B_2(2 g)、B_4(4 g)、B_6(6 g)，氮肥用量为

尿素 N_2(2 g),纯氮(0.926 g)、N_4(4 g),纯氮(1.852 g),过 2 mm 筛的土样 545 g。装土柱容重为 1.35 g/cm³。装好土柱后,加入 150 mL 蒸馏水饱和土壤。24 小时后,再加水 300 mL,用三角瓶接淋溶的水分,待各处理不再有淋溶液渗出时,准确计量渗流液的体积数。待 24 小时后,再向各同样加入 300 mL 水,其他操作同上。共计两次淋溶试验。

4.3.1 保水剂对不同处理淋溶液体积的影响

从图 4-8 中可以看出,除 CK_1 处理外,其他处理淋溶液体积均表现为,随淋溶次数的增加而提高,且随保水剂用量的增加,尤其是高肥与保水剂配施的处理,淋溶体积减小,说明,氮肥和淋溶次数均对保水剂的保水能力产生一定的影响,加水次数与氮肥用量越高保水剂保水能力有所降低,这与苟春林等研究结果一致。

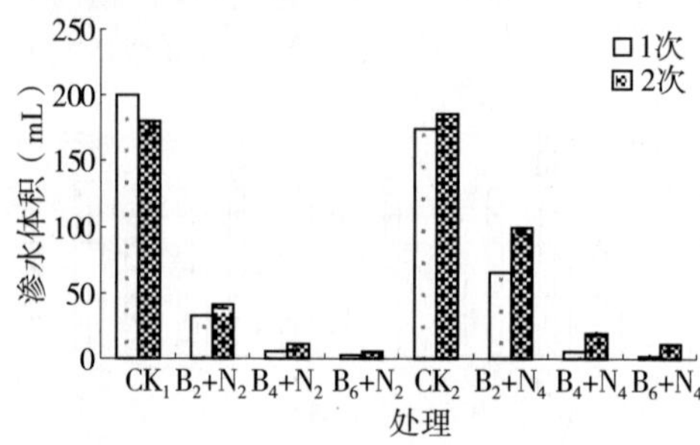

图 4-8 保水剂对不同处理淋溶液体积的影响

4.3.2 保水剂对土柱膨胀倍数的影响

保水剂及不同氮肥用量加入土壤后会影响土壤膨胀大小。从图 4-9 中可以看出,随保水剂用量的增加,其膨胀倍数增加,且中肥处理膨胀倍数略高于高肥处理。其中,与高肥处理相比,6 g 用量的保水剂膨胀倍数较对照增加最为显著。说明施用保水剂具有降低土壤容重的效果。

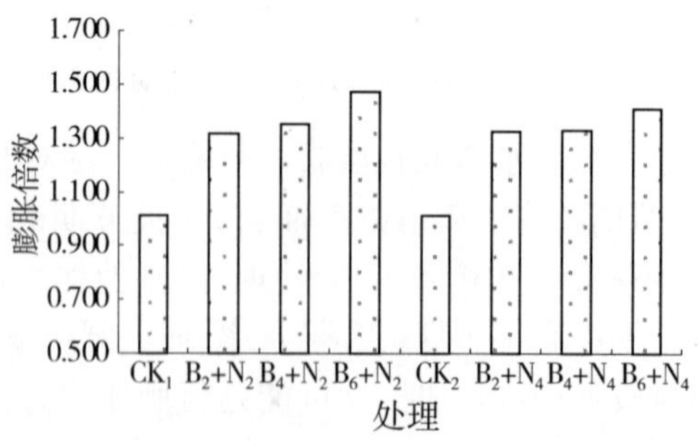

图 4-9 保水剂用量对土柱膨胀倍数的影响

4.3.3 保水剂对土壤速效氮和全氮的保持

氮肥使用量和使用方式的不合理,不仅导致作物体内硝酸盐含量的增加,降低产品品质,还会加剧包括土壤氮素淋洗渗漏,降低肥料利用率,造成严重的环境污染问题。

从表 4-4 中可以看出，第一次淋溶时，低肥（N_2）和高肥（N_4）处理随保水剂施用量的增加，速效氮含量显著降低。其中，低肥时，保水剂处理降低速效氮以 10 的数量级来计。而高肥处理以 B_6+N_4 和 B_4+N_4 处理降低速效氮的含量最为显著。第二次淋溶后，低肥和高肥处理随保水剂用量的增加，其速效氮淋溶量仍显著降低，但较第一次淋溶量显著降低，说明随淋溶次数的增加速效氮含量有所降低。最终累积速效氮淋溶量以高肥对应的处理较高。最终低肥情况下累积全氮淋溶量较对照分别减少 51.6%、54.5%、54.8%；高肥水平下分别比对照减少 30.2%、44.4%、44.7%。

表 4-4　不同处理速效氮和全氮淋溶量比较　（单位：g）

处理	（1 次）速效氮	（2 次）速效氮	速效氮累计淋溶量	（1 次）全氮	（2 次）全氮	全氮累计淋溶量
CK_1	0.314 0	0.014 4	0.328 4	0.350 0	0.055 8	0.405 8
B_2+N_2	0.013 9	0.005 3	0.019 2	0.020 8	0.010 3	0.031 0
B_4+N_2	0.001 3	0.001 0	0.002 3	0.002 4	0.002 2	0.004 6
B_6+N_2	0.000 3	0.000 3	0.000 5	0.000 6	0.000 8	0.001 3
CK_2	0.526 8	0.048 4	0.575 1	0.582 8	0.070 7	0.653 4
B_2+N_4	0.177 5	0.012 0	0.189 5	0.211 9	0.017 0	0.228 9
B_4+N_4	0.004 2	0.004 0	0.008 2	0.009 6	0.006 0	0.015 6
B_6+N_4	0.001 3	0.002 6	0.004 0	0.002 0	0.003 5	0.005 5

土壤淋溶全氮含量趋势与速效氮变化基本一致。最终低肥情况下累积全氮淋溶量较对照分别减少为 72.1%、77.2%、77.8%；高肥水平下分别比对照减少 35.4%、53.2%、54.0%。

综上所述，施用保水剂显著降低了尿素全氮和速效氮的淋溶量，促进了氮肥利用率的提高。

第 5 章　保水剂对作物生理生化特征的影响

小麦产量的 90% ~95% 来自于光合作用。高光合速率是作物产量提高的重要因素之一，而叶片的光合速率是各种生理和水肥条件的综合反映，其结果可作为分析作物产量限制因素的重要依据。

土壤中水分、养分状况是土壤肥力的重要指标，也是旱地农业生产的主要胁迫因子。水分胁迫可引发光合机构的异常和影响光合电子传递。氮素是构成植物体的主要元素，也是调节植物生命活动的主要因子，其可通过调控植物的光合、蒸腾、呼吸作用及植物抗氧化系统等来影响植物的生理特性和水分利用效率（WUE）。适量氮素供应能提高叶片光合机构活性，提高作物产量和 WUE，增强植物对干旱的适应能力。而氮素缺乏可影响作物生理代谢过程。研究表明，减少氮素供应可降低单位叶片叶绿素含量和蛋白质含量，从而降低羧化效率，最终影响光合作用。水分亏缺减少了叶片对氮的吸收，从而导致最大光合作用能力受到抑制，但水分胁迫对氮素的影响仍需进一步研究。

保水剂能吸附土壤或肥料中的养分并缓慢释放，从而减少可溶性养分的淋溶损失，使土壤中养分的供给与植物对养分的需求更加同步，达到节水节肥及提高水肥利用效率的效果。俞满源等研究表明，保水剂结合氮肥，可以提高不同阶段马铃薯叶片的光合速率，增加花期生物积累量，延长茎叶生育期，提高马铃薯块茎的产量。这与刘煜宇等的研究结果一致。杨永辉等就保水剂对冬小麦光合生理特征及水分利用的影响进行了初步研究，结果表明，保水剂能够显著提高小麦的光合速率、叶片水分利用效率及水分生产效率。但保水剂与氮肥配施对小麦光合生理特征及不同水分条件复水前和复水后小麦的光合参数响应特征如何等却鲜见报道。

根系是作物吸收水分和养分的重要器官，土壤水分变化影响根系的生理特征及其生长发育，而根系生长发育又直接影响地上部茎叶的生长和作物产量。土壤干旱首先直接影响根系的生理代谢，进而影响整个植株的生命活动，作为感受土壤干旱的原初部位，根系的生理状况直接影响作物抗旱性的强弱，因此研究根系生理特性对干旱胁迫的响应可更好地揭示植物的抗旱性。

研究表明，土壤施用适量的保水剂可以有效降低植物细胞质膜透性、可溶性糖、丙二醛及脯氨酸含量等，缓解干旱胁迫对作物的伤害，并能够提高作物根系活力，促进作物生长。而罗维康和潭国波等的研究表明，保水剂用量过大，影响作物根系生长，降低根系的生理机能。郭景南等研究表明，保水剂施用量越高，作物丙二醛含量越高，生长越受抑制。可见，各研究结论不同，且相关研究大都针对作物苗期或某个生育阶段进行。对施用保水剂后，冬小麦根系生理特性的响应及其在小麦生长发育过程中的作用等，尚需要深入研究。在半湿润易旱的豫西丘陵旱作区，拔节期降水量偏少，孕穗期和灌浆期降水量逐渐增多，而随小麦生育期的推进，其水分消耗也逐渐增大，各时期冬小麦仍受一定水分胁迫的影响。

因此，本章研究了保水剂与氮肥及其配合施用条件下大田冬小麦叶片光合参数、叶绿素含量及盆栽不同水分条件复水前后小麦光合特征等的响应特征，以期为阐明保水剂和氮素施用对冬小麦光合生理特征及其作用机制提供理论依据。

5.1　保水剂与地膜覆盖对冬小麦不同生育期生理特性的影响

5.1.1　冬小麦各生育期叶绿素含量发展动态

叶绿素作为光合色素中重要的色素分子，参与光合作用中光能的吸收、传递和转化，在光合作用中占有重要的地位。叶绿素含量的高低不仅可以间接反映植物光合能力的大小（光合能力与作物产量呈正相关），而且也是衡量叶片衰老的指标。叶子缺水不仅影响植物叶绿素的合成，也导致已形成的叶绿素加速分解，造成叶子发黄。

由图 5-1 可以看出，分蘖期到拔节期，叶绿素增加幅度不大，拔节期到开花期，叶绿素迅速增长，开花期达到最高值，灌浆期叶绿素含量急剧下降（试验处理同 2.1 节）。灌浆期叶绿素含量过低必将造成灌浆受阻、产量降低，而覆盖处理特别是秸秆覆盖和保水剂的复合处理却一直能保持较高的叶绿素含量。对照一直保持最低的叶绿素含量，这是影响产量的一个重要原因。因此，覆盖处理可延缓旗叶衰老，提高光合作用。而由表 5-1 及多重比较（$P<0.05$）得出，覆盖处理的叶绿素含量都高于对照，在拔节期，LSD（$P<0.05$）得出，对照和各复合处理间都存在显著差异，其中以处理 11 的叶绿素含量最多，和其他覆盖处理都存在显著差异，相比之下，复合覆盖处理的叶绿素含量比单因子的覆盖处理高，且随保水剂和秸秆覆盖的量增大，叶绿素含量也相对较多，在单因子覆盖中，以处理 4 的叶绿素含量相对较小。在孕穗期，LSD（$P<0.05$）得出，除处理 12 外，其他覆盖处理都与对照存在显著差异，其中以处理 6、处理 7、处理 8、处理 9 这几个秸秆覆盖与保水剂覆盖的复合处理的叶绿素含量最高，与其他几个单因子覆盖处理都存在显著差异，处理 10、处理 11 的叶绿素稍低于处理 6、处理 7、处理 8、处理 9，可见在冬小麦生育后期，地膜的作用小于其他覆盖。在开花期，灌溉处理的叶绿素含量高于未灌处理，灌溉处理下的对照与对照之间有明显差异，其他处理之间没有显著性差异。LSD（$P<0.05$）得出，在灌溉处理下，复合覆盖处理 8、处理 9 与对照有显著差异，其他覆盖处理与对照都没有显著差异；在未灌处理下，除单因子处理 12 外，其他覆盖处理与对照之间都有显著性差异，除处理 2、处理 4、处理 5、处理 12 这几个单因子覆盖相对低点，其他几个覆盖处理没有显著性差别。可见此时，覆盖处理的积极作用充分发挥，及时供给了冬小麦充足的水分，因而与灌溉下的处

理相差不明显。在灌浆期,灌溉处理的叶绿素含量高于未灌处理,灌溉处理下的对照与对照之间差别相对较小,而覆盖处理差别相对较大。LSD($P<0.05$)得出,在灌溉处理下,覆盖处理与对照都有明显差异,且秸秆覆盖和保水剂的复合覆盖的叶绿素含量较高,且随二者施用量的增加而增加,与地膜、保水剂覆盖以及其他单因子覆盖都有显著差别;在未灌处理下,除处理4、处理5、处理12外,覆盖处理的叶绿素含量与对照有显著差别,处理8、处理9的叶片叶绿素含量最高,和其他覆盖处理均有显著差异。可见,灌溉和保水措施减缓了叶片的衰老,叶绿素相对含量较高。

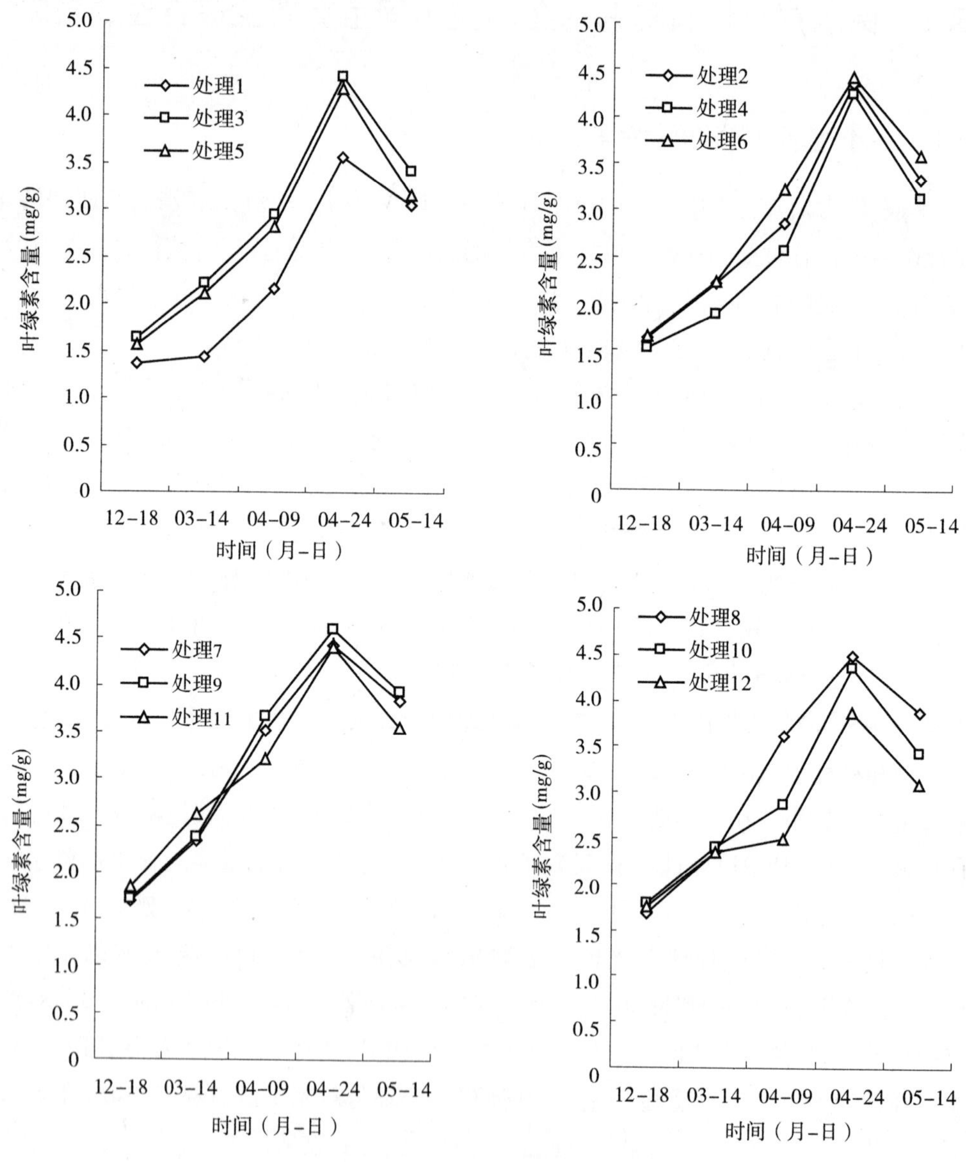

图5-1　未灌条件下不同处理叶绿素含量发展动态

表 5-1　冬小麦拔节期、孕穗期、开花期、灌浆期不同处理叶绿素含量动态变化

（单位:mg/g）

处理	拔节期	孕穗期	开花期（无）	灌浆期（无）	开花期（补）	灌浆期（补）
1	1.43 ±0.06	2.16 ±0.21	3.56 ±0.04	3.05 ±0.07	4.18 ±0.24	3.21 ±0.04
2	2.22 ±0.22	2.86 ±0.04	4.35 ±0.10	3.34 ±0.11	4.38 ±0.20	3.56 ±0.05
3	2.23 ±0.21	2.94 ±0.12	4.41 ±0.17	3.43 ±0.19	4.50 ±0.26	3.67 ±0.03
4	1.89 ±0.11	2.57 ±0.15	4.25 ±0.20	3.12 ±0.10	4.34 ±0.12	3.30 ±0.02
5	2.11 ±0.10	2.81 ±0.13	4.30 ±0.03	3.17 ±0.20	4.35 ±0.17	3.38 ±0.02
6	2.23 ±0.14	3.23 ±0.07	4.43 ±0.08	3.59 ±015	4.56 ±0.06	3.85 ±0.03
7	2.34 ±0.14	3.52 ±0.03	4.43 ±0.08	3.84 ±0.33	4.57 ±0.26	4.12 ±0.04
8	2.35 ±0.07	3.62 ±0.11	4.50 ±0.14	3.89 ±0.21	4.69 ±0.27	4.18 ±0.08
9	2.38 ±0.12	3.67 ±0.16	4.61 ±0.20	3.93 ±0.23	4.70 ±0.17	4.34 ±0.12
10	2.42 ±0.22	2.87 ±0.13	4.37 ±0.07	3.42 ±0.07	4.38 ±0.25	3.68 ±0.03
11	2.62 ±0.07	3.21 ±0.04	4.42 ±0.10	3.55 ±0.13	4.51 ±0.18	3.82 ±0.09
12	2.35 ±0.04	2.50 ±0.09	3.88 ±0.20	3.11 ±0.18	4.23 ±0.22	3.28 ±0.03

5.1.2　小麦各生育期叶片相对含水量发展动态

植物的叶片相对含水量（RWC）是植物实际含水量占饱和含水量的百分率，它可以反映植物的水分亏缺程度，能更加密切地反映水分供应与蒸腾之间的平衡关系，是反映抗旱能力大小的一个重要指标。在土壤干旱胁迫下，细胞内水分变少，小麦叶组织的相对含水量明显下降，但是在不同生育期，各器官对水分胁迫的反应不同，叶片的适应性变化主要是有利于水分的保持和水分利用效率的提高。

从表 5-2 中可以看出，在分蘖期，覆盖处理的叶片相对含水量都高于对照，表 5-2 和 LSD（$P<0.05$）结果表明，处理 10、处理 11、处理 12 的叶片含水量较高不仅与对照有显著差异，与单因子覆盖处理 2、处理 4、处理 5 也有显著差异，此外，复合处理 8、处理 9 也与对照有显著差异。可见，相对于其他覆盖，地膜覆盖在小麦生育早期保墒效果较好，且复合覆盖优于单因子覆盖。在拔节期，LSD（$P<0.05$）结果表明，覆盖处理的叶片含水量都显著高于对照，其中以复合处理 8、处理 9、处理 10、处理 11 最高，单因子覆盖处理之间无显著差别，可见复合处理的保墒效果较好。在孕穗期，叶片相对含水量的趋势和本时期土壤水分含量趋势一致，覆盖处理的叶片含水量都高于对照，除单因子处理 4 外，其他覆盖处理与对照都有显著差别，同时以复合覆盖处理的叶片相对含水量较高，其中随保水剂以及秸秆覆盖的量增多，效果更加明显。开花期和灌浆期，方差分析得出，在灌溉处理下，覆盖处理与对照都有显著差异，以复合覆盖处理 9 的叶片含水量相对较高；在未灌处理下，覆盖处理与对照也都有显著差异，其中也是以复合覆盖处理 9 的叶片含水量最高。灌溉处

理的叶片相对含水量均明显高于未灌处理，在开花期，灌溉处理下的对照与未灌对照之间差异最大，单因子覆盖处理及复合覆盖处理6、处理7差别相对小，复合处理处理8、处理9间的差异最小；可见此时，覆盖处理的积极作用充分发挥，及时供给了小麦充足的水分，因而与灌溉下的处理相差不明显，而在灌浆期，灌溉处理下的对照与未灌对照之间差异最小，复合处理处理8、处理9间的差异最大，与此时期的土壤水分含量动态一致。

表5-2　冬小麦分蘖期、拔节期、孕穗期、开花期、灌浆期不同处理下叶片含水量动态变化（%）

处理	分蘖期	拔节期	孕穗期	开花期（无）	灌浆期（无）	开花期（补）	灌浆期（补）
1	85.7 ±3.64	83.4 ±4.38	80.4 ±1.74	69.4 ±2.33	66.0 ±0.84	85.0 ±0.82	72.2 ±0.16
2	88.0 ±1.36	90.7 ±0.38	86.5 ±2.99	84.2 ±2.70	82.5 ±0.83	89.0 ±2.00	87.0 ±1.12
3	89.5 ±3.08	91.5 ±1.69	86.8 ±2.97	85.4 ±0.45	83.1 ±0.94	89.8 ±2.13	87.5 ±0.57
4	86.1 ±2.24	88.2 ±4.09	84.1 ±1.85	83.0 ±0.68	80.7 ±0.42	88.1 ±0.84	85.7 ±1.18
5	86.9 ±3.23	90.5 ±1.84	85.9 ±4.10	83.3 ±1.64	81.3 ±0.48	88.4 ±2.31	85.8 ±0.56
6	89.5 ±3.64	92.0 ±0.94	86.8 ±1.91	85.7 ±1.43	84.3 ±0.43	90.4 ±2.45	87.6 ±0.28
7	89.5 ±3.11	92.2 ±2.76	88.0 ±0.86	86.0 ±4.30	84.7 ±0.35	90.9 ±1.50	87.7 ±0.48
8	89.9 ±2.01	93.1 ±2.76	88.9 ±1.49	87.9 ±0.95	85.3 ±0.80	91.0 ±0.88	88.1 ±1.20
9	90.7 ±2.05	93.2 ±3.01	89.3 ±1.04	88.6 ±2.10	85.7 ±0.39	92.4 ±0.65	88.2 ±0.51
10	92.3 ±2.07	93.3 ±4.25	88.4 ±2.79	84.4 ±2.03	82.6 ±0.90	89.4 ±2.43	86.7 ±0.80
11	92.7 ±2.53	93.8 ±1.68	88.5 ±0.73	85.5 ±1.82	83.4 ±0.46	90.1 ±1.58	87.6 ±0.40
12	91.17 ±3.43	92.57 ±1.24	87.2 ±3.55	81.0 ±1.03	77.1 ±0.83	87.1 ±1.14	82.3 ±0.97

5.1.3　冬小麦各生育期叶片可溶性糖含量发展动态

干旱逆境下许多植物可以通过代谢活动在细胞体内积累渗透调节物质，通过渗透调节作用来维持一定的含水量和膨压势，从而维持细胞生长、气孔开放和光合作用等生理过程的进行。细胞内渗透物质增加是引起渗透势下降的一个关键因素。可溶性糖是小麦细胞渗透势主要的决定物质之一，小麦植株生长受到水分胁迫时，体内可溶性糖含量显著增加。

由表5-3可以看出，不同生育期，叶片中可溶性糖含量明显呈现出比较一致的规律性，对照处理高于单因子覆盖处理高于复合覆盖处理，而不同生育期可溶性糖含量表现出不同的变化。从拔节期到灌浆期，可溶性糖含量总体呈现出先降低后上升的趋势，开花期降低到最低点。可能因为在孕穗期到开花期，营养生长和生殖生长比较旺盛，所以可溶性糖积累较少。而灌浆期糖含量之所以增加，是作物对逆境反应的生理表现。也有研究认为这是植株体内碳代谢受阻，使旗叶向穗部输送的同化贮存物质减少，积累在叶片中所致。方差分析（$P<0.05$）得出，在拔节期，覆盖处理的可溶性糖含量都低于对照处理，其

中以复合覆盖处理 11、处理 10、处理 8、处理 9、单因子覆盖处理 12 的可溶性糖含量最低，与对照有明显差异。到孕穗期，对照处理的可溶性糖含量仍然最高，覆盖处理除单因子处理 4、处理 5 外，其他覆盖处理与对照之间都有显著性差异，以复合处理 6、处理 7、处理 8、处理 9 的可溶性糖含量最低。在开花期和灌浆期，灌溉处理下的可溶性糖含量都小于未灌处理下的可溶性糖含量，其中开花期两对照之间差异最大，单因子覆盖较小，复合覆盖差异最小；而灌浆期却相反，两对照之间差异最小，单因子覆盖较小，复合覆盖差异最大；不论是灌溉处理还是未灌处理，覆盖处理下的可溶性糖含量都明显小于对照，且复合处理 7、处理 8、处理 9 的可溶性糖含量最小。可见在拔节期后，秸秆覆盖的保墒效果优于地膜覆盖。

表 5-3 冬小麦拔节期、孕穗期、开花期、灌浆期不同处理叶片可溶性糖含量动态变化

（单位：mg/g）

处理	拔节期	孕穗期	开花期（无）	灌浆期（无）	开花期（补）	灌浆期（补）
1	113.0 ±0.84	64.4 ±3.16	30.2 ±0.55	56.2 ±3.08	23.6 ±1.32	52.5 ±2.82
2	102.2 ±0.61	39.0 ±1.39	21.7 ±0.34	32.4 ±0.57	15.8 ±0.56	25.2 ±2.44
3	94.2 ±1.77	36.4 ±1.84	20.6 ±1.49	31.5 ±2.00	15.0 ±0.62	23.4 ±1.53
4	107.9 ±0.54	47.6 ±1.38	22.1 ±1.58	45.2 ±3.28	17.3 ±0.92	40.3 ±1.16
5	103.2 ±1.59	42.9 ±1.41	21.9 ±1.13	44.8 ±0.88	17.1 ±0.68	39.5 ±0.56
6	90.1 ±1.87	35.9 ±2.41	18.7 ±0.39	28.3 ±3.35	14.0 ±0.35	19.8 ±0.69
7	87.6 ±0.51	33.8 ±1.67	18.5 ±0.33	28.2 ±1.90	13.1 ±0.75	18.8 ±1.36
8	70.0 ±2.68	33.7 ±1.16	16.5 ±0.46	27.8 ±1.37	12.3 ±0.62	18.4 ±1.03
9	68.8 ±0.50	31.7 ±3.07	15.8 ±0.31	27.1 ±0.36	12.0 ±0.38	17.4 ±0.81
10	57.1 ±0.44	38.9 ±2.37	21.1 ±1.32	32.0 ±0.44	15.3 ±0.75	24.6 ±0.62
11	55.1 ±3.74	36.1 ±1.61	19.6 ±0.29	30.7 ±1.77	14.0 ±0.36	22.6 ±1.15
12	66.9 ±2.93	51.3 ±2.36	24.4 ±0.19	47.0 ±0.91	18.5 ±0.98	42.7 ±1.49

5.1.4 冬小麦各生育期叶片可溶性蛋白含量发展动态

叶片中可溶性蛋白含量的高低，不仅反映植株氮素代谢水平，且由于其主成分为 RuBPCase 蛋白，因此常被作为衡量叶片衰老程度的重要指标，尤其在冬小麦籽粒灌浆期，旗叶可溶性蛋白含量的提高，有利于维持旗叶生长，延长光合功能期，从而为籽粒碳氮化合物的积累奠定物质基础。干旱胁迫使小麦蛋白质含量减少，这对小麦生长和代谢是一个极为不利的因素，早期有关研究已经表明，干旱胁迫能诱导植物产生特异蛋白，这些蛋白能够使植物作出生化结构上的调整以适应外界的胁迫环境。

从表 5-4 中可以看出，冬小麦叶片可溶性蛋白从拔节期到灌浆期呈现出先升高后降低的趋势，到开花期升到最高点，在灌浆期又开始降低。可能因为在拔节期到开花期，营养生长比较旺盛，积累的蛋白比较多，而到了灌浆期，叶片由于逐渐衰老导致叶片可溶性蛋白含量不高。在拔节期，覆盖处理的叶片可溶性蛋白含量都高于对照，方差分析（$P < 0.05$）得出，除处理 4、处理 5 外，其他覆盖处理与对照都有显著差异，以地膜覆盖、地膜覆盖与保水剂复合应用处理的可溶性蛋白含量最高，与其他处理有显著差异。到了孕穗期，对照处理的可溶性蛋白急剧增长，与其他处理没显著差异，可能是因为冬小麦植株本身的响应机制在起作用，产生特异蛋白以适应环境。在开花期和灌浆期，灌溉处理下的可溶性蛋白都高于未灌处理，在开花期，灌溉处理下的对照与未灌处理下对照的可溶性含量的差别比灌浆期要大，但其他覆盖处理比灌浆期要小。可见，开花期未灌处理下的覆盖处理能发挥较好的保墒效果，而到了灌浆期，灌溉处理下的被覆盖处理吸收灌溉水降低了叶片的衰老程度。方差分析（$P < 0.05$）得出，不论是开花期还是灌浆期，复合处理 6、处理 7、处理 8、处理 9 的可溶性蛋白含量都明显高于对照。

表 5-4　冬小麦拔节期、孕穗期、开花期、灌浆期不同处理叶片可溶性蛋白含量动态变化

（单位：mg/g）

处理	拔节期	孕穗期	开花期（无）	灌浆期（无）	开花期（补）	灌浆期（补）
1	9.84 ±1.75	17.9 ±0.36	21.9 ±3.36	13.7 ±1.27	30.4 ±1.46	16.0 ±0.70
2	14.0 ±3.51	18.4 ±0.45	30.6 ±2.82	15.4 ±1.10	35.1 ±1.34	23.3 ±0.92
3	15.3 ±2.28	18.9 ±0.89	31.4 ±0.57	16.2 ±0.57	36.2 ±1.63	24.6 ±2.12
4	12.1 ±2.64	18.1 ±0.37	28.4 ±4.76	15.3 ±2.21	33.5 ±2.09	22.9 ±2.17
5	12.7 ±2.76	18.3 ±0.59	29.1 ±1.91	15.3 ±2.63	34.0 ±1.94	23.2 ±1.55
6	15.9 ±2.59	20.2 ±1.65	32.3 ±1.58	17.7 ±0.20	37.0 ±0.73	25.8 ±1.70
7	16.1 ±3.28	20.9 ±1.26	34.0 ±0.72	18.2 ±0.99	38.5 ±2.64	26.8 ±1.46
8	16.9 ±2.52	21.4 ±1.34	34.4 ±1.41	19.8 ±1.43	38.7 ±2.41	28.5 ±1.21
9	18.3 ±1.62	22.7 ±1.92	34.9 ±1.74	19.9 ±0.34	38.9 ±2.70	28.8 ±0.64
10	18.7 ±1.97	18.9 ±0.68	30.7 ±1.14	16.2 ±2.26	35.5 ±2.59	24.0 ±0.87
11	18.8 ±3.37	19.9 ±1.23	32.0 ±3.21	16.9 ±1.13	36.7 ±2.44	24.9 ±1.13
12	16.6 ±1.88	17.9 ±0.34	24.6 ±0.87	15.2 ±0.28	31.0 ±3.58	19.3 ±1.20

5.1.5　冬小麦各生育期叶片脯氨酸含量发展动态

在正常情况下，植物体内游离脯氨酸的含量一般在 200 ~ 690 μg/g 干重范围内，占游离氨基酸的百分之几。但在不同干旱逆境条件下游离脯氨酸的积累增加，可以防止蛋白质在渗透胁迫条件下脱水变性，对植物的渗透调节起重要作用。并且由于脯氨酸有较好的水合作用，比其他氨基酸的溶解度都大，提高了原生质的渗透压，可以防止水分散失，使失水减少,对原生质起到了保护作用和保水作用;此外,脯氨酸能提高原生质的稳定性,是稳定物质代谢的决定因素。许多研究认为,水分胁迫时,出现游离脯氨酸的大量积累。因此,许多学者主张将脯氨酸的数量作为植物的抗旱性指标。

由表5-5可以看出,冬小麦在整个生育期内水分胁迫都可以使脯氨酸含量增加,并且随着水分胁迫程度的加剧,脯氨酸含量增加越多,方差分析($P<0.05$)表明,各复合覆盖处理与对照都有显著性差异,且各处理在生育期都表现出先升后降的趋势。从拔节期到抽穗期脯氨酸在小麦叶片内积累量较小,且不同处理脯氨酸积累量不同;从孕穗期到开花期冬小麦叶片中游离脯氨酸积累量明显增加;到灌浆期各处理脯氨酸含量略微降低,可能与前期积累的脯氨酸较多有关。

表5-5　冬小麦拔节期、孕穗期、开花期、灌浆期不同处理叶片脯氨酸含量动态变化

(单位:mg/g)

处理	拔节期	孕穗期	开花期(无)	灌浆期(无)	开花期(补)	灌浆期(补)
1	21.0±0.88	40.9±0.86	90.9±3.03	38.7±1.13	80.6±3.13	37.4±2.67
2	18.2±0.55	37.7±1.62	79.3±0.55	25.7±0.17	70.9±3.85	24.3±1.30
3	17.5±0.27	37.4±1.52	76.2±3.30	23.6±0.62	68.9±3.34	21.2±0.67
4	19.4±0.32	38.5±3.68	87.1±3.82	29.0±0.21	78.2±3.32	27.6±1.98
5	19.1±1.59	37.9±1.44	86.1±3.60	28.0±2.03	77.2±2.67	26.1±0.26
6	15.9±0.88	34.1±1.37	69.1±3.80	22.4±0.09	62.1±1.83	17.7±0.81
7	15.9±1.29	33.8±2.06	68.8±2.51	22.4±2.68	61.8±0.79	17.0±0.58
8	14.2±0.32	29.0±1.60	62.6±3.35	22.2±0.49	59.0±0.74	16.7±0.15
9	12.7±0.11	29.0±1.07	53.8±3.29	21.9±0.38	51.6±1.76	15.1±1.72
10	12.2±0.31	37.4±1.02	77.0±1.75	25.9±0.37	69.7±2.69	22.9±0.86
11	11.6±0.63	34.5±2.47	74.6±1.55	22.8±0.22	68.0±2.10	19.1±0.77
12	12.3±0.37	39.9±3.28	88.4±3.34	29.5±0.19	79.4±3.26	28.0±0.88

不同处理对冬小麦的脯氨酸含量的影响在不同时期各不相同,在拔节期,地膜及其与保水剂的复合处理的脯氨酸含量较小,在开花期灌溉处理下对照与对照间脯氨酸的差别大于覆盖处理下的差别,而在灌浆期恰相反,究其原因,与覆盖处理的积极作用和吸收的灌溉水得以释放有关。

5.1.6　冬小麦各生育期叶片丙二醛含量和电导率发展动态

植物在逆境胁迫或衰老过程中,细胞自由基代谢的平衡被破坏,从而为自由基的产生创造了条件,过剩的自由基的毒害之一是引起或加剧膜脂过氧化作用,造成细胞膜系统的损伤,严重时导致植物细胞的死亡,膜脂过氧化是干旱对植物细胞膜造成伤害的原初机制。干旱可能导致小麦叶细胞膜质过氧化增强,一方面造成细胞膜脂肪酸构成发生改变,不饱和脂肪酸含量下降,饱和脂肪酸含量增加,膜透性相对增强;另一方面,过氧化产物丙二醛使膜中的酶蛋白发生交联、失活,以致膜间隙产生空间,透性增强。植物在逆境下首先是细胞膜系统的过氧化作用导致细胞衰老,其主要氧化产物丙二醛含量明显增加。近年来的研究表明,丙二醛(MDA)可作为膜脂过氧化作用的指标之一。因此测定 MDA 的积累可在一定程度上了解膜脂过氧化的程度,从而了解其受破坏的程度。

表 5-6 是冬小麦拔节期、孕穗期、开花期、灌浆期不同处理叶片丙二醛含量的动态变化。由方差分析($P<0.05$)可以看出,冬小麦在整个生育期内,从拔节期到灌浆期叶片内 MDA 含量呈递增趋势,到灌浆期 MDA 含量达最大值,究其原因与小麦叶片的衰老有关。在整个生育期内,对照处理的 MDA 含量都高于覆盖处理的 MDA 含量,在拔节期,以处理 10、处理 11、处理 12 的 MDA 含量最低,到孕穗期、开花期和灌浆期以处理 8,处理 9 的 MDA 含量最低,可见,拔节期地膜缓解了温度,而到生育后期,处理 8、处理 9 降低了冬小麦叶片的衰老程度。在开花期和灌浆期,灌溉处理下的 MDA 含量都低于未灌处理,但开花期对照和对照之间的差别最大,而灌浆期对照和对照之间的差别最小,究其原因,开花期覆盖处理的保水积极性得到充分发挥,而到灌浆期,灌溉处理的覆盖处理把吸收的灌溉水充分释放,降低了冬小麦叶片的衰老。

表 5-6　冬小麦拔节期、孕穗期、开花期、灌浆期不同处理叶片丙二醛含量动态变化

(单位:μmol/g)

处理	拔节期	孕穗期	开花期(无)	灌浆期(无)	开花期(补)	灌浆期(补)
1	24.3 ±1.12	41.4 ±1.89	48.0 ±3.30	71.3 ±3.17	40.3 ±1.59	69.3 ±2.61
2	18.8 ±2.05	28.5 ±3.60	31.8 ±3.73	47.0 ±3.53	28.0 ±3.25	41.8 ±2.42
3	18.5 ±0.16	24.9 ±1.25	30.4 ±0.44	45.7 ±3.36	26.7 ±1.62	41.3 ±3.12
4	19.4 ±1.94	29.3 ±1.35	32.3 ±2.74	51.7 ±3.42	28.1 ±3.26	48.8 ±0.48
5	19.2 ±3.09	28.9 ±3.37	32.1 ±3.20	50.7 ±3.99	28.0 ±3.08	47.7 ±0.40
6	17.8 ±3.46	23.8 ±3.06	28.8 ±2.07	42.6 ±3.70	25.7 ±0.37	37.0 ±1.79
7	16.2 ±1.61	20.1 ±2.81	28.7 ±3.39	42.5 ±3.65	25.6 ±2.10	35.2 ±1.45
8	15.8 ±1.58	18.3 ±2.65	28.3 ±3.51	36.7 ±2.23	25.2 ±1.52	29.0 ±1.85
9	15.4 ±4.80	16.8 ±2.07	28.2 ±2.25	33.6 ±3.84	25.2 ±1.15	25.9 ±1.55
10	13.3 ±3.85	27.0 ±4.15	31.6 ±2.54	47.0 ±3.89	27.9 ±2.23	41.3 ±0.70
11	11.9 ±1.32	24.6 ±0.74	29.6 ±2.51	45.3 ±3.63	26.0 ±1.56	38.5 ±2.53
12	15.2 ±1.32	30.2 ±2.22	34.0 ±2.28	54.3 ±1.88	30.1 ±2.32	51.6 ±2.03

当植物受到逆境胁迫时,质膜遭到破坏,膜透性增大,从而使细胞内的电解质外渗,使植物细胞浸提液的电导率增大。因此,质膜透性的变化是植物细胞结构和功能完整性的

可靠指标。

从表 5-7 中可以看出，与丙二醛含量变化趋势一致，冬小麦叶片电导率也是随着生育期的递进呈递增趋势，到灌浆期达到最高值。可见随着干旱胁迫的加深和衰老的递进，冬小麦叶片质膜遭到破坏，膜透性增大，从而使细胞内的电解质外渗，使植物细胞浸提液的电导率增大。拔节期到灌浆期，对照处理的叶片电导率一直最高，可见覆盖处理下原生质和细胞膜稳定性比较好，方差分析（$P<0.05$）表明，在拔节期，以处理 10、处理 11、处理 12 的电导率最小，孕穗期到灌浆期都是以秸秆覆盖和保水剂复合处理的电导率较小，以处理 9 最小。可见，相比单因子覆盖，复合处理的效果相对较好。在开花期和灌浆期，灌溉处理下的电导率都小于未灌处理，且开花期对照与对照之间的差别最大，而灌浆期下却是最小，可见，开花期下覆盖处理的保水积极性充分释放，而灌浆期灌溉处理的覆盖处理吸收的灌溉水也降低了细胞膜的破坏程度，其中都是以处理 9 的效果最好，质膜破坏程度较小。

表 5-7　冬小麦拔节期、孕穗期、开花期、灌浆期不同处理细胞膜相对透性动态变化　（%）

处理	拔节期	孕穗期	开花期（无）	灌浆期（无）	开花期（补）	灌浆期（补）
1	40.7±1.12	51.1±3.41	56.3±1.00	67.1±0.93	51.5±0.41	64.9±1.35
2	37.1±2.85	41.4±2.69	52.3±1.63	63.0±1.06	50.1±2.18	60.2±2.38
3	37.1±2.38	39.2±2.31	51.4±1.09	61.9±2.63	49.5±0.61	58.9±0.79
4	39.7±1.11	45.7±1.26	55.5±0.76	63.3±1.18	51.0±0.77	60.7±1.47
5	38.3±0.70	43.2±2.74	53.5±1.99	63.1±2.83	50.2±2.29	60.4±1.42
6	35.7±1.11	37.7±3.91	46.5±2.60	61.2±1.40	45.3±0.57	58.1±0.86
7	34.4±3.96	35.8±2.66	44.1±3.15	60.6±0.82	43.0±0.13	57.3±2.76
8	25.5±2.68	35.6±3.68	43.2±2.90	60.6±0.83	42.5±3.25	56.8±1.26
9	25.1±2.76	35.0±3.50	39.9±2.31	59.9±0.50	39.4±2.94	54.0±1.81
10	22.4±1.60	40.1±2.69	51.5±0.97	62.3±1.12	50.0±1.15	59.4±0.57
11	20.2±2.58	38.4±3.75	49.2±0.87	61.5±1.74	48.0±1.65	58.4±2.16
12	24.7±2.36	48.2±1.64	56.2±0.49	64.6±1.39	51.4±0.41	62.2±1.86

5.1.7　冬小麦各生育期光合特性变化

表 5-8 和表 5-9 为不同处理下冬小麦顶叶从拔节期到灌浆期共 4 个生育期的光合速率（P_n）、胞间 CO_2 浓度（C_i）的变化值。P_n 是光合作用的特征值，是用于表征源强弱的重要指标。由表 5-8 可知，在整个生育期，P_n 值呈现先升高后降低的趋势，开花期达到最高值。

表 5-8　冬小麦拔节期、孕穗期、开花期、灌浆期各处理叶片光合速率动态变化

（单位：μmol/（m^2·s））

处理	拔节期	孕穗期	开花期（无）	灌浆期（无）	开花期（补）	灌浆期（补）
1	5.02 ±0.30	10.5 ±0.53	14.6 ±0.73	7.22 ±0.36	15.1 ±0.75	7.97 ±0.40
2	6.52 ±0.33	11.0 ±0.55	15.5 ±0.77	8.16 ±0.41	15.8 ±0.79	8.99 ±0.45
3	6.64 ±0.33	11.4 ±0.57	15.6 ±0.78	8.28 ±0.41	15.8 ±0.79	9.18 ±0.46
4	5.60 ±0.28	10.8 ±0.54	15.3 ±0.77	7.55 ±0.38	15.7 ±0.79	8.37 ±0.42
5	5.72 ±0.29	10.8 ±0.54	15.5 ±0.77	7.87 ±0.39	15.8 ±0.79	8.69 ±0.43
6	6.66 ±0.33	11.6 ±0.58	15.7 ±0.79	8.60 ±0.43	16.0 ±0.80	10.1 ±0.50
7	6.71 ±0.34	11.7 ±0.59	15.9 ±0.80	9.01 ±0.45	16.2 ±0.80	10.8 ±0.54
8	6.95 ±0.35	12.0 ±0.60	16.0 ±0.80	9.44 ±0.47	16.2 ±0.81	11.2 ±0.56
9	7.02 ±0.35	12.2 ±0.61	16.1 ±0.81	10.48 ±0.52	16.2 ±0.81	12.2 ±0.61
10	7.44 ±0.37	11.2 ±0.56	15.6 ±0.78	8.23 ±0.41	15.8 ±0.79	9.12 ±0.46
11	7.60 ±0.38	11.5 ±0.58	15.6 ±0.78	8.32 ±0.41	15.9 ±0.79	9.37 ±0.47
12	7.24 ±0.36	10.6 ±0.53	14.8 ±0.74	7.32 ±0.37	15.3 ±0.76	8.16 ±0.41

表 5-9　冬小麦拔节期、孕穗期、开花期、灌浆期各处理叶片胞间 CO_2 浓度动态变化

（单位：μmol/m）

处理	拔节期	孕穗期	开花期（无）	灌浆期（无）	开花期（补）	灌浆期（补）
1	237.6 ±4.75	244.1 ±4.88	227.3 ±4.55	182.6 ±3.65	234.0 ±4.68	187.3 ±3.75
2	240.7 ±4.81	255.5 ±5.11	232.8 ±4.66	188.9 ±3.78	237.7 ±4.75	200.1 ±4.00
3	241.3 ±4.83	257.4 ±5.15	236.0 ±4.72	192.5 ±3.85	241.0 ±4.82	205.0 ±4.10
4	239.5 ±4.79	252.8 ±5.06	230.4 ±4.61	187.5 ±3.75	236.9 ±4.74	193.6 ±3.87
5	240.2 ±4.80	255.3 ±5.11	231.6 ±4.63	188.6 ±3.77	237.7 ±4.75	195.7 ±3.91
6	241.4 ±4.83	257.4 ±5.15	238.4 ±4.77	198.8 ±3.98	242.6 ±4.85	212.3 ±4.25
7	242.5 ±4.85	259.9 ±5.20	240.1 ±4.80	201.8 ±4.04	244.0 ±4.88	216.4 ±4.33
8	244.9 ±4.90	261.2 ±5.22	244.0 ±4.88	203.3 ±4.07	247.9 ±4.96	220.2 ±4.40
9	245.9 ±4.92	261.6 ±5.23	246.7 ±4.93	215.6 ±4.31	250.3 ±5.01	237.6 ±4.75
10	247.8 ±4.83	257.4 ±5.15	233.2 ±4.66	191.9 ±3.84	237.7 ±4.75	204.2 ±4.08
11	252.7 ±5.05	257.5 ±5.15	236.5 ±4.73	196.1 ±3.92	241.0 ±4.82	209.4 ±4.19
12	246.3 ±4.93	251.5 ±5.03	227.5 ±4.55	182.9 ±3.66	234.1 ±4.68	187.9 ±3.76

在整个生育期,覆盖处理的光合速率和胞间 CO_2 浓度都大于对照,方差分析($P<0.05$)表明,在拔节期地膜覆盖以及地膜与保水剂复合处理值最大,其中以处理 11 的值最大,与对照有显著差异。孕穗期到灌浆期, 以秸秆覆盖和保水剂复合处理值较大,且随保水剂和秸秆覆盖量的增大效果更好,以处理 9 的值最大,与对照有显著差异。灌溉处理的光合速率和胞间 CO_2 浓度都大于未灌处理,开花期下对照和对照之间差别最大,覆盖处理之间差别较小,以处理 9 差别最小。灌浆期下对照和对照之间差别最小,覆盖处理差别较大,以处理 9 差别最大。究其原因,胞间 CO_2 浓度的提高是由于其植株的光合作用,一定程度上提高了其光合速率,且其分蘖数、叶面积指数都高于其他处理,而净光合速率的提高有利于干物质的积累,这样生物量也就相对较高,为丰产打下了坚实的基础。

5.2　不同用量保水剂对烟草各生育期植株生理特性的影响

5.2.1　不同用量保水剂对烟草叶片相对含水量的影响

从图 5-2 可以看出,烟草叶片相对含水量在各时期变化曲线呈单峰型,在保水剂量为 30 kg/hm^2 时达到最大值(试验处理同 2.2 节)。方差分析显示,处理 37.5、45、60 kg/hm^2 与处理 30 kg/hm^2 相比达不到显著($P>0.05$),但与对照 0 kg/hm^2 相比,30 kg/hm^2 具显著差异($P<0.05$)。在烟草伸根期、旺长期、成熟期,叶片相对含水量(RWC)的变化趋势大致一样,RWC 值随着烟株的生长而有所增加,到旺长期时烟叶 RWC 值达到最大,其后在成熟期有一定下降,但 RWC 值仍要高于伸根期的值。分析各个时期内 RWC 值随着保水剂量增加的变化趋势,笔者认为,在保水剂量为 30 kg/hm^2 时,叶片 RWC 值达到最大,烟草叶片组织保水能力最大,从而有效改善作物自身的水分状况,为烟叶的优质、高产打下基础,这与形态指标所显示的结果相一致。

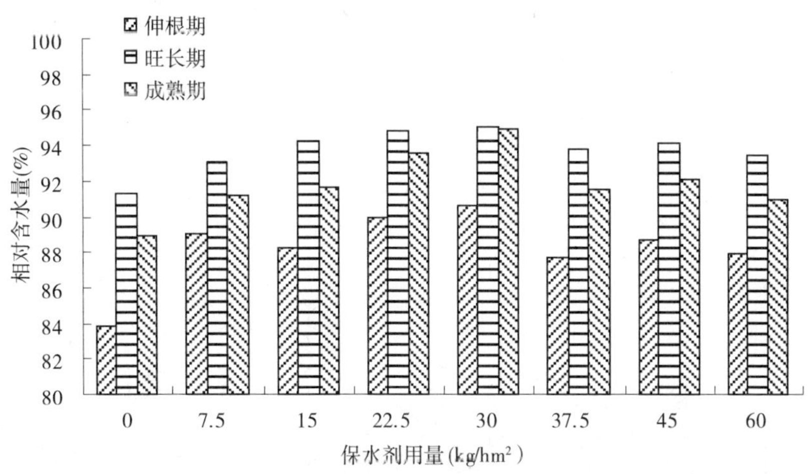

图 5-2　烟草各生育期在不同用量保水剂作用下的叶片相对含水量

5.2.2　不同用量保水剂对烟草叶片叶绿素含量的影响

从图 5-3 可以看出，随着保水剂用量的增加，各时期的叶绿素 a（Chla）、叶绿素 b（Chlb）及总叶绿素（a + b）含量增加，在处理 30 kg/hm^2 时达到第一个峰值，其后呈先降后升趋势，在处理 60 kg/hm^2 时达到第二个峰值，两个峰值的处理与对照 0 kg/hm^2 相比，差异达到显著水平（$P<0.05$），而在两个峰值的处理间达不到显著（$P>0.05$）。这种变化趋势在叶绿素 b 含量上表现更为明显，表明保水剂对于叶绿素 b 的作用要大于叶绿素 a，叶绿素 b 比叶绿素 a 对环境更为敏感。从图中可以看出，在烟草伸根期后期，叶片总叶绿素含量（a + b），已经达到一个稳定值，在其后两个时期内变化不大，这与烟草叶面积、比叶面积（SLA）的变化不一致，叶面积和比叶面积在旺长期后期时才达到稳定值，其后在成熟期仅有较小变化。对图的分析表明，在保水剂用量为 30 kg/hm^2 时，对烟草叶片叶绿素含量已具有最适效应，其后随着保水剂用量的增加，叶绿素含量值虽有一定的回复趋势，但与处理 30 kg/hm^2 相比均达不到显著水平（$P>0.05$）。

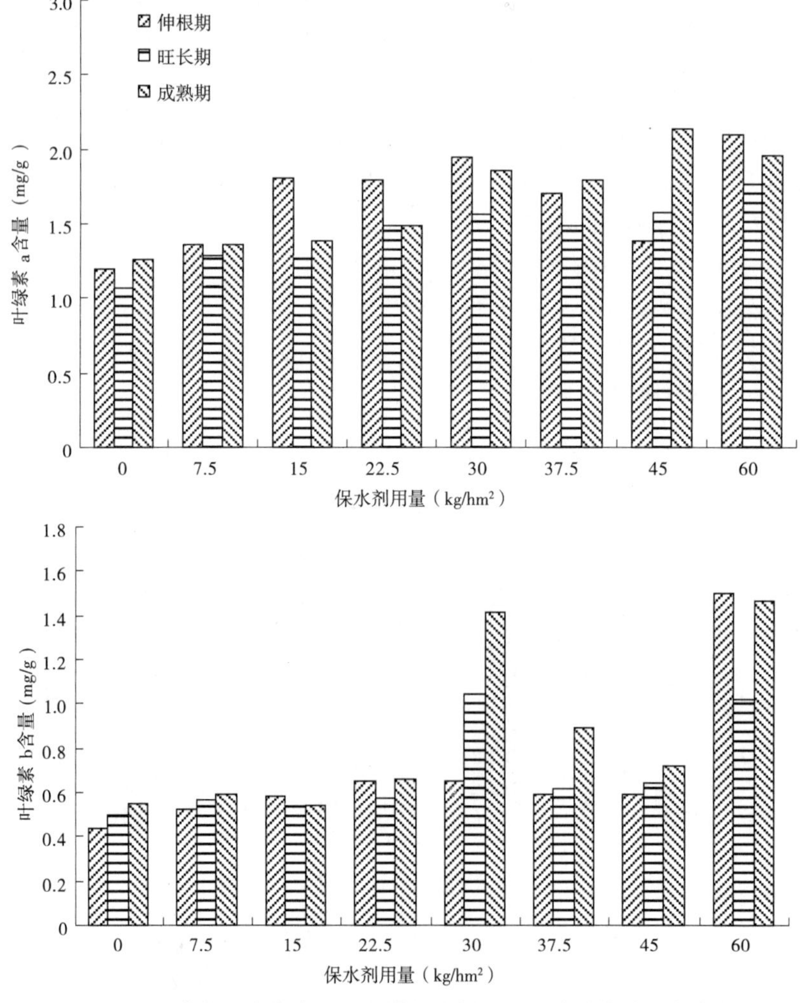

图 5-3　烟草各生育期在不同用量保水剂作用下的叶片叶绿素含量

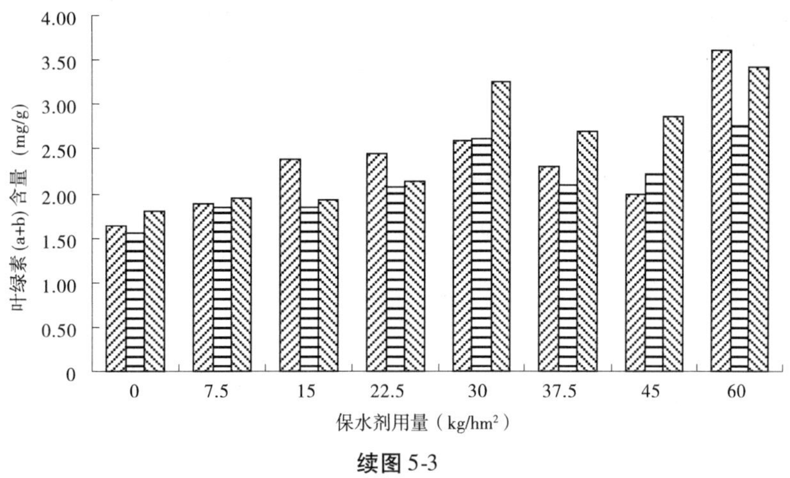

续图 5-3

5.2.3　不同用量保水剂对烟草叶片可溶性糖、可溶性蛋白含量的影响

烟草叶片可溶性糖含量随着保水剂用量的增加呈先升后降趋势(见图 5-4)。叶片可溶性糖含量在伸根期一直呈上升趋势,在处理 60 kg/hm^2 达到最大值,但在处理 30、37.5、45、60 kg/hm^2 间达不到显著($P>0.05$)。在旺长期和成熟期,随着保水剂施用量的增加,叶片可溶性糖含量变化趋势先升后降再升,在处理 30 kg/hm^2 和 60 kg/hm^2 分别达到峰值。保水剂处理 30、60 kg/hm^2 同对照相比均达到显著水平($P<0.05$),但在两者之间达不到显著($P>0.05$),说明光合产物可溶性糖在保水剂用量 30 kg/hm^2 时已经达到峰值。

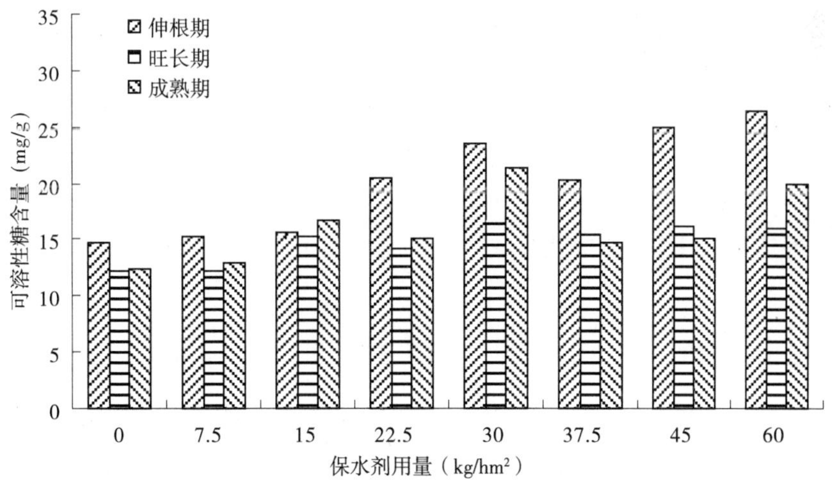

图 5-4　烟草各生育期在不同用量保水剂作用下的叶片可溶性糖含量

烟叶中可溶性蛋白质含量的变化趋势与可溶性糖含量变化曲线一致见(见图 5-5)。两个峰值同样出现在保水剂处理 30 kg/hm^2 和 60 kg/hm^2 时,在其两者之间达不到显著($P>0.05$),但与对照相比均达到显著($P<0.05$),表明在保水剂用量为 30 kg/hm^2 和 60 kg/hm^2 时,叶片可溶性蛋白质含量达到最大值,由于两者间不存在显著差异,且又从经济成本方面考虑,故认为在保水剂用量为 30 kg/hm^2 时已对烟草生长有最适效应。叶片可

溶性糖和可溶性蛋白质含量有一个共同的变化趋势,就是在烟草生长前期的含量要比后期的含量要稍大,这可能与烟草叶片在中后期生长迅速、叶面积扩张较快有关。

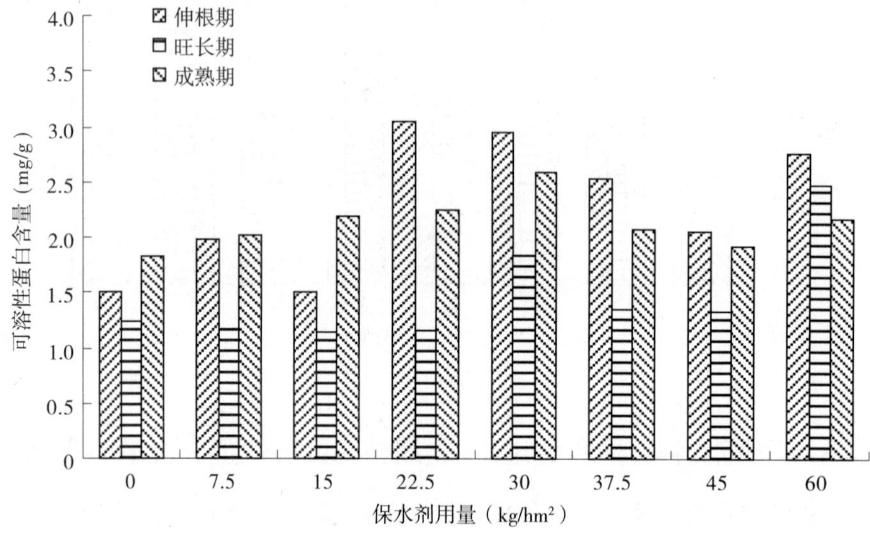

图 5-5 烟草各生育期在不同用量保水剂作用下的叶片可溶性蛋白质含量

5.2.4 不同用量保水剂对烟草叶片脯氨酸含量的影响

从图 5-6 可以看出,随着保水剂施用量的增加,叶片脯氨酸含量的变化趋势与蛋白质含量的变化趋势恰好相反,脯氨酸含量的变化曲线先降后升再降,在保水剂处理量为 30 kg/hm^2 时,第一次达到最小值,其后在处理 60 kg/hm^2 第二次达到最小值。方差分析表明,在两个处理 30 kg/hm^2 和 60 kg/hm^2 之间达不到显著($P>0.05$),但两处理与对照相比均达到显著水平($P<0.05$)。烟草叶片脯氨酸含量在伸根期的含量要明显高于其后两个时期,究其原因可能与天气有关,在烟草生长前期干旱少雨而后期雨水相对较多。由于脯氨酸与植物的逆境适应有关,结合本研究结果分析表明,保水剂施用量 30 kg/hm^2 时,对烟草植株有最佳的保护效果,帮助烟株度过干旱气候的生育期,为今后增产奠定基础。

5.2.5 不同用量保水剂对烟草叶片丙二醛含量的影响

从图 5-7 可以看出,烟草叶片丙二醛(MDA)含量随着保水剂量的增加呈先降后升趋势,在处理 30 kg/hm^2 时达到最小值,其后 MDA 含量随着保水剂用量的增加有一定上升趋势,在处理 60 kg/hm^2 时达到较大值,但仍要小于对照。方差分析显示,处理 30、60 kg/hm^2 与对照 0 kg/hm^2 间达到显著($P<0.05$),但在它们之间达不到显著水平($P>0.05$)。从烟草的三个生育期纵向比较来看,MDA 含量值在旺长期要高于其余两个时期。

5.2.6 不同用量保水剂对烟草叶片过氧化物酶活性的影响

随着保水剂用量的增加,烟草叶片过氧化物酶(POD)活性变化呈先降后升趋势(见

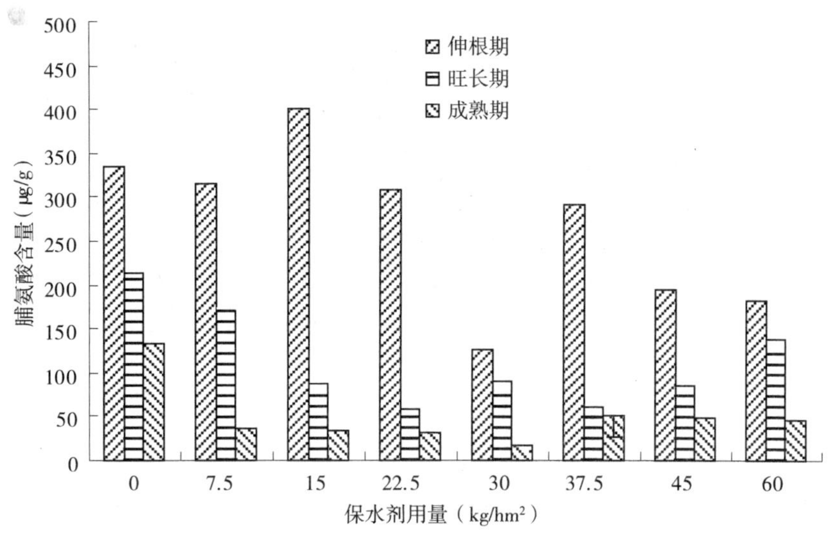

图5-6　烟草各生育期在不同用量保水剂作用下的叶片脯氨酸含量

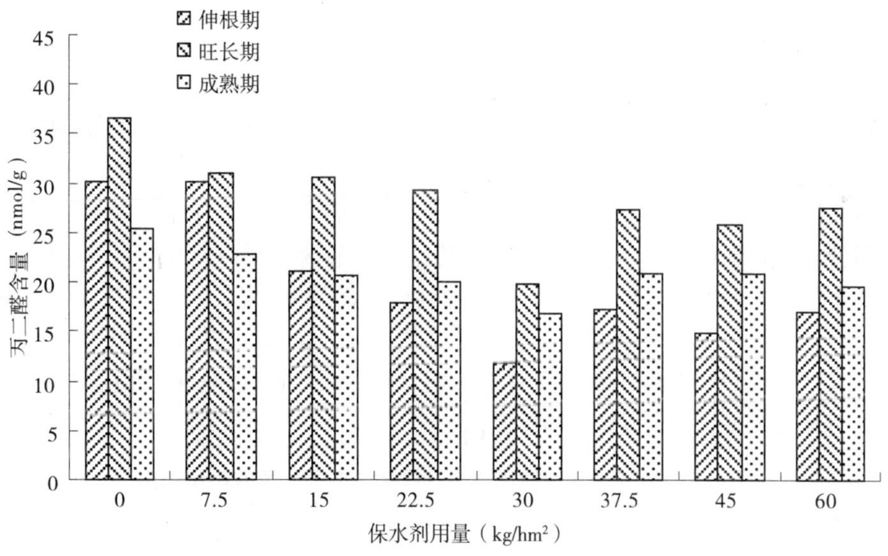

图5-7　烟草各生育期在不同用量保水剂作用下的叶片丙二醛含量

图5-8),这与MDA的变化趋势相一致。POD活性在处理30 kg/hm^{2}达到最小值,与对照0 kg/hm^{2}相比达到显著差异($P<0.05$),后随着保水剂用量的增加,POD活性都要高于处理30 kg/hm^{2}的值,且在处理37.5、45、60 kg/hm^{2}之间达不到显著差异($P>0.05$),但它们与对照0 kg/hm^{2}相比均达到显著水平($P<0.05$),处理37.5、45 kg/hm^{2}与处理30 kg/hm^{2}相比达到显著水平($P<0.05$),处理60 kg/hm^{2}与30 kg/hm^{2}相比达不到显著差异($P>0.05$)。随着烟草的生长,不同保水剂处理的叶片POD活性均有一定增幅,在成熟期达到最大,而在伸根期最小。

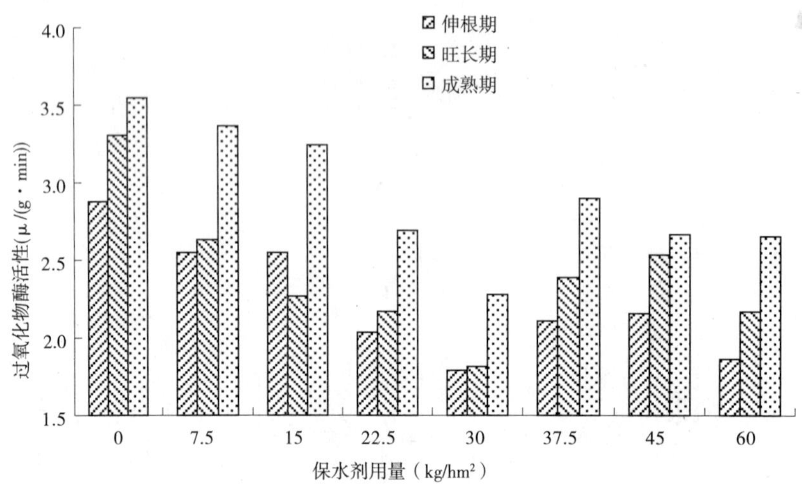

图 5-8　烟草各生育期在不同用量保水剂作用下的叶片过氧化物酶活性

5.2.7　不同用量保水剂对烟草根系活力的影响

从表 5-10 中可以看出，烟株根系活力随着保水剂用量的增加呈上升趋势（处理同 2.2 节），在处理 W_4（30 kg/hm²）时达到最大值，同对照 CK（0 kg/hm²）相比达到极显著水平（$P<0.01$），后随着保水剂施用量的增加烟株根系活力呈不规则波动，但都要高于对照 CK（0 kg/hm²）的根系活力值。在伸根期（S_1），处理 W_5、W_6、W_7 与 W_4 和 CK 相比均达到极显著水平（$P<0.01$），在它们之间差异也极显著。在旺长期（S_2），处理 W_5、W_6、W_7 与 W_4 和 CK 相比均达到极显著水平（$P<0.01$），但在它们之间差异达不到显著（$P<0.05$）。在成熟期（S_3），处理 W_5、W_6、W_7 与 CK 相比均达到极显著水平（$P<0.01$），W_6 与 W_4 相比达不到显著（$P<0.05$），W_5、W_7 与 W_4 相比达到极显著水平（$P<0.01$），且在 W_5、W_6、W_7 之间的差异达到极显著（$P<0.01$）。根系活力值在各个时期间表现为：旺长期（S_2）＞伸根期（S_1）＞成熟期（S_3），说明在烟草生长中期，根系活力最大，而在生育前期和后期，烟株根系活力相对较低，在成熟期达到最低值。

表 5-10　烟草各生育期不同用量保水剂作用下根系活力比较

保水剂用量	根系活力（μg/（g · h））		
（kg/hm²）	S_1	S_2	S_3
CK	8.02 ±0.70gG	18.14 ±2.25eE	2.96 ±0.57gG
W_1	22.83 ±0.79fF	18.24 ±0.95eE	13.76 ±0.01fF
W_2	50.47 ±0.94dD	46.53 ±3.14dD	16.71 ±0.02eE
W_3	70.14 ±0.46cC	81.03 ±1.86cC	31.01 ±0.01dD
W_4	74.74 ±0.52aA	196.27 ±3.59aA	42.91 ±0.98aA
W_5	73.49 ±0.24bB	132.53 ±1.24bB	38.02 ±1.00bB
W_6	44.64 ±0.38eE	130.77 ±13.82bB	41.36 ±2.26aA
W_7	69.75 ±0.01cC	139.31 ±8.79bB	34.33 ±1.16cC

注：S_1、S_2、S_3 分别表示烟草的伸根期、旺长期、成熟期；表中数据是 6 次测定的平均值及其标准差，运用 SPSS 软件 One-way ANOVA 分析，同行不同大小字母表示处理间差异显著（$P<0.05$，$P<0.01$），下同。

5.2.8　各指标的相关性分析

对测定的形态、生理指标作相关分析(见表 5-11 ~ 表 5-13)可知,在烟草大田三个生育期内,施以不同用量保水剂处理,各形态指标与生理指标及其内部之间相关程度不同,有些指标间的相关系数较高、较稳定,有些不太稳定。

生理指标与形态指标间的相关分析显示,在烟草伸根期,株高与丙二醛含量呈显著负相关($r = -0.801$);叶数与丙二醛含量和根系活力分别呈极显著负相关和显著正相关($r = -0.846$;$r = 0.765$);叶面积分别与比叶面积、可溶性糖含量、可溶性蛋白质含量、根系活力呈极显著正相关($r = 0.910$;$r = 0.921$;$r = 0.836$;$r = 0.863$),与丙二醛含量、过氧化物酶活性呈极显著负相关($r = -0.936$;$r = -0.958$),与脯氨酸含量显著负相关($r = -0.792$)。在旺长期,株高与相对含水量呈极显著正相关($r = 0.953$),与可溶性糖含量呈显著正相关($r = 0.740$),与丙二醛含量、过氧化物酶活性呈显著负相关($r = -0.807$;$r = -0.822$);茎粗与脯氨酸含量、丙二醛含量、过氧化物酶活性呈显著负相关($r = -0.754$;$r = -0.724$;$r = -0.708$);叶数与比叶面积、相对含水量呈显著正相关($r = 0.811$;$r = 0.815$),与丙二醛含量、过氧化物酶活性呈显著负相关($r = -0.709$;$r = -0.781$);叶面积与脯氨酸含量、过氧化物酶活性呈极显著负相关($r = -0.939$;$r = -0.842$)。在成熟期,相对含水量与株高、茎粗、叶数、叶面积均呈极显著正相关;脯氨酸含量仅与株高、茎粗、叶数呈显著负相关,根系活力与可溶性糖含量与四个形态指标的相关性达不到显著($P > 0.05$)。

在生理指标内部间的相关分析显示,在伸根期,相对含水量与其余指标的相关性均达不到显著水平($P > 0.05$);比叶面积与叶绿素含量、根系活力呈显著正相关($r = 0.779$;$r = 0.734$),与可溶性糖含量呈极显著正相关($r = 0.928$),与脯氨酸含量、过氧化物酶活性呈显著负相关($r = -0.717$;$r = -0.819$);叶绿素含量仅与过氧化物酶活性呈显著负相关($r = -0.722$),与根系活力呈显著正相关($r = 0.721$),而与其他指标达不到显著相关($P > 0.05$);可溶性糖含量与脯氨酸含量、过氧化物酶活性呈极显著负相关($r = -0.867$;$r = -0.885$),与丙二醛含量呈显著负相关($r = -0.832$);根系活力与丙二醛含量、过氧化物酶活性呈极显著负相关($r = -0.871$;$r = -0.899$)。在旺长期,比叶面积与可溶性糖含量、根系活力呈显著正相关($r = 0.734$;$r = 0.809$),与叶绿素含量呈极显著正相关($r = 0.911$),与丙二醛含量呈极显著负相关($r = -0.879$);相对含水量与脯氨酸含量、过氧化物酶活性呈极显著负相关($r = -0.859$;$r = -0.913$),与丙二醛含量呈显著负相关($r = -0.789$);叶绿素含量与可溶性糖含量呈显著正相关($r = 0.776$),与可溶性蛋白质含量、根系活力呈极显著正相关($r = 0.878$;$r = 0.871$),与丙二醛含量、过氧化物酶活性呈显著负相关($r = -0.806$;$r = -0.758$);可溶性糖含量与脯氨酸含量、过氧化物酶活性呈显著负相关($r = -0.718$;$r = -0.757$);丙二醛含量分别与过氧化物酶活性呈极显著正相关($r = 0.835$),与根系活力呈极显著负相关($r = -0.913$);过氧化物酶活性与根系活力呈显著负相关($r = -0.715$)。在成熟期,可溶性糖含量与比叶面积、叶绿素含量呈显著正相关($r = 0.796$;$r = 0.798$);可溶性蛋白质含量与比叶面积、可溶性糖呈显著正相关($r = 0.768$;$r = 0.828$),与相对含水量呈极显著正相关($r = 0.863$);脯氨酸含量与相对含水量、可溶性蛋白质含量呈显著负相关($r = -0.806$;$r = -0.719$);丙二醛含量与比叶面积、相对含水量、可溶性糖、可溶性蛋白质含量呈极显著负相关（$r = -0.864$；$r = -0.877$；$r = -0.884$；$r = -0.896$），与脯氨酸含量呈显著正相关（$r = 0.815$）；过氧化物酶活性与相对含水量、可溶性糖、可溶性蛋白质含量呈显著负相关（$r = -0.819$；$r = -0.782$；$r = -0.719$），与丙二醛含量呈极显著正相关（$r = 0.908$）；根系活力与比叶面积、相对含水量、叶绿素含量呈显著正相关（$r = 0.717$；$r = 0.712$；$r = 0.834$），与过氧化物酶活性呈极显著负相关（$r = -0.934$）。

对烟草各生育期形态指标之间作相关分析，若株高、茎粗、叶数、叶面积分别以 PH、SD、LN、LA 表示，因其相关均为正相关，故对其相关系数进行由大到小的排序，则在伸根期可得：PH-LN > SD-LN > PH-SD > LN-LA > PH-LA > SD-LA；在旺长期可得：PH-LA = SD-LA > PH-SD > PH-LN > LN-LA > SD-LN；在成熟期可得：SD-LN > PH-SD > PH-LN > LN-LA > SD-LA > PH-LA。形态指标间的相关系数随着烟草的生长而呈增加趋势，在成熟期达到最大，且在各指标间均达到显著相关水平（$P < 0.05$）。

表 5-11　烟草各生育期生理指标与形态指标之间的相关分析

时期	生理指标	形态指标			
		株高	茎粗	叶数	叶面积
伸根期	比叶面积	0.356	0.289	0.458	0.910**
	相对含水量	0.687	0.502	0.598	0.549
	叶绿素含量	0.094	0.205	0.196	0.675
	可溶性糖含量	0.405	0.294	0.430	0.921**
	可溶性蛋白质含量	0.399	0.567	0.486	0.836**
	脯氨酸含量	-0.341	-0.502	-0.358	-0.792*
	丙二醛含量	-0.801*	-0.598	-0.846**	-0.936**
	过氧化物酶活性	-0.591	-0.577	-0.636	-0.958**
	根系活力	0.683	0.601	0.765*	0.863**
旺长期	比叶面积	0.685	0.466	0.811*	0.560
	相对含水量	0.953**	0.831*	0.815*	0.884**
	叶绿素含量	0.494	0.303	0.696	0.541
	可溶性糖含量	0.740*	0.477	0.562	0.807*
	可溶性蛋白质含量	0.048	-0.110	0.333	0.155
	脯氨酸含量	-0.835**	-0.754*	-0.677	-0.939**
	丙二醛含量	-0.807*	-0.724*	-0.709*	-0.805*
	过氧化物酶活性	-0.822*	-0.708*	-0.781*	-0.842**
	根系活力	0.599	0.560	0.615	0.754*
成熟期	比叶面积	0.535	0.461	0.620	0.771*
	相对含水量	0.924**	0.928**	0.910**	0.859**
	叶绿素含量	0.323	0.289	0.397	0.397
	可溶性糖含量	0.359	0.393	0.571	0.665
	可溶性蛋白质含量	0.694	0.699	0.814*	0.876**
	脯氨酸含量	-0.782*	-0.726*	-0.809*	-0.673
	丙二醛含量	-0.727*	-0.718*	-0.810*	-0.854**
	过氧化物酶活性	-0.708*	-0.671	-0.675	-0.691
	根系活力	0.692	0.648	0.633	0.634

注： ** 表示 $P < 0.01$，* 表示 $P < 0.05$，下同。

表 5-12　烟草各生育期生理指标之间的相关分析

时期	生理指标	比叶面积	相对含水量	叶绿素含量	可溶性糖含量	可溶性蛋白质含量	脯氨酸含量	丙二醛含量	过氧化物酶活性	根系活力
伸根期（右表上半部分）	比叶面积	—	0. 276	0. 779*	0. 928**	0. 621	-0. 717*	-0. 839**	-0. 819*	0. 734*
	相对含水量	0. 699	—	0. 352	0. 445	0. 633	-0. 409	-0. 616	-0. 706	0. 653
	叶绿素含量	0. 911**	0. 536	—	0. 671	0. 610	-0. 464	-0. 557	-0. 722*	0. 721*
	可溶性糖含量	0. 734*	0. 699	0. 776*	—	0. 695	-0. 867**	-0. 832*	-0. 885**	0. 680
	可溶性蛋白质含量	0. 664	0. 106	0. 878**	0. 524	—	-0. 633	-0. 671	-0. 901**	0. 811*
旺长期（右表下半部分）	脯氨酸含量	-0. 424	-0. 859**	-0. 373	-0. 718*	0. 039	—	0. 671	0. 776*	-0. 462
	丙二醛含量	-0. 879**	-0. 789*	-0. 806*	-0. 835**	-0. 479	0. 623	—	0. 886**	-0. 871**
	过氧化物酶活性	-0. 792*	-0. 913**	-0. 758*	-0. 757*	-0. 451	0. 724*	0. 835**	—	-0. 899**
	根系活力	0. 809*	0. 603	0. 871**	0. 887**	0. 645	-0. 580	-0. 913**	-0. 715*	—
成熟期	比叶面积	—	0. 609	0. 702	0. 796*	0. 768*	-0. 693	-0. 864**	-0. 705	0. 717*
	相对含水量		—	0. 435	0. 619	0. 863**	-0. 806*	-0. 877**	-0. 819*	0. 712*
	叶绿素含量			—	0. 798*	0. 483	-0. 396	-0. 733*	-0. 841**	0. 834*
	可溶性糖含量				—	0. 828*	-0. 566	-0. 884**	-0. 782*	0. 629
	可溶性蛋白质含量					—	-0. 719*	-0. 896**	-0. 719*	0. 536
	脯氨酸含量						—	0. 815*	0. 630	-0. 624
	丙二醛含量							—	0. 908**	-0. 826*
	过氧化物酶活性								—	-0. 934**
	根系活力									—

表 5-13　烟草各生育期形态指标之间的相关分析

时期	形态指标	株高	茎粗	叶数	叶面积
伸根期	株高	—	0.682	0.961**	0.588
	茎粗		—	0.776*	0.564
	叶数			—	0.674
	叶面积				—
旺长期	株高	—	0.753*	0.751*	0.846**
	茎粗		—	0.596	0.846**
	叶数			—	0.663
	叶面积				—
成熟期	株高	—	0.934**	0.872**	0.745*
	茎粗		—	0.949**	0.808*
	叶数			—	0.848**
	叶面积				—

5.3　不同用量保水剂对玉米苗期植株生理特性的影响

5.3.1　不同用量保水剂对玉米叶片叶绿素含量的影响

作物的高产与其光合速率大小密切相关，而光合速率与叶绿素含量呈正相关性。施用一定量的保水剂能显著提高玉米叶片叶绿素的含量（见表 5-14）。叶绿素 a 含量随着保水剂用量的增加而增加，在 60 kg/hm^2 时达到最大值，并且与对照相比，提高了 44.3%，达到极显著水平（$P<0.01$），之后又呈下降趋势。叶绿素 b 变化趋势与之相同。叶绿素 a/b 比值随保水剂用量的变化趋势与叶绿素 a 含量的变化恰恰相反，在处理 60 kg/hm^2 时达到最小值，与对照相比达到极显著（$P<0.01$）。说明保水剂对玉米叶片叶绿素 b 含量的影响要大于其对叶绿素 a 含量的影响。

表 5-14　不同用量保水剂作用下玉米苗期的叶绿素 a、b 比较

保水剂用量（kg/hm^2）	0	30	60	90	120	150
叶绿素 a 含量（mg/g）	2.28 ±0.11 dE	2.87 ±0.14 bB	3.29 ±0.12 aA	2.56 ±0.11 cCD	2.77 ±0.03 bBC	2.46 ±0.24 cDE
叶绿素 b 含量（mg/g）	0.67 ±0.11 cC	0.78 ±0.08 cBC	1.53 ±0.24 Aa	0.78 ±0.01 cBC	0.98 ±0.15 bB	0.69 ±0.03 cC
叶绿素（a+b）含量（mg/g）	2.95 ±0.18 dD	3.65 ±0.21 bB	4.82 ±0.13 aA	3.34 ±0.11 cC	3.74 ±0.15 bB	3.15 ±0.27 cdCD
叶绿素 a/b 比值 Chla/Chlb	3.44 ±0.45 abA	3.68 ±0.21 aA	2.20 ±0.40 dC	3.27 ±0.17 bAB	2.88 ±0.41 cB	3.58 ±0.21 abA

5.3.2　不同用量保水剂对玉米叶片过氧化物酶活性、脯氨酸、可溶性糖、可溶性蛋白含量的影响

不同用量的保水剂能显著地影响玉米叶片的一些生理生化指标(见表 5-15)。叶片过氧化物酶活性的变化先降后升,最低值出现在处理为 60 kg/hm^2 时,其后随着保水剂用量的增加,有一定上升趋势,但还是要小于对照值。叶片脯氨酸含量的变化与过氧化物酶活性的变化趋势相一致,而这两者的变化与植物所处的环境胁迫密切相关。本试验结果表明,保水剂用量在 60 kg/hm^2 时能够有效改善玉米植株的生长环境,进而促进其生长。

表 5-15　不同用量保水剂作用下玉米苗期的生理指标比较

保水剂用量 (kg/hm^2)	0	30	60	90	120	150
过氧化物酶活性 (u/(mg · min))	1.57 ±0.39 aA	1.49 ±0.38 aA	1.02 ±0.10 bA	1.26 ±0.26 abA	1.33 ±0.17 abA	1.18 ±0.10 abA
可溶性糖含量 (mg/g)	30.80 ±1.61 bC	33.01 ±2.15 bC	37.59 ±2.54 aAB	33.13 ±2.97 bBC	39.94 ±4.50 aA	32.05 ±2.25 bC
可溶性蛋白质含量 (mg/g)	2.54 ±0.54 bcC	2.97 ±0.44 bBC	4.00 ±0.70 aA	2.61 ±0.59 bcC	3.74 ±0.51 aAB	2.19 ±0.23 cC
脯氨酸含量 (μg/g)	39.37 ±1.78 aA	33.99 ±3.00 bB	30.54 ±1.20 cC	34.55 ±2.93 bB	29.03 ±1.44 cC	34.73 ±1.03 bB

叶片可溶性糖、可溶性蛋白质含量反映了植株的生长与新陈代谢状况。玉米叶片可溶性糖含量的变化随保水剂用量的增加呈倒"W"形,峰值分别出现在处理 60 kg/hm^2 和 120 kg/hm^2 时,与对照相比,均达到极显著水平($P<0.01$)。叶片可溶性蛋白质含量变化与可溶性糖含量变化趋势一致,说明在处理 60 kg/hm^2 时叶片内有机物含量达到最大值,植株的生长代谢更旺盛。

5.4　保水剂与氮肥对旱地冬小麦生理特征的影响

5.4.1　保水剂与氮肥对叶片相对含水量的影响

土壤水分状况影响小麦叶片的水势或叶片相对含水量。叶片相对含水量是反映植物水分状况的一个参数,其可以反映叶片水势的大小及植物体内水分亏缺的程度,能较好地反映细胞的水分生理状态及植物的抗旱性。

从图 5-9 中可以看出,随生育期的推进,各处理叶片相对含水量降低(试验处理同 2.4 节)。就各处理而言,在拔节期,仅施氮肥的处理以中氮处理的叶片相对含水量最高,氮肥用量增加叶片相对含水量降低,且低于对照。仅施氮肥时,随保水剂用量的增加,其叶片相对含水量降低,但均高于对照。保水剂与氮肥配施后,随施氮量的增加,低用量保水剂处理的叶片相对含水量降低,中等用量保水剂和高用量保水剂处理有所增加。各处

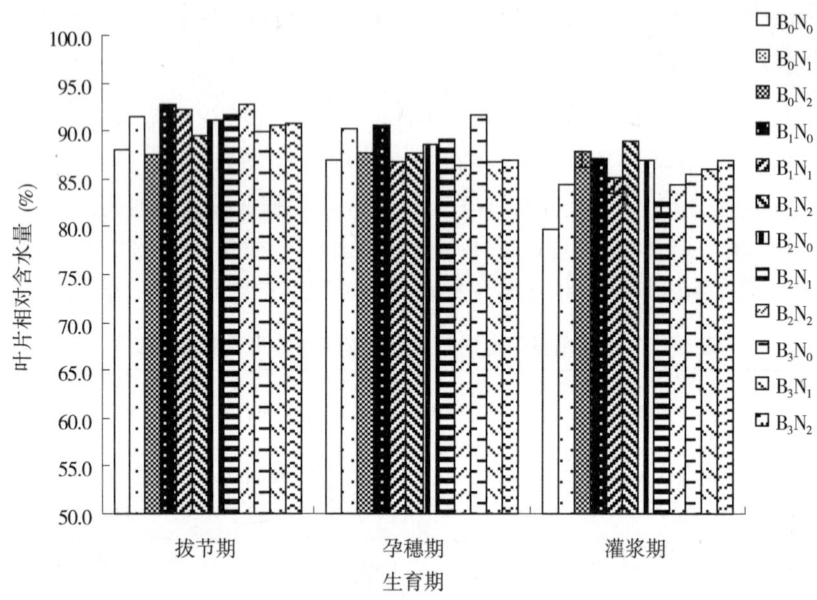

图 5-9　不同生育期各处理叶片相对含水量变化

理间以 B_1N_0 和 B_2N_2 处理叶片相对含水量较对照提高最显著。到孕穗期，不施保水剂的中肥处理（B_0N_1）、B_1N_0 和 B_3N_0 处理叶片相对含水量显著高于对照，而其他处理与对照间差异不显著。到灌浆期，由于对水分的需求较孕穗期加大，各处理间差异较拔节期和孕穗期更为显著。不施保水剂和高用量保水剂处理，均随施氮量的增加，其叶片相对含水量显著提高。说明，对于对照来讲，由于养分随生育期的消耗与流失，其高肥对小麦所造成的一定胁迫降低，因此到小麦生育后期 B_0N_2 处理叶片相对含水量显著提高。而中、低用量保水剂以中肥处理最低，尤其是中等用量保水剂的处理，但均显著高于对照。

5.4.2　保水剂与氮肥对叶绿素含量的影响

光合色素是叶绿体的重要组分，其功能是吸收、传递与转换光能，在胁迫条件下植物的光合作用受到抑制，是由于色素含量的变化。叶绿素从光中吸收能量，然后能量被用来将二氧化碳转变为碳水化合物。随胁迫强度，使叶绿素遭到破坏，导致光合作用的降低。叶绿素 b 是捕光色素蛋白质复合体的重要组成部分，其含量的提高有利叶绿体膜捕获光能的截面积的加大，增强叶绿体对光能的吸收。叶绿素 a 和叶绿素 b 的比值反映植物对光能利用的多少。合理的叶绿素 a/b 值可防止叶内光能过剩诱导的自由基的产生和色素分子的光氧化。因此，叶绿素 a/b 值的变化能反映叶片光合活性的强弱。许多研究证实，环境因子的改变可以引起叶绿体色素含量的变化，进而引起光合功能的改变。

从图 5-10（a）中可以看出，在拔节期，对照叶绿素 a 低于 0.5 mg/g 且显著低于其他处理。但增施氮肥后，其叶绿素 a 显著提高，尤其是中肥处理。施用保水剂也提高了叶绿素 a 含量，但保水剂与氮肥配施对于叶绿素 a 的提高更为显著，尤其是中肥与保水剂配施，而以 B_1N_1 处理最为显著。到孕穗期，各处理较拔节期对应处理增减不一。其中，B_0N_2 和

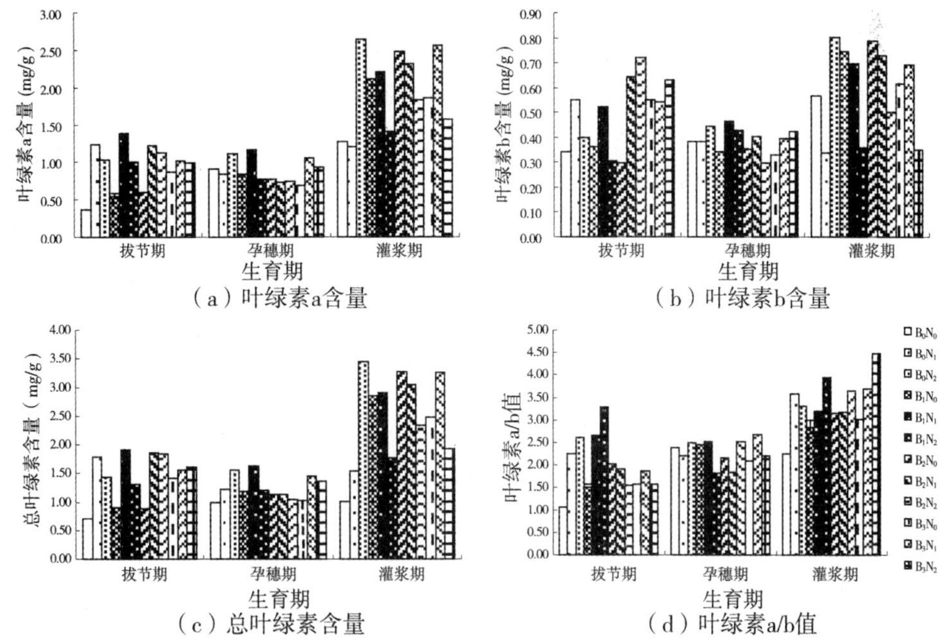

图 5-10　不同生育期各处理叶绿素 a、叶绿素 b、总叶绿素含量及叶绿素 a/b 值

B_1N_1 处理显著高于对照,而其他处理较对照叶绿素含量 a 低。灌浆期的叶绿素 a 含量显著高于拔节期和孕穗期,尤其是施用保水剂和氮肥的处理。保水剂及其与中肥配施较对照提高叶绿素含量 a 显著,但氮肥用量过高,其叶绿素 a 含量显著降低,但均高于对照。说明单施氮肥用量越高,叶绿素 a 含量显著增加,而保水剂和氮肥配施时,以中等用量和高用量保水剂与中氮配施的处理对增加叶片叶绿素 a 含量显著。

对于叶绿素 b 而言,拔节期的各处理叶绿素 b 含量以 B_1N_2 和 B_2N_0 较对照低。中高用量保水剂用量与氮肥配施的叶绿素 b 含量显著高于对照。孕穗期的叶绿素 b 含量较拔节期有所降低,以 B_0N_2 和 B_1N_1 处理显著高于对照。到灌浆期,各处理叶绿素 b 含量显著提高。单施高肥和保水剂及其与氮肥配施均显著提高了叶绿素 b 含量,且单施保水剂较增施氮肥显著。说明随生育期的推进,保水剂对于叶绿素 b 的提高较氮肥显著。

总叶绿素含量在拔节期、孕穗期和灌浆期与叶绿素 a 的变化趋势一致。

叶绿素 a/b 值的表现为:在拔节期,不施和低用量保水剂随施氮量的增加,其比值显著提高,说明其对于光能的利用显著提高。中高用量保水剂及其与氮肥配施的叶绿素a/b值,其处理间差异不显著。到孕穗期,除 B_1N_2 和 B_2N_1 处理显著低于对照外,其他处理间叶绿素 a/b 值间差异不显著。到灌浆期,各处理叶绿素 a/b 值除对照外,显著高于拔节期和孕穗期。高用量保水剂和氮肥配施的叶绿素 a/b 值最高。

综上所述,小麦叶片叶绿素含量因不同时期而变化不一。中等用量保水剂与氮肥叠加应用的叶绿素 a、叶绿素 b 和总叶绿素含量均较高且不同生育期变化一致。

5.4.3　保水剂与氮肥对叶片质膜透性的影响

在干旱胁迫下,细胞容易脱水,导致膜脂分子排列紊乱,使膜出现孔隙和龟裂,膜透性提高，作物表现为萎蔫，甚至死亡。而当水分条件得到改善时，质膜透性随之降低，即质膜透性与水分亏缺之间有一定的正相关关系，因此其大小可以反映作物受旱或缺水程度，即质膜透性可以作为作物抗旱生理生化的一个响应指标。细胞质膜透性可以用相对电导率来表示。

从图5-11(a)中可以看出，各时期的叶片质膜相对电导率表现为：孕穗期叶片质膜相对电导率相对最低，而拔节期和灌浆期差异不显著。各处理的具体表现为，在拔节期，高用量保水剂与氮肥配施、中等用量保水剂与高肥配施及单施高肥的处理的叶片质膜相对电导率均高于对照。而低用量保水剂及其与氮肥配施、中等用量保水剂及其与中氮配施和单施高用量保水剂的处理均显著低于对照，尤其是 B_2N_0 处理最低，说明该时期该处理对于提高小麦的抗旱性最为有利。

在孕穗期，B_2N_1 处理的叶片质膜相对电导率最低，其次为 B_2N_0 处理。不施氮肥时，随保水剂用量的增加叶片质膜相对电导率显著降低。而低用量保水剂与高氮配施和高用量保水剂与氮肥配施时，其叶片质膜相对电导率显著提高。说明施加氮肥对于该时期来说，尤其是高肥处理易使小麦受到伤害。

到灌浆期，各处理叶片质膜相对电导率显著提高，对照仍较高，但低于 B_2N_2 和 B_3N_1 处理。其他处理均较对照低，但降低幅度较拔节期和孕穗期小，这可能是小麦生长的后期叶片功能有所降低而导致对外界环境的反应敏感性减弱，但整体来看，氮肥和中低用量保水剂及其配施在促进作物生长的同时，仍有效降低了叶片质膜相对电导率，提高了小麦抗旱性能。

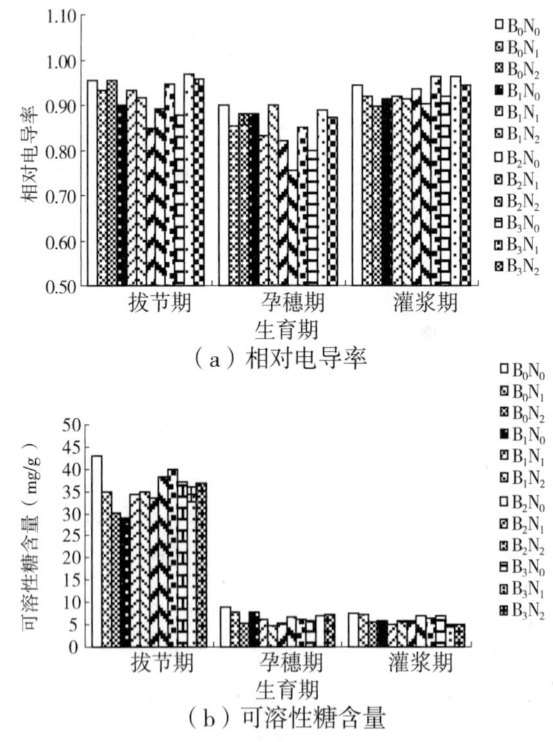

（a）相对电导率

（b）可溶性糖含量

图5-11　不同生育期各处理质膜相对电导率和叶片可溶性糖含量

5.4.4 保水剂与氮肥对叶片可溶性糖含量的影响

在干旱胁迫下,植物体内淀粉合成受阻,而分解加强,导致可溶性糖上升,可溶性糖的积累是植物对干旱的一种适应反应,可以反映作物的受旱程度,所以可溶性糖也可以作为作物抗旱生理生化的指标。

从图5-11(b)中可以看出,拔节期的可溶性糖含量显著大于孕穗期和灌浆期。而孕穗期和灌浆期间差异不显著。各处理具体表现为:在拔节期,对照显著高于其他处理。而随氮量的增加,叶片可溶性糖含量显著降低。施用保水剂后,随保水剂用量(单施)的增加可溶性糖含量增加,但均显著低于对照。说明保水剂用量对可溶性糖含量产生重要影响。而增施氮肥后,其可溶性糖含量中、低用量保水剂的处理提高,而保水剂用量过高时,其与中肥配施的处理的叶片可溶性糖含量较单施保水剂显著降低。孕穗期对照的叶片可溶性糖含量仍高于其他处理,增施氮肥降低了其含量。各处理中,以 B_1N_2 和 B_2N_0 处理的叶片可溶性糖含量最低。而到了灌浆期,对照和中肥处理的叶片可溶性糖含量高于其他处理,高用量保水剂和氮肥配施的处理(B_3N_1、B_3N_2)最低。说明,不同生育期,叶片可溶性糖含量对保水剂和氮肥及其叠加的响应不同,但均以中、低用量保水剂的处理降低可溶性糖含量而提高小麦抗旱性能较其他处理显著。

5.4.5 保水剂与氮肥对叶片脯氨酸含量的影响

脯氨酸是植物蛋白质的组分之一,并可以游离状态广泛存在于植物体中。在干旱、盐渍等胁迫条件下,许多植物体内脯氨酸大量积累,在植物细胞质内渗透调节、稳定生物大分子结构、降低细胞酸性、解除氨毒以及作为能量库调节细胞氧化还原势、缓解或降低作物因干旱等胁迫造成的伤害等方面起重要作用。

从图5-12中可以看出,拔节期的叶片脯氨酸含量远高于孕穗期和灌浆期,而灌浆期高于孕穗期的处理。

在拔节期,不施保水剂、低用量和中等用量保水剂时,随施氮量的增加叶片脯氨酸含量降低,而中等用量保水剂随施氮量的增加叶片脯氨酸含量显著提高。各处理均低于对照,而以 B_2N_0 处理的叶片脯氨酸含量最低。到孕穗期,对照与单施高氮处理的叶片中生成的脯氨酸显著高于其他处理,而 B_3N_1 和 B_3N_2 处理居中,其他处理较低。到灌浆期,对照叶片脯氨酸含量仍最高,B_2N_0 和 B_2N_1 处理最低,而高用量保水剂各处理均较高,且各处理间差异不显著。说明叶片脯氨酸含量的表现与质膜相对电导率及可溶性糖含量各处理变化趋势基本一致。

5.4.6 保水剂与氮肥对根系质膜透性的影响

根系对外界环境(水分或养分)的变化非常敏感。从图5-13(a)中可以看出,各生育期的根系质膜相对电导率表现为孕穗期 > 灌浆期 > 拔节期。

在拔节期,不施保水剂的处理随施氮量的增加,其根系质膜相对电导率显著降低。不施氮肥时,随保水剂用量的增加,其根系质膜相对电导率先降后增,但均显著低于对照。而保水剂与氮肥配施时,中、低用量的保水剂的根系质膜相对电导率较单施保水剂高。但

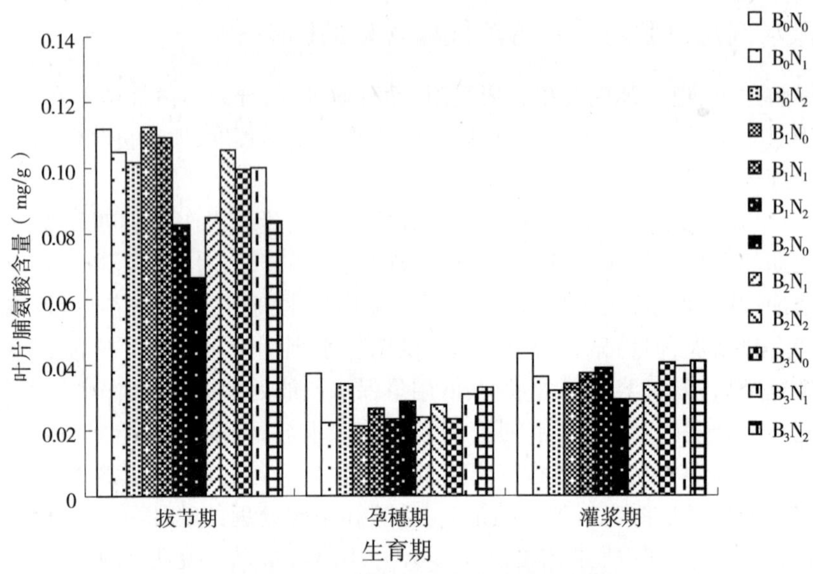

图 5-12　不同生育期各处理脯氨酸含量

高用量保水剂的处理随施氮量的增加，根系质膜相对电导率降低。其中以 B_0N_2 和 B_2N_0 处理最低。

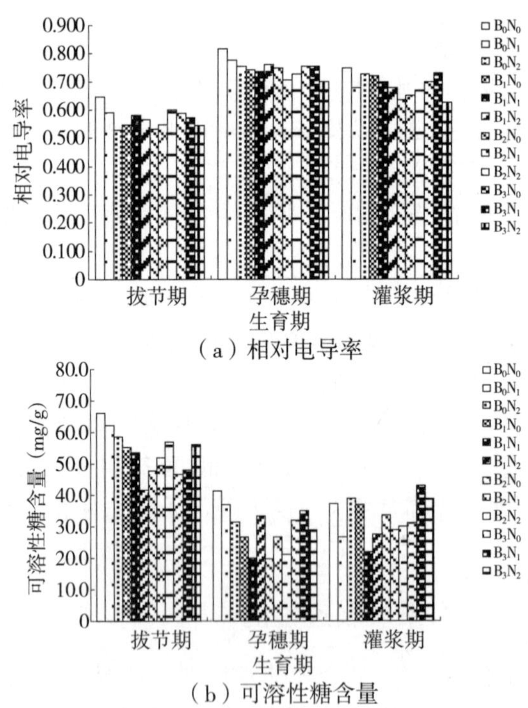

图 5-13　不同生育期各处理根系质膜相对电导率和可溶性糖含量

在孕穗期，随施氮量的增加，不施保水剂的处理和高用量保水剂处理的根系质膜相对电导率降低，而中、低用量的保水剂处理的根系质膜相对电导率先降后增，即均以中肥处理最低。

到灌浆期,中肥处理与对照相比较高肥降低根系质膜相对电导率更为显著。而低用量保水剂随氮肥用量的增加,其根系质膜相对电导率降低,中等用量保水剂处理增大,高用量保水剂先增后降。其中以 B_2N_0 处理较其他处理根系质膜相对电导率最低。说明,不同生育期氮肥对于根系质膜相对电导率的增减与保水剂用量和氮肥用量有关。

5.4.7　保水剂与氮肥对根系可溶性糖含量的影响

从图 5-13(b)中可以看出,根系可溶性糖含量各处理间较根系质膜相对电导率差异大。拔节期的根系可溶性糖含量显著高于孕穗期和灌浆期,说明可溶性糖含量在小麦生长前期较高,这可能与其抵御外界极端环境(低温、干旱等)所做的生理反应和其叶片成分组成有关。

在拔节期,B_1N_2 处理的根系可溶性糖含量最低,对照最高。随单施保水剂用量的增加,其根系可溶性糖含量降低。中等用量的保水剂随施氮量的增加,其根系可溶性糖含量增加。到孕穗期,B_1N_1、B_2N_0 和 B_2N_2 处理的根系可溶性糖含量较对照最低,B_1N_2、B_3N_1 和 B_3N_2 处理均较高,但都低于对照。到灌浆期,随着小麦对水分的需求进一步加大,B_1N_1 处理的根系可溶性糖含量较对照降低最为显著,其次为 B_0N_1 和 B_1N_2 处理,B_3N_2 处理的根系可溶性糖含量显著高于对照。这可能是因为高用量保水剂所吸持的水分养分均较高且释放能量较其他处理弱,因此刺激了根系对可溶性糖的合成以维持根系细胞内外的电解质平衡。

5.4.8　保水剂与氮肥对根系脯氨酸含量的影响

从图 5-14 中可以看出,孕穗期根系的脯氨酸含量较拔节期和灌浆期低。在拔节期,仅施氮肥时,随施氮量的增加,其根系脯氨酸含量显著降低,但均显著高于其他处理。施用保水剂降低了根系脯氨酸含量,且以中等用量保水剂效果最显著。而中、高用量保水剂与氮肥配施时,其根系脯氨酸含量降低,且较其他处理均最低。在孕穗期,对照仍显著高于其他处理的根系脯氨酸含量。单施保水剂处理的根系脯氨酸含量随其用量的增加而增加,但均低于对照。而保水剂与氮肥配施时,中、高用量保水剂处理的根系脯氨酸含量显著降低。各处理中,以 B_1N_2 处理较对照降低根系脯氨酸含量最为显著。到灌浆期,随保水剂用量的增加,其根系脯氨酸含量显著提高,但均显著低于对照。保水剂与氮肥配施后,其根系脯氨酸含量显著提高,而仅施氮肥的处理却随施氮量的增加根系脯氨酸含量降低。这可能是保水剂所吸持的氮肥在灌浆期较未施保水剂处理高,而氮肥对根系造成了一定刺激而使其产生了局部胁迫所致。

5.4.9　光合特征对保水剂与氮肥用量的响应

5.4.9.1　光合速率(Photo)和蒸腾速率(Tr)

高光合速率是作物产量提高的重要因素之一。从图 5-15 中可以看出,灌浆期的光合速率显著大于拔节期,而蒸腾速率不同处理交替增落。对拔节期来讲,仅施用氮肥时,中氮水平的处理光合速率最高,增加氮肥用量光合速率有所降低,但显著高于对照。施用保

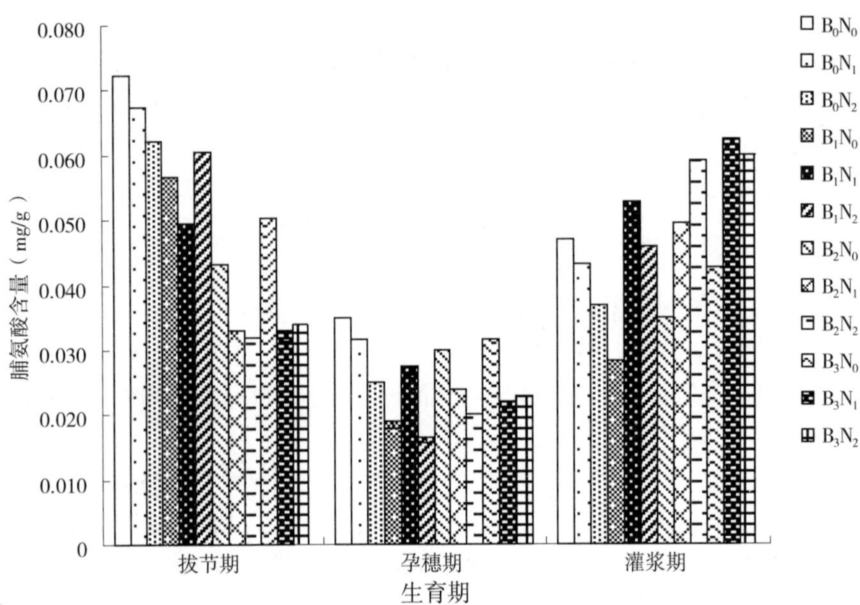

图 5-14　不同生育期各处理根系脯氨酸含量

水剂时，随施氮量的增加，低用量保水剂先增后降，中、高用量保水剂以高氮处理最高，但中氮大于高氮的对应处理。各处理中，以 B_1N_1 和 B_2N_2 处理的光合速率最高。而到灌浆期，小麦对水分的需求加大。从图 5-15 中看，对照（B_0N_0）、B_2N_0 和 B_3N_1 处理的光合速率最低，但 B_2N_0 和 B_3N_1 处理略高于对照。B_1N_1 处理的光合速率最高。仅施氮肥时，对施氮量的增加，其光合速率显著提高。仅施保水剂的处理间光合速率相比得出：低用量保水剂该时期的光合速率高于中、低用量的保水剂，尤其较中等用量保水剂效果显著。保水剂与氮肥配施时，中氮促进了低用量保水剂光合速率的进一步提高，而再增加氮肥用量，其光合速率显著降低。中等用量保水剂配施氮肥后，其光合速率迅速提高，且以中氮处理效果最佳。而高用量保水剂与中氮配施时光合速率降低，但与高氮处理配施时又迅速提高。说明保水剂与氮肥配施时，保水剂和氮肥用量对小麦光合速率产生重要影响。

蒸腾速率不同时期各处理具体表现为：在拔节期，不施保水剂和低用量保水剂的处理蒸腾速率随施氮量的增加而降低。而高用量的保水剂处理随施氮量增加，蒸腾速率有所增加，而中等用量保水剂用量及其与氮配施处理间差异不显著，但均高于对照。到灌浆期，各处理的蒸腾速率表现为：B_1N_0 处理的蒸腾速率显著低于其他处理，其次为 B_0N_1、B_1N_1、B_2N_1、B_3N_1 和 B_3N_2 处理，B_3N_0 处理居中，对照和其他处理最高。

5.4.9.2　气孔导度（Cond）

气孔导度反映了 O_2、CO_2 和水蒸气通过气孔界面时的阻力大小，与气孔阻力成反比。

从图 5-16 中可以看出，灌浆期各处理的气孔导度均显著高于拔节期。而在拔节期，对照和高氮处理的气孔导度最低，而单施中氮的处理增加了叶片气孔导度。中、低用量保水剂在施用氮肥后其气孔导度显著降低，而当保水剂用量过高时，氮肥的施用减小了叶片气孔阻力、提高了其气孔导度。其中，各处理中以 B_2N_0 处理最高。说明，在拔节期，当土壤水分含量较低或保水剂吸持水分释放较为缓慢而造成局部干旱时，施用氮肥可有效提

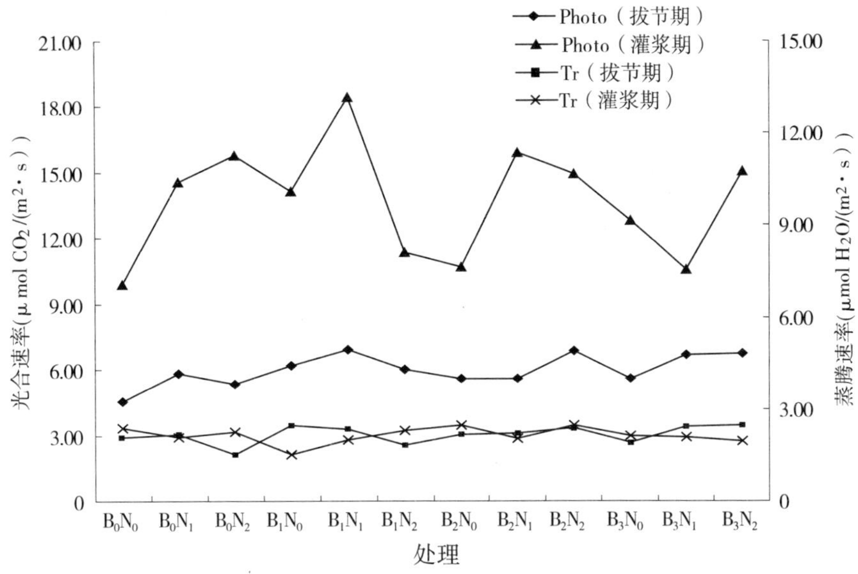

图5-15 不同生育期各处理光合速率和蒸腾速率变化特征

高叶片的气孔导度。

到灌浆期，对照的蒸腾速率较其他处理提高最显著。而施用氮肥时，其叶片气孔导度降低幅度以中氮处理最大。不施氮肥时，随保水剂用量的增加，叶片气孔导度先增后减，其中以低用量保水剂降低最多，中等用量保水剂有所增加，但显著低于对照。施用氮肥后，气孔导度均增加，但都低于对照。说明，在灌浆期施用保水剂和氮肥均降低了叶片的气孔导度。

综上所述，在小麦需水关键的前期（拔节期）和后期（灌浆期），其水分和养分条件对于叶片气孔导度产生不同的影响，这可能跟不同时期小麦对水分养分的生理响应特征不同有关。

5.4.9.3 胞间二氧化碳浓度（Ci）

从图5-17中得知，叶片胞间二氧化碳浓度在小麦不同时期表现为灌浆期 > 拔节期。在拔节期，各处理间的胞间二氧化碳浓度较孕穗期各处理间差异小。从图中可以看出，拔节期随保水剂用量（不施氮）的增加，叶片胞间二氧化碳浓度先增后降，但均高于对照。中、低用量保水剂与氮肥配施时，其胞间二氧化碳浓度降低，而高用量各处理间差异不显著。

到灌浆期，对照和 B_1N_2 处理的叶片胞间二氧化碳浓度显著高于其他处理。中氮用量及其与氮肥配施时均降低了叶片胞间二氧化碳浓度。说明灌浆期，氮肥的施用降低了叶片胞间二氧化碳浓度，减少了叶片呼吸过程中二氧化碳的散失。

5.4.9.4 单叶水分利用效率（WUE）

从图5-18中可以看出，光合过程中叶片水分利用效率灌浆期显著大于拔节期，其各处理间差异较拔节期大。

拔节期叶片水分利用效率在2.0～3.5 μmol $H_2O/(m^2 \cdot s)$。对照水分利用效率最

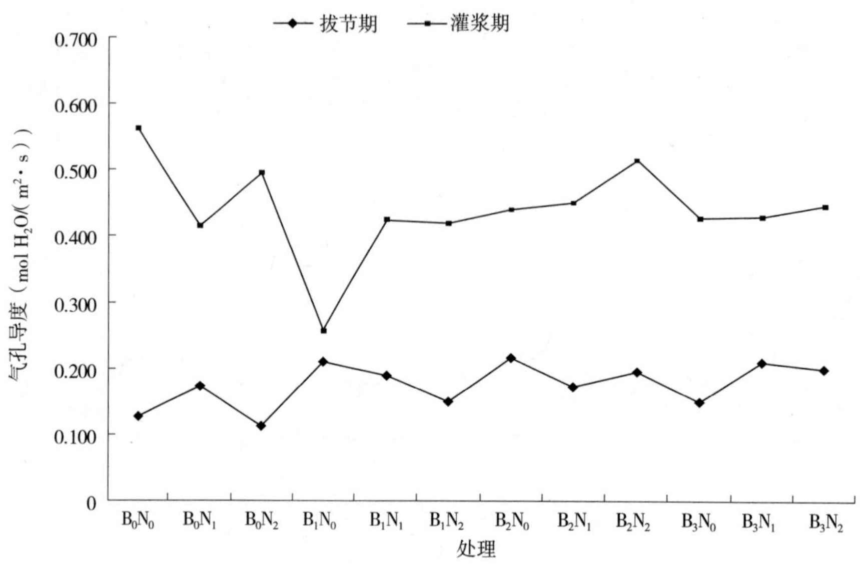

图 5-16　不同生育期各处理气孔导度变化特征

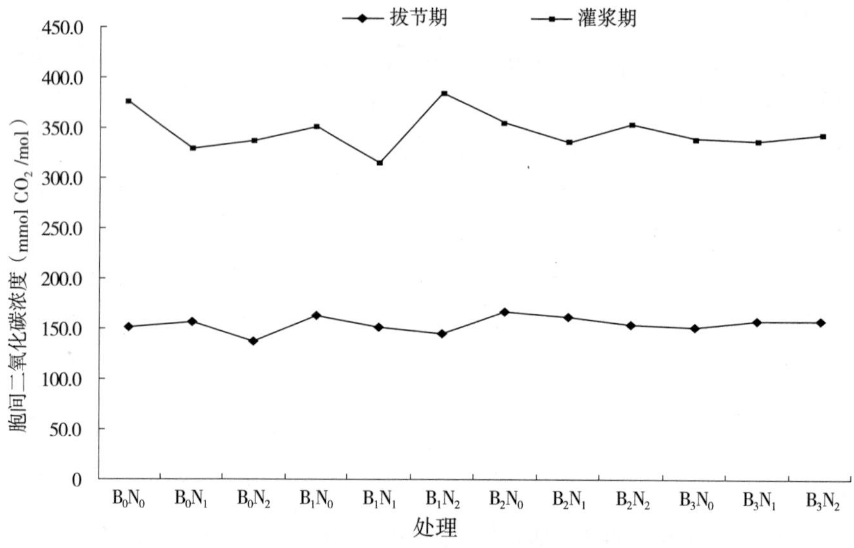

图 5-17　不同生育期各处理胞间二氧化碳浓度变化特征

低，为 2. 19 μmol H_2O/(m^2 · s)，B_0N_2 和 B_1N_2 处理显著高于其他处理，其他处理居中。具体来讲，不施保水剂、低用量保水剂和中等用量保水剂施用氮肥时，随施氮量的增加，其叶片水分利用效率显著提高。而高用量保水剂随施氮量的增加，其叶片水分利用效率降低。与对照相比，单施保水剂时，随其用量的增加叶片水分利用效率显著提高。

到灌浆期，对照的叶片水分利用效率仍显著低于其他处理，而随施氮量的增加，其水分利用效率增加，但中氮和高氮处理间差异不显著。低用量保水剂处理的叶片水分利用效率显著高于其他处理，而增施氮肥时，其叶片水分利用效率降低，尤其是高氮处理。中等用量保水剂处理的叶片水分利用效率较低用量显著降低，但高于对照，其与氮肥配施

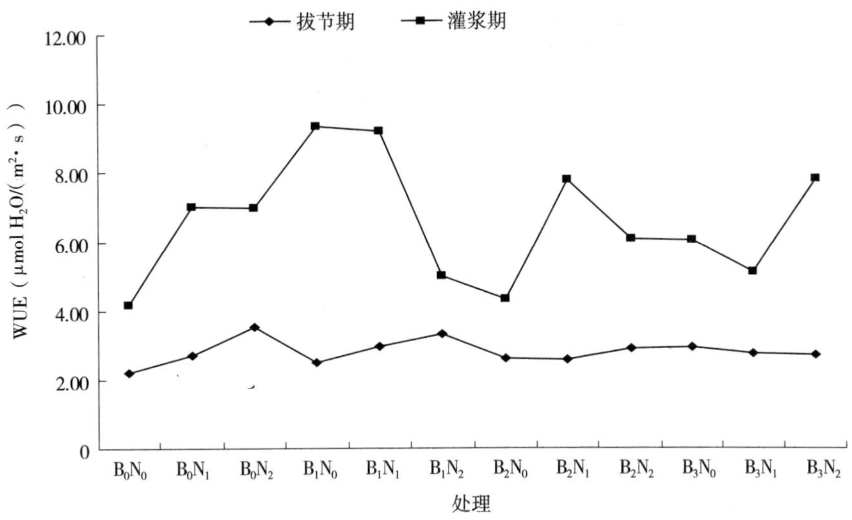

图5-18　不同生育期各处理WUE变化特征

时，叶片水分利用效率提高，特别是与中氮配施时效果最佳。高用量保水剂处理的水分利用效率较中等用量处理高，且差异显著，其与高氮配施时叶片水分利用效率迅速提高有关。

综上所述，水分与养分相比，养分较水分对于提高叶片水分利用效率更为显著，尤其是土壤含水量较低时。

5.4.9.5　不同处理各生理指标综合聚类分析

对冬小麦不同生理指标进行综合聚类分析结果见图5-19。从图中可以看出，叶片相对电导率和根系相对电导率、叶脯氨酸含量、根脯氨酸含量和气孔导度、叶绿素总量、蒸腾速率、水分利用效率和光合速率为第1类；根系可溶性糖含量、叶片相对含水量及胞间二氧化碳浓度分别为第2～4类。即根系可溶性糖含量、叶片相对含水量和胞间二氧化碳浓度可作为作物生理的判定指标。

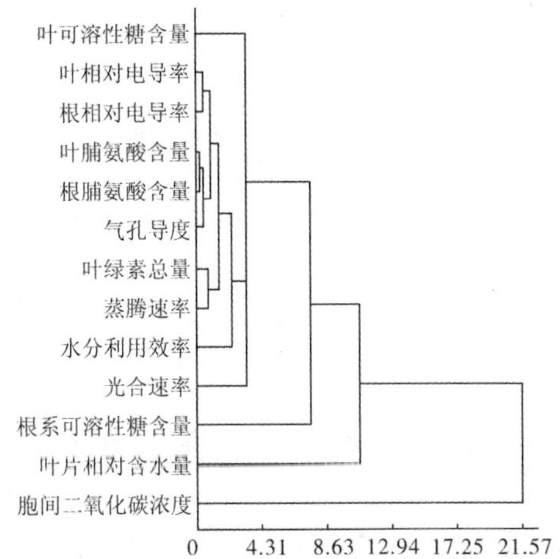

图5-19　冬小麦不同生理指标的聚类分析结果

对冬小麦不同处理各生理指标进行综合聚类分析结果见图 5-20。B_0N_1、B_3N_1 和 B_3N_2 处理为第 1 类；B_2N_1、B_2N_2 和 B_3N_0 处理为第 2 类；B_1N_2 和 B_2N_0 处理为第 3 类；B_0N_0、B_1N_0、B_0N_2 和 B_1N_1 处理分别为第 4 ~7 类。从聚类分布图来看，B_1N_1 可与其他处理单列出来成一类，说明该处理与其他处理相比对各指标的综合反映差异显著。

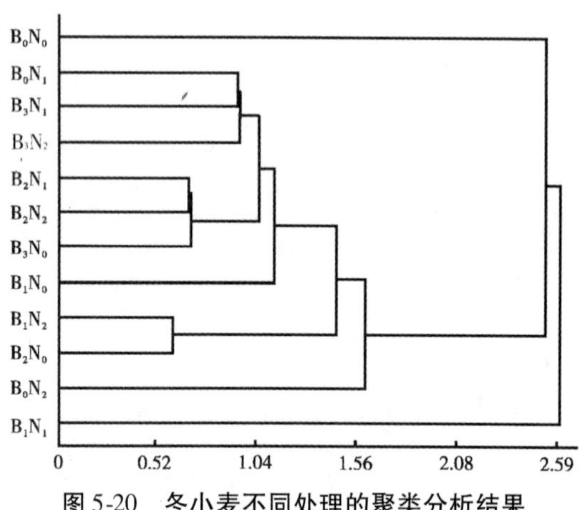

图 5-20　冬小麦不同处理的聚类分析结果

5.4.9.6　影响叶片水分利用效率(WUE)的主导因子

对 12 个处理的叶片 WUE 与相关因子(叶片可溶性糖含量 X_1、叶片质膜相对电导率 X_2、叶片脯氨酸含量 X_3、根系可溶性糖含量 X_4、根系质膜相对电导率 X_5、根系脯氨酸含量 X_6、叶绿素总量 X_7、叶片相对含水量 X_8、光合速率 X_9、气孔导度 X_{10}、胞间二氧化碳浓度 X_{11}、蒸腾速率 X_{12})进行逐步回归分析，确定影响叶片 WUE 的主导因子，并得到影响叶片 WUE 主要因子的回归模型为：

$$y = 2.34 + 0.53X_9 + 0.03X_4 - 11.18X_{10} - 17.24X_6 \quad (R = 0.9989, P < 0.01)$$

从式中可以看出，叶片 WUE 与根系可溶性糖含量和光合速率呈正相关，但与光合速率相关性较大。叶片 WUE 与气孔导度和根系脯氨酸含量呈负相关，但与气孔导度相关性较大，回归方程相关性达极显著水平。表明，光合速率和气孔导度是叶片 WUE 的主导因子，而根系可溶性糖和脯氨酸含量对于叶片 WUE 均产生重要影响。

5.5　保水剂与氮肥配施条件下复水前后不同生育期光合生理变化特征

轻度胁迫和充分灌水条件下，复水前和复水后小麦光合特征变化特征能够反映保水剂与氮肥在水分条件改变过程中的作用效果。

5.5.1　拔节期保水剂与氮肥配施对小麦光合生理特征的影响

5.5.1.1　光合速率变化特征

从图 5-21 中可以看出，轻度胁迫条件下，复水前的光合速率以 $B_3'N_0'$和 $B_2'N_1'$处理最低，$B_0'N_1'$、$B_1'N_2'$、$B_2'N_0'$和 $B_2'N_2'$处理居中，其他处理均较高。复水后第 3 天光合速率显著提高，最高达 17.5 μmol CO_2/(m^2·s)。其中以 $B_0'N_1'$处理最高，$B_0'N_2'$、$B_1'N_1'$、$B_3'N_1'$等处理次之，其次为 $B_3'N_1'$、$B_2'N_2'$和 $B_3'N_2'$处理，$B_1'N_0'$处理的光合速率最低。随着土壤蒸发和作物对水分的消耗，到复水后第 4 天，光合速率迅速降低，但 $B_2'N_2'$和 $B_3'N_2'$处理的光合速率降低幅度较小且显著高于其他处理，其次为 $B_2'N_0'$和 $B_2'N_1'$处理，$B_3'N_0'$处理较低，而 $B_1'N_0'$处理的光合速率显著低于其他处理。而到了复水后的第 5 天，除 $B_2'N_2'$、$B_3'N_2'$、$B_0'N_0'$和 $B_2'N_0'$处理的光合速率继续降低外，其他处理均显著提高。最终光合速率大小表现为：$B_2'N_0'$处理显著低于其他处理，其次为对照（$B_0'N_0'$）和 $B_3'N_1'$处理，$B_1'N_2'$处理最高。说明，适度干旱有利光合速率的提高。

充分灌水条件下，各处理光合速率变化特征见图 5-21（c），复水前，不施保水剂处理的光合速率显著低于其他处理，而随施氮量的增加，光合速率有所降低，这可能由于氮肥增加了小麦干旱胁迫的程度所致。而高用量保水剂的处理（$B_3'N_0'$）显著高于不施保水剂的处理，其增施氮肥的处理光合速率显著提高。且其他用量与保水剂配施时其光合速率均较对照显著提高，其中以 $B_2'N_1'$处理的光合速率最高。说明在充分灌水条件下，土壤水分较低时，氮肥有利于光合速率的提高。复水后第 3 天，各处理光合速率均显著提高，其中以 $B_3'N_2'$和 $B_3'N_1'$处理最高，$B_2'N_0'$和 $B_1'N_0'$处理最低，其他处理居中。复水后第 4 天，各处理光合速率继续降低，其中 $B_1'N_1'$处理显著高于其他处理，仍在 12.0 μmol CO_2/(m^2·s)以上，其次为高氮处理（$B_0'N_2'$），$B_2'N_1'$处理最低，其他处理的光合速率在 10.48 ~ 11.6 μmolCO_2/(m^2·s)。复水后第 5 天，各处理间的光合速率差异加大，其 $B_0'N_1'$和 $B_2'N_1'$处理的光合速率继续提高。各处理具体大小表现为 $B_0'N_1' > B_1'N_2' > B_3'N_2' > B_0'N_0' > B_2'N_1' > B_0'N_2' > B_3'N_1'$、$B_1'N_1' > B_3'N_0' > B_2'N_0' > B_1'N_0' > B_2'N_2'$。

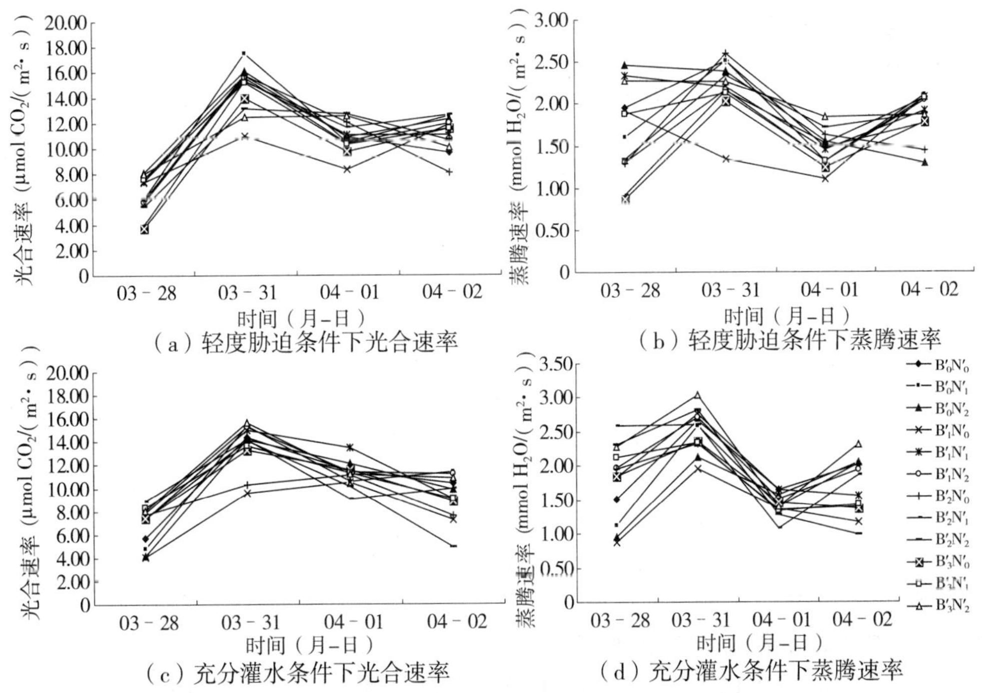

（a）轻度胁迫条件下光合速率　（b）轻度胁迫条件下蒸腾速率

（c）充分灌水条件下光合速率　（d）充分灌水条件下蒸腾速率

图 5-21　拔节期不同水分条件下复水前后光合速率和蒸腾速率变化特征

5.5.1.2　蒸腾速率变化特征

拔节期复水前后轻度胁迫条件下的蒸腾速率变化特征见图 5-21(b),复水前,各处理的蒸腾速率较光合速率差异大。具体表现为 $B_0'N_2' > B_1'N_1' > B_3'N_2' > B_0'N_0'$、$B_1'N_0' > B_3'N_1' > B_0'N_1' > B_1'N_2'$、$B_2'N_0'$、$B_2'N_1' > B_2'N_0' > B_3'N_2'$。复水后第 3 天,除 $B_1'N_1'$处理的蒸腾速率降低外,其他处理均提高,$B_2'N_0'$处理提高的幅度最大,且蒸腾速率较其他处理高,其次为不施保水剂的处理,$B_3'N_0'$处理的蒸腾速率最低。复水后第 4 天,各处理蒸腾速率继续降低,$B_3'N_2'$处理显著高于其他处理,$B_3'N_2'$处理次之,$B_1'N_1'$处理仍最低。但到复水后第 5 天,除 $B_2'N_0'$和 $B_0'N_2'$处理降低外,其他处理的蒸腾速率均又升高。说明该水分条件下,促进了蒸腾速率的提高,这可能与其叶片气孔导度有关(后面将分析)。其中,$B_3'N_0'$处理的蒸腾速率仍较低。

充分灌水条件下(见图 5-21(d)),复水前的蒸腾速率以 $B_2'N_1'$处理最高,不施保水剂的处理和 $B_1'N_0'$处理较其他处理低,其中单施保水剂的处理较施用氮肥的处理蒸腾速率高,$B_1'N_0'$处理最低。而 $B_3'N_0'$处理的蒸腾速率也较低。复水后第 3 天,$B_3'N_2'$处理的蒸腾速率显著大于其他处理,而对照和 $B_0'N_1'$处理的蒸腾速率显著提高,高氮处理($B_0'N_2'$)与$B_1'N_0'$处理仍较低。复水后第 4 天,各处理的蒸腾速率差异减小,对照蒸腾速率较高,而 $B_2'N_1'$处理的蒸腾速率较其他处理最低。复水后第 5 天,除 $B_1'N_0'$、$B_1'N_1'$、$B_2'N_2'$和 $B_3'N_0'$处理的蒸腾速率提高外,其他均继续降低。各处理具体表现为 $B_3'N_2' > B_0'N_0'$、$B_0'N_1'$、$B_0'N_2' > B_1'N_2' > B_2'N_1' > B_1'N_1' > B_3'N_1' > B_2'N_0' > B_3'N_0' > B_1'N_0' > B_2'N_2'$。说明复水后,不施保水剂的处理蒸腾速率较其他处理提高较快。

5.5.1.3　气孔导度变化特征

从图 5-22 中可以看出,轻度胁迫条件下,复水前,$B_0'N_2'$处理的气孔导度最大,依次为 $B_1'N_1'$、$B_3'N_1'$、$B_2'N_2'$、$B_0'N_0'$、$B_1'N_0'$、$B_3'N_2'$、$B_0'N_1'$、$B_2'N_2'$、$B_1'N_1'$、$B_3'N_2'$,$B_3'N_0'$和 $B_1'N_2'$处理的气孔导度最小。复水后到第 3 天,除 $B_1'N_0'$处理外,其他处理气孔导度显著提高。其中 $B_2'N_0'$处理显著大于其他处理,其次为 $B_0'N_0'$和 $B_0'N_1'$处理,$B_1'N_0'$处理最低,其他处理居中。复水后第 4 天,各处理气孔导度随土壤水分的降低而降低,其中 $B_3'N_2'$处理的气孔导度最高,其次为 $B_2'N_2'$和 $B_2'N_0'$处理,$B_1'N_0'$处理仍最低。到复水后第 5 天,$B_0'N_1'$、$B_1'N_0'$、$B_1'N_2'$、$B_2'N_1'$、$B_3'N_0'$和 $B_3'N_1'$处理的气孔导度随土壤水分的降低而提高,其他处理气孔导度降低。其中,$B_2'N_0'$和 $B_0'N_2'$处理的气孔导度最小。

充分灌水条件下(见图 5-22(c)),复水前,不施保水剂的处理和 $B_1'N_0'$处理的气孔导度小于其他处理,而 $B_2'N_2'$处理最高,是最低处理的 3 倍之多,$B_3'N_0'$处理较低。复水后,$B_3'N_2'$处理的气孔导度显著高于其他处理,其次为 $B_1'N_1'$处理,而 $B_1'N_0'$和 $B_0'N_2'$处理仍小于其他处理。到复水后第 4 天,$B_3'N_2'$处理的气孔导度降低幅度最大,$B_1'N_0'$降低幅度最小。而各处理中以 $B_1'N_1'$处理的气孔导度最大,而 $B_1'N_0'$处理的气孔导度最低。随土壤水分降低的第 5 天,$B_0'N_1'$ 、$B_2'N_1'$和 $B_3'N_2'$处理的气孔导度有所增大,且高于其他处理,而其他处理气孔导度继续减小,其中 $B_2'N_2'$的气孔导度最低。

5.5.1.4　胞间二氧化碳浓度变化特征

从图 5-22(b)中可以看出,轻度胁迫条件下复水前,胞间二氧化碳浓度以 $B_2'N_0'$和 $B_3'N_0'$处理等最高,$B_3'N_2'$处理等最低,对照、$B_0'N_1'$和 $B_1'N_0'$等处理居中。复水后,$B_1'N_0'$处理的胞间二氧化碳浓度降低，其他处理均升高。其中以 $B_3'N_2'$处理和对照等的胞间二氧化碳浓度最高，$B_1'N_0'$处理最低。随各处理土壤水分含量的降低，胞间二氧化碳浓度均显著降低。$B_1'N_0'$处理仍最高，$B_2'N_2'$处理次之，$B_0'N_2'$处理最低，其他处理居中。而到复水后第 5 天，各处理的胞间二氧化碳浓度均增加，且以 $B_0'N_2'$处理增加的幅度最大，其次为对照，$B_3'N_0'$处理的胞间二氧化碳浓度最低。

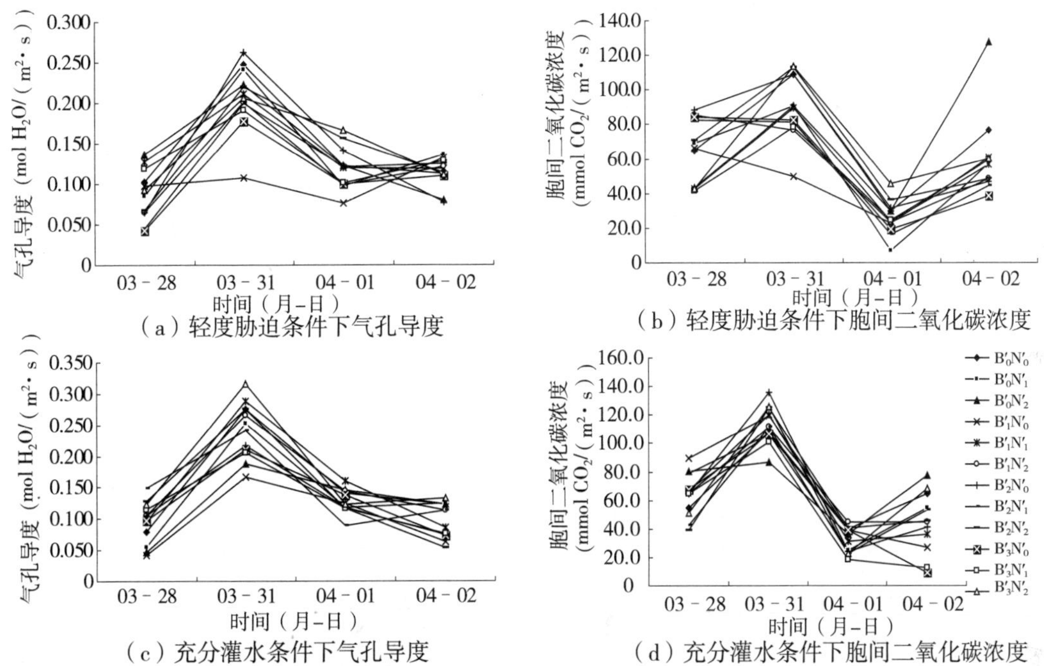

图 5-22　拔节期不同水分条件复水前后气孔导度和胞间二氧化碳浓度变化特征

充分灌水条件下（见图 5-22（d）），复水前，$B_1'N_0'$处理的胞间二氧化碳浓度最高，其次为 $B_0'N_2'$处理，$B_2'N_1'$处理和 $B_2'N_2'$处理最低。复水后第 3 天，$B_2'N_0'$处理的胞间二氧化碳浓度增加幅度最大且显著高于其他处理，其次为 $B_3'N_2'$处理，$B_1'N_2'$、$B_3'N_2'$处理等居中，$B_0'N_2'$处理最低。复水后第 4 天胞间二氧化碳浓度迅速降低，其中 $B_1'N_2'$处理最高，而 $B_3'N_1'$处理最低。复水后第 5 天，各处理的胞间二氧化碳浓度也均增加，且各处理间差异增大。其中$B_0'N_2'$处理最高，其次为对照和 $B_3'N_2'$处理，$B_3'N_1'$处理仍最低。

5.5.1.5　拔节期叶片 WUE 变化特征

不同处理对光合速率、蒸腾速率等的影响最终影响叶片蒸腾单位水分所同化的二氧化碳的多寡。

从图 5-23 中可以看出，复水前后，各处理水分利用效率趋势如一个拱形，其峰值在复水后第 4 天。说明水分利用效率与土壤水分成一定的二次曲线关系。

轻度胁迫条件下（见图 5-23（a）），复水前，中等用量保水剂及其与氮肥配施及高用量保水剂及其与中氮配施的水分利用效率显著高于对照及不施保水剂的处理，其中 $B_2'N_0'$处理水分利用效率最高。复水后，各处理水分效率显著提高。其中以 $B_1'N_0'$处理提高最为显著且最高。$B_2'N_2'$和 $B_3'N_2'$处理的水分利用效率最低，对照和 $B_2'N_0'$处理较低，其他处理间差异不显著。复水后第 4 天，$B_1'N_0'$处理的水分利用效率降低，而其他处理均提高，说明水分较高不利于水分利用效率的提高。其中以 $B_3'N_1'$ 等处理的水分利用效率最高，而中氮处理（$B_0'N_1'$）和高用量保水剂 + 高氮处理（$B_3'N_2'$）最低。复水后第 5 天，$B_3'N_0'$ 和 $B_2'N_1'$ 处理的水分利用效率显著高于其他处理，大于 6.00 μmol CO_2/mmolH_2O，而其他处理的水分利用效率集中在 4.20 ~ 6.00 μmol CO_2/mmolH_2O 之间，其中以对照的水分利用效率最低。

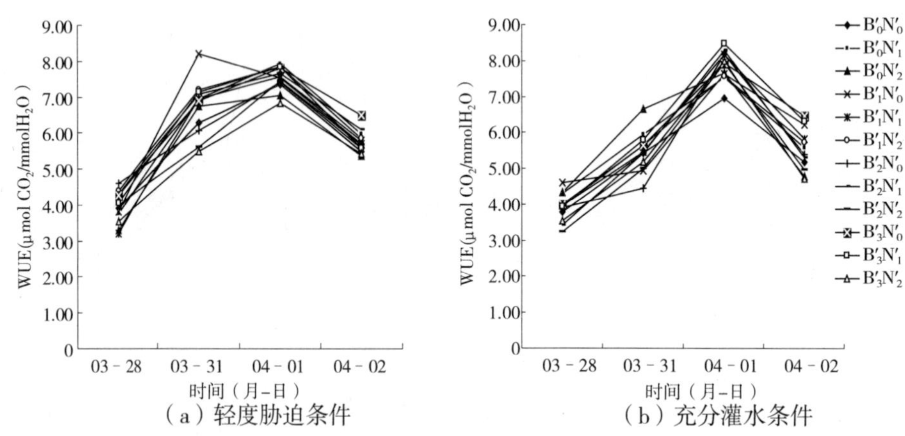

图 5-23　拔节期不同水分条件复水前后叶片 WUE 变化特征

充分灌水条件下（见图 5-23（b）），复水前，仅施氮肥的处理其水分利用效率显著提高，而仅施保水剂时，随保水剂用量的增加其水分利用效率降低，但均高于对照，且保水剂与氮肥配施的处理的水分利用效率有所降低，尤其是与高氮配施的处理。其中，以不施氮肥的低用量保水剂水分利用效率最高。复水第 3 天和第 4 天，各处理的叶片水分利用效率持续增加，且幅度增大。而复水第 3 天的充分灌水水分利用效率最高的处理为 $B_0'N_2'$，其次为 $B_0'N_1'$，$B_2'N_0'$ 处理最低，说明土壤水分在田间持水量左右时，施用氮肥较保水剂对于提高叶片水分利用效率显著。而复水后第 4 天的水分利用效率最高的处理为 $B_3'N_1'$，其次为 $B_2'N_1'$ 和 $B_1'N_1'$ 处理，对照最低。说明该阶段的土壤水分（13.7% ~ 19.5%）对于不同用量保水剂与中氮处理配施的水分利用效率提高有利。复水后第 5 天，随土壤水分的继续降低，虽然有的处理此时的含水量仍较高，但各处理水分利用效率均迅速降低。其中，$B_3'N_0'$ 处理的水分利用效率最高，其次为 $B_3'N_1'$ 处理，而 $B_3'N_2'$ 处理的水分利用效率较其他处理均低，而该三处理的土壤含水量并不高，说明高用量及其适量氮肥与高用量保水剂配施时，具有促进光合产物积累的积极作用。

5.5.2　孕穗到扬花期保水剂与氮肥配施对小麦光合生理特征的影响

5.5.2.1　光合速率变化特征

从图 5-24（a）和图 5-24（c）中可以看出，复水前后各处理的光合速率均表现趋势如“M”形。

轻度胁迫条件下（见图 5-24（a）），复水前，$B_3'N_0'$ 和 $B_2'N_0'$ 处理的光合速率极显著高于其他处理，其次为 $B_1'N_0'$ 处理，说明在孕穗期当水分胁迫时，单施保水剂能够显著提高小麦的光合速率，而保水剂与氮肥配施时，其光合速率显著降低，且低于对照。复水后第 1 天，各处理光合速率均显著提高，其中以 $B_1'N_0'$ 和 $B_1'N_1'$ 处理的光合速率最高。$B_2'N_0'$、$B_0'N_1'$ 和

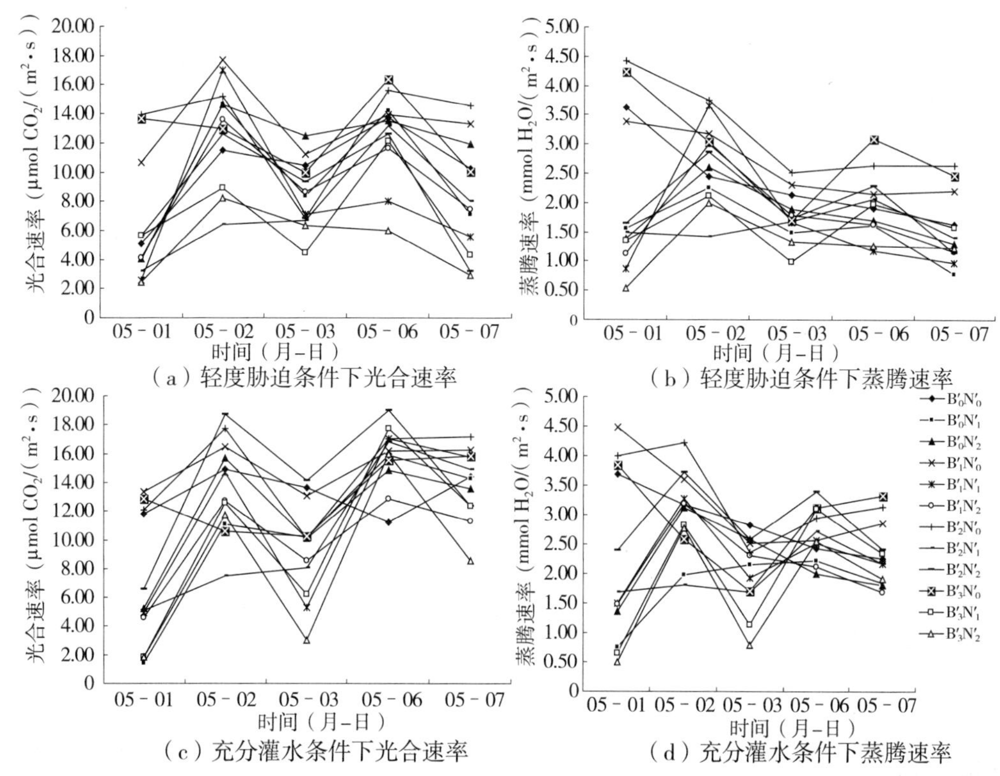

（a）轻度胁迫条件下光合速率　（b）轻度胁迫条件下蒸腾速率

（c）充分灌水条件下光合速率　（d）充分灌水条件下蒸腾速率

图 5-24　孕穗到扬花期不同水分条件复水前后光合速率和蒸腾速率变化特征

$B_0'N_2'$处理次之，对照居中，且高于 $B_3'N_1'$、$B_3'N_2'$和 $B_2'N_1'$处理。复水后第 2 天，由于温度较高和作物耗水量加大，土壤水分迅速降低(6.0% ~10.9%)，光合速率降低，其中，$B_0'N_2'$处理的光合速率最高，其次为 $B_1'N_0'$处理和对照，高用量保水剂与氮肥配施的处理的光合速率最低，尤其是中氮处理。而随着土壤水分的进一步降低，各处理光合速率又显著提高，这可能由于此时小麦开始扬花，小麦自身的生理特点所致。具体表现为，以 $B_3'N_0'$处理的光合速率最高，其次为 $B_2'N_0'$，对照光合速率也较高，而 $B_1'N_1'$和 $B_3'N_2'$处理的光合速率是最高处理的 1/2，尤其是 $B_3'N_2'$最低。到复水后的第 6 天，随土壤含水量的继续降低，各处理光合速率均降低，除 $B_3'N_2'$、$B_0'N_1'$、$B_3'N_1'$和 $B_2'N_2'$处理降低幅度较大外，其他处理减低趋势与复水第 5 天一致。

充分灌水条件下(见图 5-24(c))，复水前，$B_3'N_1'$、$B_3'N_2'$和 $B_0'N_1'$处理的光合速率最低，且小于 2.00 $\mu molCO_2/(m^2 \cdot s)$。$B_0'N_2'$、$B_1'N_2'$和 $B_2'N_1'$处理的光合速率为 5.00 $\mu molCO_2/(m^2 \cdot s)$左右。$B_2'N_2'$处理大于 6 $\mu molCO_2/(m^2 \cdot s)$。$B_1'N_0'$和 $B_3'N_0'$处理最高，达 13 $\mu molCO_2/(m^2 \cdot s)$左右。$B_2'N_0'$和 $B_0'N_0'$达 12 $\mu molCO_2/(m^2 \cdot s)$左右。复水后第 1 天，除 $B_3'N_0'$处理的光合速率降低外，其他处理均显著提高。其中以 $B_2'N_2'$处理最高，其次为$B_2'N_0'$和 $B_1'N_0'$处理，对照的光合速率居中，$B_2'N_1'$处埋最低。复水后第 2 天各处理光合速率均降低。而随水分的继续降低，光合速率反而提高，且均以 $B_2'N_2'$处理的光合速率最高。而复水后第 5 天对照的光合速率显著低于其他处理。复水后第 6 天(除对照外)各处理的光合速率又降低，但均高于复水前的处理。

5.5.2.2 蒸腾速率变化特征

两水分条件下复水前各处理蒸腾速率间差异最为显著，其蒸腾速率在 0.50～5.00 mmol $H_2O/(m^2 \cdot s)$。

轻度胁迫条件下(见图 5-24(b))，复水前，蒸腾速率表现为：$B_2'N_0' > B_3'N_2' > B_0'N_0' > B_1'N_0' > B_2'N_2' > B_0'N_1' > B_2'N_1' > B_3'N_1'$、$B_0'N_2' > B_1'N_2' > B_1'N_1' > B_3'N_2'$。复水后第 1 天，高蒸腾速率的处理($B_2'N_0'$、$B_3'N_2'$、$B_0'N_0'$、$B_1'N_0'$)的蒸腾速率降低，但 $B_2'N_0'$处理的蒸腾速率显著高于其他处理，而 $B_1'N_1'$处理复水后蒸腾速率迅速提高，其值仅次于 $B_2'N_0'$处理。$B_3'N_2'$和 $B_1'N_0'$处理的蒸腾速率仍较高。高用量保水剂与氮肥配施的处理及 $B_2'N_1'$处理的蒸腾速率较低。复水后第 2 天，各处理蒸腾速率除 $B_2'N_1'$外均降低。$B_2'N_0'$处理仍最高，其次为 $B_1'N_0'$和对照，高用量保水剂与氮肥配施的处理最低。到了复水后第 5 天的扬花初期，除 $B_3'N_0'$、$B_2'N_1'$和 $B_3'N_1'$处理显著提高外，其他处理的蒸腾速率变化不显著。说明扬花期小麦在土壤水分较低的情况下仍能保持或提高较高的蒸腾速率，促进光合作用的正常进行，尤其是$B_3'N_0'$处理。复水后第 6 天，随土壤水分的进一步降低，蒸腾速率降低，其中以 $B_3'N_2'$、$B_2'N_0'$和$B_1'N_0'$处理蒸腾速率显著高于其他处理，$B_0'N_1'$处理最低。

充分灌水条件下(见图 5-24(d))，复水前各处理的蒸腾速率表现为：$B_1'N_0' > B_2'N_0' > B_3'N_2' > B_0'N_0' > B_2'N_2' > B_2'N_1' > B_1'N_2'$、$B_1'N_1' > B_0'N_2' > B_0'N_1' > B_3'N_1' > B_3'N_2'$。复水后，除$B_1'N_0'$处理外，其他处理的蒸腾速率均显著提高。其中 $B_2'N_0'$处理的蒸腾速率显著高于其他处理，其次为 $B_2'N_2'$和 $B_1'N_0'$处理，$B_2'N_1'$处理最低。随土壤水分的降低(复水后第 2 天)，各处理蒸腾速率迅速降低，对照和仅施氮肥的处理最高，高用量保水剂及其与氮肥配施的处理蒸腾速率最低，且随施氮量的增加而显著减低。到扬花初期(复水后第 5 天)各处理蒸腾速率均显著提高。而到复水后第 6 天，除 $B_3'N_0'$、$B_2'N_0'$和 $B_1'N_0'$处理的蒸腾速率继续提高外，其他处理均降低。说明单施保水剂在小麦扬花初期土壤水分较低时仍提高了蒸腾速率，这与其所保持的水分较其他处理高有关。

5.5.2.3 气孔导度变化特征

轻度胁迫条件下(见图 5-25(a))，复水前，$B_3'N_0'$和 $B_2'N_0'$处理的气孔导度最大，其次为对照和 $B_1'N_0'$处理，其他处理的气孔导度显著低于对照。施用氮肥降低了水分胁迫时的叶片气孔导度。复水后，各处理的气孔导度均显著提高，其中 $B_1'N_0'$、$B_1'N_1'$和 $B_2'N_0'$处理较高，不施保水剂的处理居中，其他处理均低于对照。复水后第 2 天，除 $B_2'N_1'$处理外，其他处理的气孔导度均显著降低。$B_2'N_0'$和 $B_1'N_0'$处理仍较高，$B_3'N_1'$和 $B_0'N_1'$处理最低。复水后第 5 天，气孔导度与光合速率和蒸腾速率一样均有所提高，但 $B_1'N_2'$、$B_3'N_2'$和 $B_1'N_1'$处理除外。其中 $B_3'N_0'$处理气孔导度较其他处理提高最快且最高，其次为 $B_2'N_0'$处理，对照气孔导度较高，$B_3'N_2'$和 $B_1'N_1'$处理最低。复水后第 6 天，$B_2'N_0'$处理的气孔导度继续增加且显著高于其他处理，其他处理的气孔导度有所降低，$B_3'N_0'$和 $B_1'N_0'$处理较高，而 $B_0'N_1'$处理最低。

充分灌水条件下(见图 5-25(c))，复水前(5 月 1 日)和复水后(5 月 2 日)第 1 和第 2 天，$B_1'N_0'$、$B_2'N_0'$和 $B_0'N_0'$处理的气孔导度均高于其他处理，而 $B_3'N_1'$和 $B_3'N_2'$处理的气孔导度均较低，尤其是复水前和复水后第 2 天。随土壤水分的降低，复水第 5 天气孔导度显著增加，具体表现为：$B_2'N_2' > B_3'N_0' > B_3'N_1' > B_2'N_0' > B_1'N_1'$、$B_1'N_0' > B_2'N_1' > B_0'N_0' > B_3'N_2' > B_1'N_2' > B_1'N_2' > B_0'N_2'$。而复水后第 6 天，除 $B_3'N_0'$和 $B_1'N_0'$处理的气孔导度显著增加外，其他处理均降低，各处理气孔导度具体表现为：$B_3'N_0' > B_2'N_0' > B_2'N_2' > B_1'N_0' > B_3'N_1' > B_0'N_0' > B_1'N_1' >$

$B_2'N_1' > B_0'N_1' > B_1'N_2'$、$B_0'N_2'$、$B_3'N_2'$。说明在土壤水分较低时，单施保水剂对气孔导度的增加具有促进作用，而氮肥的施用减小了气孔导度。

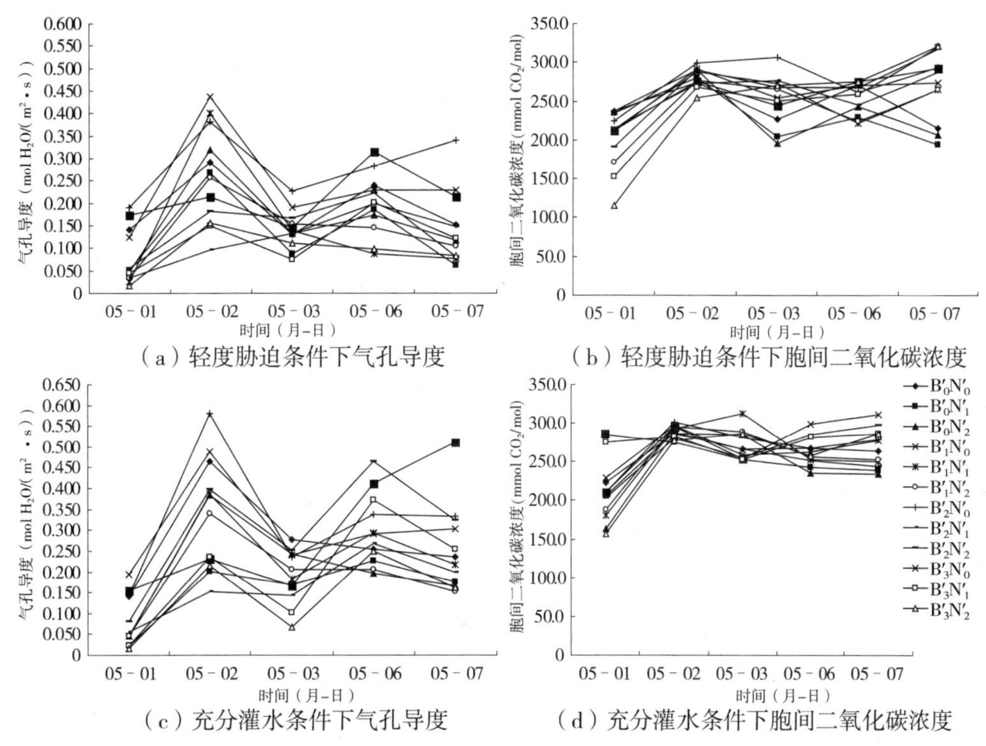

（a）轻度胁迫条件下气孔导度　（b）轻度胁迫条件下胞间二氧化碳浓度

（c）充分灌水条件下气孔导度　（d）充分灌水条件下胞间二氧化碳浓度

图 5-25　孕穗至扬花期不同水分条件复水前后气孔导度变化特征

5.5.2.4　胞间二氧化碳浓度变化特征

从图 5-25 中可以看出，轻度胁迫条件下（见图 5-25（b）），复水前，高用量保水剂与氮肥配施的处理的胞间二氧化碳浓度显著低于其他处理，且随施氮量的增加而降低。其他处理的胞间二氧化碳浓度较高，尤其是不施保水剂的处理。复水后各处理的胞间二氧化碳浓度均显著提高，其中以 $B_2'N_0'$处理最高，$B_3'N_2'$处理最低，其他处理居中。随土壤含水量的降低，各处理的胞间二氧化碳浓度变化不一，$B_1'N_1'$和 $B_3'N_2'$均有所增加，其他处理显著降低，且 $B_1'N_1'$处理显著高于其他处理，不施保水剂的处理显著低于其他处理，且随施氮量的增加而降低。到复水后第 5 和第 6 天，不施保水剂的处理的胞间二氧化碳浓度一直降低，且在复水后第 6 天仍较其他处理低，$B_3'N_2'$、$B_2'N_2'$和 $B_3'N_1'$在土壤水分极低时，其胞间二氧化碳浓度显著高于其他处理。

充分灌水条件下（见图 5-25（d）），复水前，以 $B_0'N_1'$和 $B_3'N_1'$处理的胞间二氧化碳浓度最高，$B_0'N_2'$和 $B_3'N_2'$处理显著低于其他处理，其他处理在 200. 0 mmol CO_2/mol 左右。复水后除 $B_0'N_1'$处理外，其他处理的胞间二氧化碳浓度均显著提高，$B_0'N_2'$和 $B_3'N_2'$处理增加最快，而各处理间差异不显著。复水后第 2 大，$B_1'N_1'$处理的胞间二氧化碳浓度显著提高且最高，其他处理均降低。复水后第 5 天到第 6 天，各处理的胞间二氧化碳浓度略有增加，且均以 $B_3'N_0'$处理最高，$B_0'N_2'$处理最低。说明充分灌水条件下，复水后，在土壤水分消耗过程中，其水分含量仍较高，因此其胞间二氧化碳浓度变化轻度胁迫条件下平稳，且其浓度多集中在 230.0～300.0 mmol CO_2/mol。

5.5.2.5　叶片 WUE 变化特征

从图 5-26 中可以看出，各处理不同水分条件水分利用效率呈“锯齿”形增加。

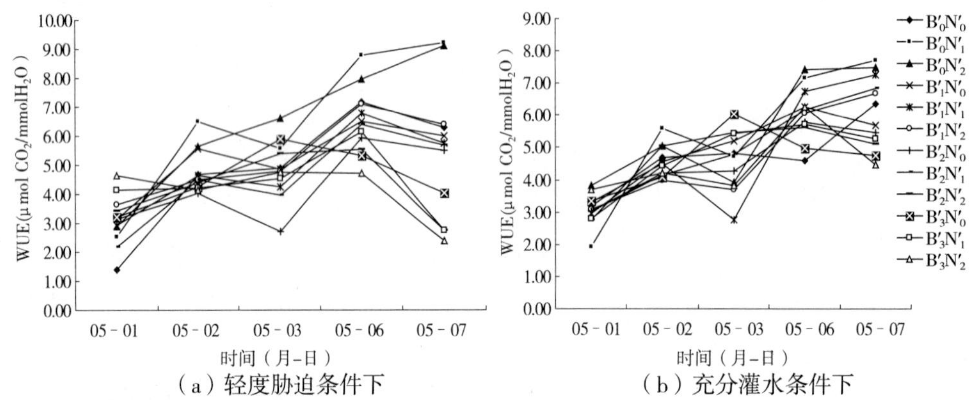

（a）轻度胁迫条件下　　（b）充分灌水条件下

图 5-26　孕穗至扬花期不同水分条件复水前后叶片 WUE 变化特征

轻度胁迫条件下（见图 5-26（a）），复水前，高用量保水剂与氮肥配施的处理水分利用效率最高，尤其是 $B_3'N_2'$处理，对照水分利用效率最低，而单施氮肥提高了干旱胁迫时的水分利用效率。复水后，$B_3'N_2'$处理的水分利用效率有所降低，而其他处理均提高，特别是 $B_0'N_1'$、$B_1'N_0'$和 $B_0'N_2'$处理。$B_0'N_1'$和 $B_0'N_2'$处理的水分利用效率随土壤水分的降低一直增大且高于其他处理。除 $B_3'N_0'$处理外，其他处理均在复水后第 2 天和第 6 天降低。而水分利用效率最高的时期为复水后第 6 天，说明适度干旱对于提高小麦水分利用效率有利。

充分灌水条件下（见图 5-26（b）），复水前，除 $B_0'N_2'$处理外，其他处理的水分利用效率多集中在 3.0～4.0 μmol CO_2/mmolH_2O。复水后，$B_0'N_2'$处理迅速提高，且显著高于其他处理。复水后第 2 天，$B_3'N_0'$处理的水分利用效率增加较快，且较其他处理高，而 $B_1'N_1'$处理最低，对照和其他处理居中。随水分的继续降低，复水后第 5 天，各处理水分利用效率仍较高，而对照最低。而复水后第 5 天到第 6 天的水分利用效率均以 $B_0'N_2'$、$B_0'N_1'$处理最高，$B_1'N_0'$处理次之，$B_3'N_0'$处理较低。

5.5.3　灌浆期保水剂与氮肥配施对小麦光合生理特征的影响

5.5.3.1　光合速率变化特征

由于温度较高，灌浆期进行小麦光合观测时，各处理土壤含水量较低，有的处理达到了接近萎蔫含水量，因此复水前土壤水分较低的处理的光合速率较低，尤其是轻度胁迫处理。

轻度胁迫条件下（见图 5-27（a）），$B_2'N_0'$处理的光合速率大于 6.0 μmolCO_2/(m^2·s)，$B_2'N_2'$、$B_0'N_0'$、$B_1'N_0'$和 $B_3'N_2'$处理的光合速率大于 4.0 μmolCO_2/(m^2·s)，而其他处理均小于 2.0 μmolCO_2/(m^2·s)。而复水后，除 $B_2'N_0'$、$B_3'N_0'$、$B_1'N_0'$处理的光合速率降低外，其他处理的光合速率均提高。而除 $B_2'N_2'$处理外，复水前光合速率较高的处理在复水后均小于其他处理，且复水后第 3 天仍如此，而以 $B_2'N_2'$处理的光合速率最高。说明水分对受到胁迫的处理的激发效应较为显著,且以保水剂及其与氮肥配施的激发效果最为显著,尤其是中等用量保水剂与氮肥配施的处理。

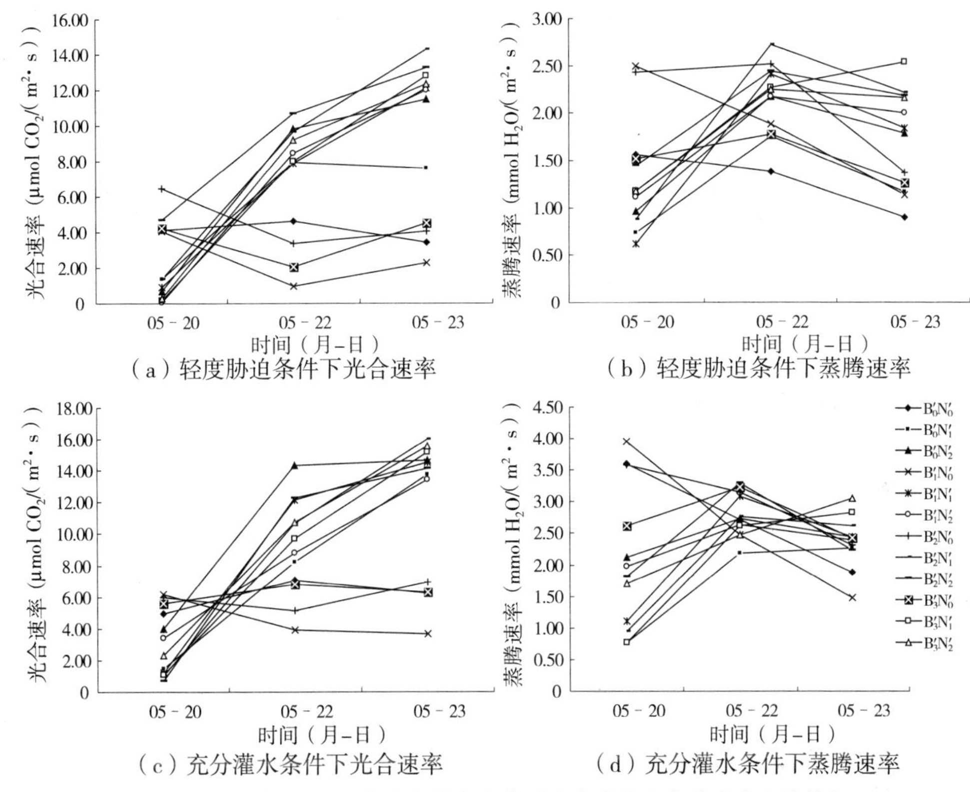

图 5-27　灌浆期不同水分条件复水前后光合速率和蒸腾速率变化特征

充分灌水条件下(见图 5-27(c)),复水前,各处理的光合速率在 1.0 ~ 6.0 μmolCO_2/(m^2 · s)。$B_1'N_0'$、$B_2'N_0'$和 $B_3'N_0'$ 处理的光合速率显著大于其他处理,对照次之,其次为$B_0'N_2'$和 $B_1'N_2'$处理,$B_2'N_2'$等处理均最低。而复水后,$B_1'N_0'$、$B_2'N_0'$、$B_3'N_0'$ 处理和对照的光合速率变化不显著。而其他处理均显著提高,且均高于对照和单施保水剂的处理,$B_1'N_0'$处理复水后的光合速率均最低。复水后第 2 天,$B_0'N_2'$处理的光合速率最高。而复水后第 3 天,$B_2'N_1'$、$B_3'N_1'$和 $B_3'N_2'$处理的光合速率均高于其他处理。

5.5.3.2　蒸腾速率变化特征

从图 5-27(b)中可以看出,轻度胁迫条件下,复水前,$B_1'N_0'$和 $B_2'N_0'$处理的蒸腾速率显著高于其他处理,对照、$B_3'N_0'$和 $B_2'N_2'$处理次之,$B_0'N_2'$、$B_2'N_1'$、$B_0'N_1'$和 $B_1'N_1'$处理较其他处理蒸腾速率小。复水后,对照和 $B_1'N_0'$处理的蒸腾速率均减小,而其他处理的蒸腾速率均提高,其中 $B_2'N_1'$和 $B_1'N_1'$处理提高幅度较其他处理大,且 $B_2'N_1'$处理显著高于其他处理,$B_2'N_0'$、$B_2'N_2'$和 $B_1'N_1'$处理次之。对照复水后均最低,而 $B_3'N_0'$和 $B_0'N_1'$处理较低。复水后第 3 天,$B_3'N_1'$处理的蒸腾速率提高,而其他处理降低。其中,除 $B_2'N_0'$和 $B_1'N_0'$处理的蒸腾速率降低幅度较大外,其他处理复水后第 2 天到第 3 天变化趋势一致。

充分灌水条件下(见图 5-27(d)),复水前,各处理的蒸腾速率大于轻度胁迫条件的处理。其中,$B_1'N_0'$处理充分灌水条件限制高于轻度胁迫条件,且该处理的蒸腾速率最高。

其次为 $B_2'N_0'$处理和对照，$B_3'N_0'$处理次之，$B_1'N_1'$、$B_2'N_1'$、$B_3'N_1'$和 $B_0'N_1'$处理的蒸腾速率在 1.00 mmol $H_2O/(m^2 \cdot s)$左右，其他处理居中。复水后第 2 天，复水前蒸腾速率较高的处理在复水后显著降低，而其他处理的蒸腾速率提高，且 $B_3'N_0'$处理最高，$B_0'N_1'$处理最低。而复水后第 3 天，对照和 $B_1'N_0'$处理继续降低，$B_3'N_2'$处理蒸腾速率较其他处理提高显著。其中，$B_3'N_2'$和 $B_3'N_1'$处理的蒸腾速率高于其他处理，而对照和 $B_1'N_0'$处理均低于其他处理。

5.5.3.3　气孔导度变化特征

从图 5-28(a)中可以看出，轻度胁迫条件下，复水前，$B_1'N_0'$和 $B_2'N_0'$处理的气孔导度最高，其他处理显著低于该两处理。复水后，各处理的气孔导度均提高，其中以 $B_2'N_1'$处理最高，$B_2'N_2'$和 $B_0'N_2'$处理次之，对照最低和 $B_3'N_0'$处理最低。复水后第 3 天，除 $B_3'N_1'$处理显著提高外，其他处理增、降不一，对照仍最低。

充分灌水条件下(见图 5-28(c))，各处理的气孔导度均显著高于轻度胁迫条件下的处理。复水前，各处理的气孔导度具体表现为：$B_1'N_0' > B_0'N_0' > B_2'N_0' > B_3'N_0' > B_0'N_2' > B_1'N_2' > B_2'N_2' > B_3'N_2' > B_1'N_1' > B_2'N_1'$、$B_3'N_1'$、$B_0'N_1'$。复水后，$B_1'N_0'$处理的气孔导度降低，而其他处理显著提高，且 $B_3'N_0'$处理最高，$B_3'N_1'$和 $B_3'N_2'$处理的气孔导度低于其他处理。而到复水后第 3 天，$B_1'N_0'$处理远小于其他处理，对照的气孔导度也较低。而 $B_3'N_1'$和 $B_3'N_2'$处理的气孔导度迅速升高，且最终高于其他处理。说明高用量保水剂与高肥配施，在土壤水分较低时有利于气孔导度的提高。

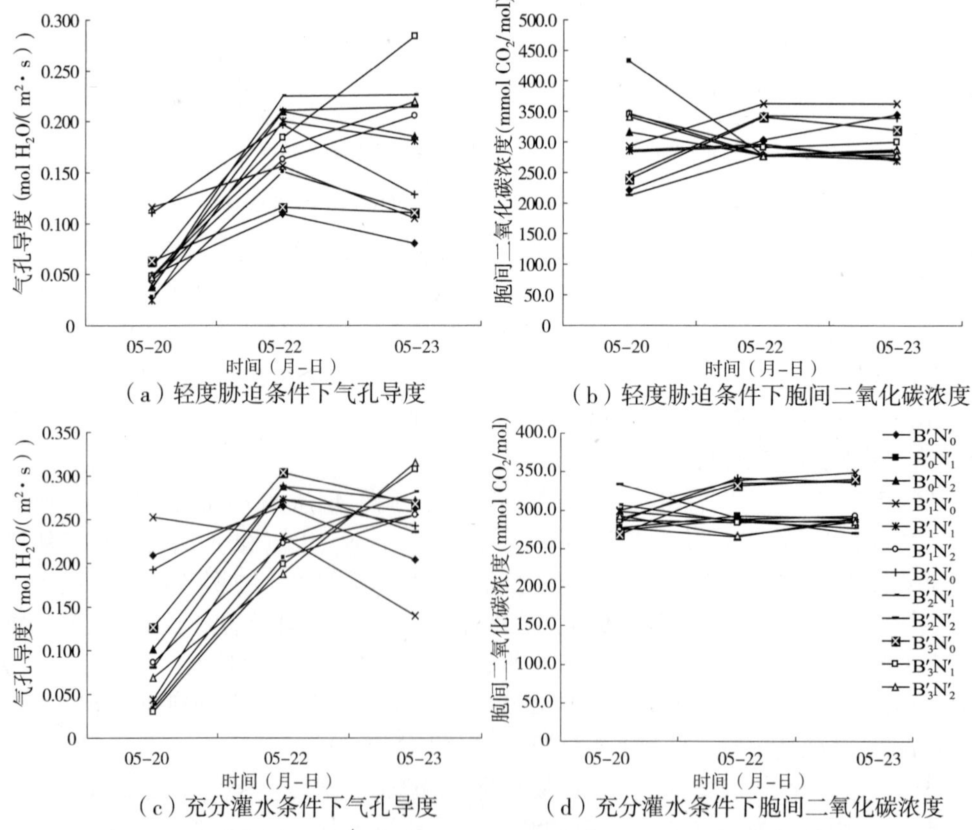

图 5-28　灌浆期不同水分条件复水前后气孔导度和胞间二氧化碳浓度变化特征

5.5.3.4　胞间二氧化碳浓度变化特征

轻度胁迫条件下（见图 5-28（b）），复水前，$B_0'N_1'$处理的胞间二氧化碳浓度显著高于其他处理，对照和 $B_2'N_2'$处理最低，其他处理居中。复水后第 2 天和第 3 天除对照胞间二氧化碳浓度提高外，其他处理的胞间二氧化碳浓度复水后变化一致，且均以 $B_1'N_0'$的处理最高。

充分灌水条件下（见图 5-28（d）），复水前除 $B_2'N_2'$处理外，其他处理的胞间二氧化碳浓度均较低。复水后，对照、$B_1'N_0'$、$B_3'N_0'$和 $B_2'N_0'$处理的胞间二氧化碳浓度增加，而其他处理略有降低或变化不显著。复水后第 3 天的胞间二氧化碳浓度与第 2 天相比差异不显著，但对照、$B_1'N_0'$、$B_3'N_0'$和 $B_2'N_0'$处理显著高于其他处理。

5.5.3.5　叶片 WUE 变化特征

轻度胁迫条件下各处理复水前后的叶片水分利用效率见图 5-29（a）。从图中可以看出，复水前，$B_2'N_2'$处理的叶片水分利用效率最高，$B_3'N_0'$、$B_2'N_0'$和对照次之，其次为 $B_0'N_1'$、$B_1'N_0'$、$B_1'N_1'$和 $B_2'N_1'$处理，$B_3'N_1'$、$B_3'N_2'$和 $B_1'N_2'$处理最低。复水后，$B_3'N_0'$、$B_2'N_0'$和 $B_1'N_0'$处理的水分利用效率显著降低，且复水后第 3 天虽然各处理的水分利用效率均提高，但此三者的水分利用效率均显著低于其他处理，其次为对照，$B_0'N_2'$处理均较高。说明在干旱胁迫后进行复水，氮肥的施用对于促进叶片水分利用效率的提高作用较水分显著。

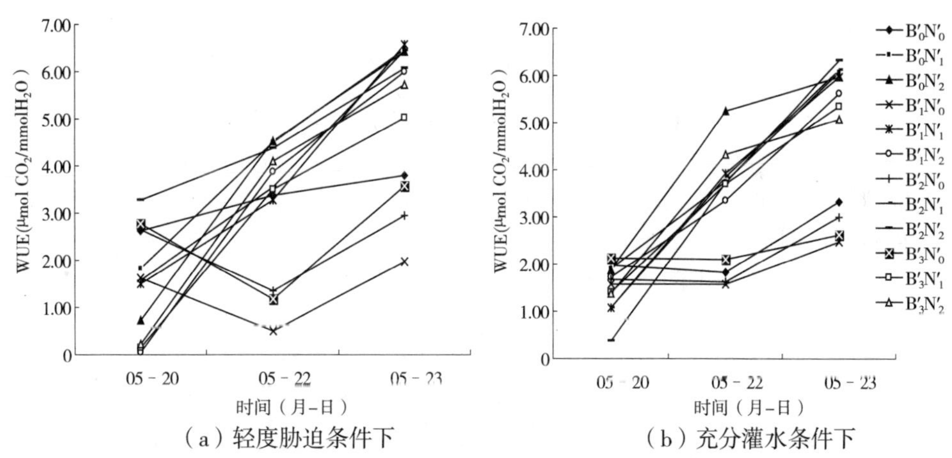

（a）轻度胁迫条件下　（b）充分灌水条件下

图 5-29　灌浆期轻度胁迫与充分灌水复水前后叶片 WUE 变化特征

充分灌水条件下（见图 5-29（b）），复水前，各处理的水分利用效率集中于 0.3～2.5 μmol CO_2/molH_2O。水分利用效率最低的处理比轻度胁迫条件下复水前的最低处理高。其中，$B_2'N_2'$处理的水分利用效率明显低于其他处理，为 0.38 μmol CO_2/molH_2O。$B_3'N_0'$处理的水分利用效率高于其他处理，其次为对照。复水后第 2 天和第 3 天，$B_3'N_0'$、对照、$B_2'N_0'$和 $B_1'N_1'$处理的水分利用效率均显著低于其他处理。而复水后第 2 天，$B_0'N_2'$处理的水分利用效率最高，$B_3'N_2'$处理次之。而到复水后第 3 天，$B_2'N_2'$处理水分利用效率增加最快，且高于其他处理。说明，施用氮肥的处理虽然在复水前水分利用效率较低，但在复水后其水分利用效率迅速提高，表明对于受到一定胁迫的处理其复水后的激发补偿效应较高。

5.5.4 不同生育期保水剂与氮肥对叶片叶绿素相对含量的影响

5.5.4.1 拔节期不同水分条件叶绿素含量

在拔节期对不同水分条件下各处理的叶片叶绿素相对含量进行了测定，结果见图 5-30。从图中可以看出，除 $B_2'N_0'$处理外，轻度胁迫条件下的相对叶绿素含水量高于充分灌水条件下的对应处理。同时，不施氮肥的处理其叶绿素含量均较低，而单施保水剂对于叶绿素相对含量的改善不显著。

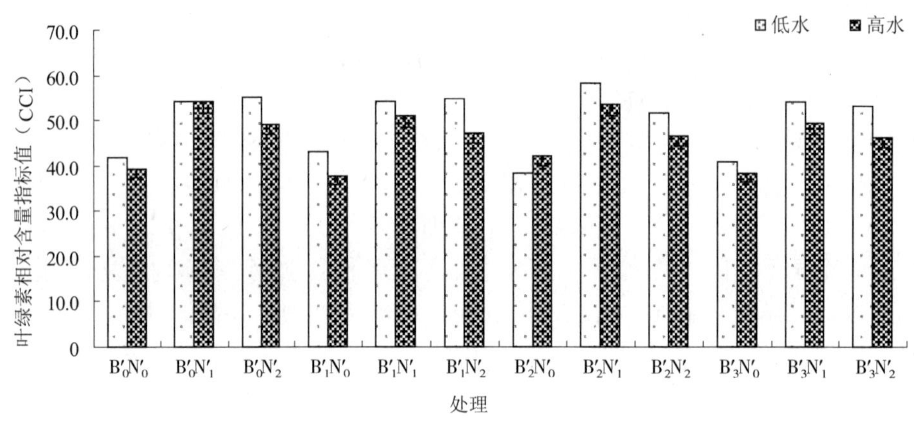

图 5-30 拔节期轻度胁迫与充分灌水各处理叶绿素相对含量

轻度胁迫条件下，高氮与中氮对于叶绿素含量的提高差异不显著。而当保水剂用量适中($B_2'N_0'$)时，中肥与其配施的叶绿素相对含量增加显著。而充分灌水条件下，各处理随施氮量的增加，其叶绿素含量先增后减，均以中氮的处理叶绿素相对含量最高。说明适度干旱有利于小麦叶片叶绿素含量的提高。

5.5.4.2 孕穗至扬花期不同水分条件叶绿素含量变化特征

不同水分条件下孕穗至扬花期叶绿素相对含量见图 5-31(a)和图 5-31(b)。从图中可以看出，轻度胁迫条件下，复水前各处理的叶绿素相对含量大于复水后第 1 天的各处理。而随时间的推移，叶绿素含量又逐渐增加。未施氮肥的处理的相对叶绿素含量始终低于其他处理，具体表现为：对照 > $B_1'N_0'$ > $B_2'N_0'$ > $B_3'N_0'$。而施用氮肥的处理中，$B_1'N_2'$和 $B_3'N_2'$处理的叶绿素相对含量在复水后较低。而 $B_3'N_1'$处理在复水前后期相对叶绿素含量均较高，$B_0'N_1'$和 $B_0'N_2'$次之。

充分灌水条件下(见图 5-31(b))，未施氮肥的处理的叶绿素相对含量与施用氮肥之间差异更加显著。而未施保水剂的处理间，在复水前对照和 $B_2'N_0'$处理最低，其次为 $B_1'N_0'$，$B_3'N_0'$处理较高。复水后，其相对叶绿素含量呈波动形降低，且复水后的第 6 天，$B_1'N_0'$ > 对照 > $B_2'N_0'$ > $B_3'N_0'$。施用保水剂的处理复水前的相对叶绿素含量显著大于复水后第 1 天的处理，而随土壤水分的继续降低，各处理叶绿素含量有所增加，但始终低于复水前的处理。其中复水后第 2 天到第 6 天，$B_0'N_1'$的叶绿素含量均较低。而其他处理交替增加。

5.5.4.3 灌浆期不同水分条件叶绿素含量变化特征

灌浆期不同水分条件下，叶绿素相对含量变化特征见图 5-32(a)和图 5-32(b)。整体来看，轻度胁迫条件下各处理间的差异较充分灌水时显著，且均随日期推进相对叶绿素含

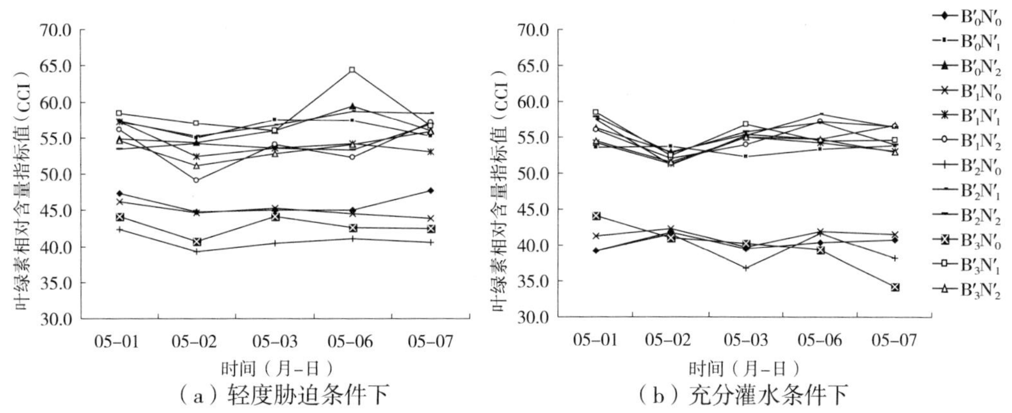

图 5-31　孕穗至扬花期轻度胁迫与充分灌水各处理叶绿素相对含量变化特征

量降低。同时,两水分条件未施氮肥的处理的叶绿素相对含量均在 30.0 以下。

轻度胁迫条件下(见图 5-32(a)),对照的相对叶绿素含量复水前后均最低,其次为 $B_3'N_0'$,$B_2'N_0'$和 $B_1'N_0'$处理较高。施用氮肥的处理中,复水前后 $B_0'N_1'$处理的相对叶绿素含量均最低,其次为 $B_3'N_1'$的处理,高氮的处理较高。

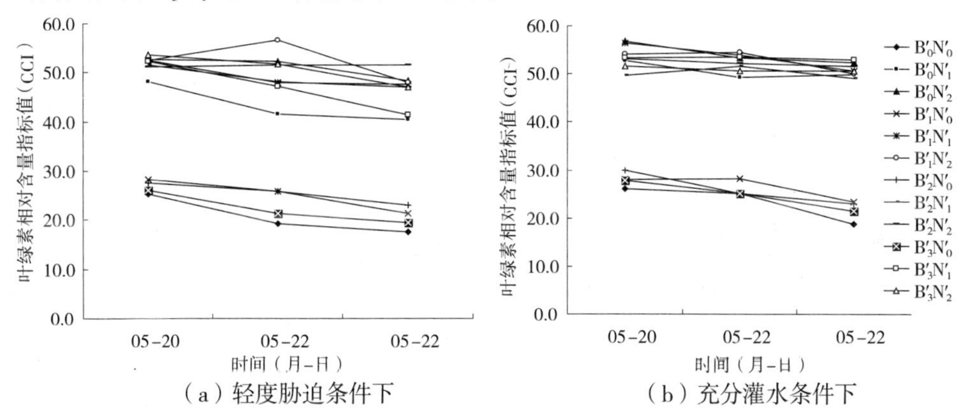

图 5-32　灌浆期轻度胁迫与充分灌水各处理叶绿素相对含量变化特征

充分灌水条件下(见图 5-32(b)),对照的相对叶绿素含量仍然最低,$B_1'N_0'$处理较高。施用氮肥的处理间在复水前差异较复水后大,且随小麦的生长,其相对叶绿素含量逐渐趋于相近。其中,$B_1'N_0'$处理的相对叶绿素含量分解的速度最快,其他处理相对较缓。

综上所述,叶片相对叶绿素含量随生育期的推进逐渐降低,但在灌浆期以前,其含量因水分条件和氮肥用量的不同而表现各异。

5.5.5　光合速率与其他光合参数、叶片相对叶绿素含量间的相关关系对不同处理的响应

对光合速率与蒸腾速率等叶片气体交换参数及相对叶绿素含量进行相关性分析,结果表明(见表 5-16),不同水分条件下,各处理的气孔参数间相关性有一定的差异。但整体来看,各处理的光合速率与蒸腾速率、气孔导度及 WUE 呈一定的正相关关系,相关程度因处理不同而各异。

表 5-16 光合速率与蒸腾速率等光合参数间的关系对不同处理的响应

水分条件	光合指标	光合速率											
		$B'_0N'_0$	$B'_0N'_1$	$B'_0N'_2$	$B'_1N'_0$	$B'_1N'_1$	$B'_1N'_2$	$B'_2N'_0$	$B'_2N'_1$	$B'_2N'_2$	$B'_3N'_0$	$B'_3N'_1$	$B'_3N'_2$
低水	蒸腾速率	0.059 3	0.605 3**	0.391 1*	0.219 3	0.628 4**	0.536 9**	0.315 6	0.575 1**	0.660 3**	0.475 5*	0.512 2**	0.652 7**
	气孔导度	0.603 5**	0.807 5**	0.516 5**	0.466 0*	0.714 6**	0.684 6**	0.473 2*	0.713 6**	0.779 4**	0.608 6**	0.556 6**	0.781 4**
	胞间二氧化碳浓度	−0.157 1	−0.206 3	−0.070 8	−0.057 1	−0.069 7	−0.116 4	−0.030 0	−0.101 7	−0.010 1	−0.039 5	−0.209 5	−0.226 7
	WUE	0.660 0**	0.436 3*	0.673 8**	0.527 1**	0.414 6*	0.602 8**	0.397 5*	0.763 1**	0.691 0**	0.319 9	0.709 1**	0.658 2**
	相对叶绿素含量	0.571 9*	0.073 6	0.061 8	0.830 8**	−0.183 3	−0.234 7	0.716 9**	−0.055 0	−0.122 8	0.783 7**	−0.015 9	−0.717 0**
高水	蒸腾速率	0.029 3	0.763 8**	0.389 4*	0.237 9	0.518 8**	0.203 7	0.148 6	0.577 1**	0.545 7**	0.113 1	0.771 4**	0.709 6**
	气孔导度	0.253 2	0.778 0**	0.646 7**	0.450 1*	0.655 0**	0.539 8**	0.427 0*	0.819 0**	0.827 4**	0.314 7	0.837 5**	0.852 1**
	胞间二氧化碳浓度	−0.009 3	−0.023 5	0.065 3	0.001 3	−0.000 4	−0.010 5	0.018 6	0.002 0	0.084 3	0.000 0	−0.002 5	−0.009 0
	WUE	0.501 1**	0.782 7**	0.544 7**	0.254 1	0.674 1**	0.570 3**	0.256 2	0.512 3**	0.381 9*	0.239 4	0.401 7*	0.737 9**
	相对叶绿素含量	0.844 3**	−0.006 1	−0.505 3*	0.949 2**	−0.514 7*	−0.078 3	0.776 0**	0.066 8	0.000 1	0.489 8*	−0.227 8	−0.381 5

注：* $P<0.05$，** $P<0.01$。

轻度胁迫条件下，光合速率与相对叶绿素含量之间的相关关系以 $B_0'N_0'$、$B_1'N_0'$、$B_2'N_0'$和 $B_3'N_0'$处理最为紧密，尤其是 $B_1'N_0'$处理。除不施保水剂的处理外，施用氮肥后，叶片相对叶绿素含量与光合速率间呈一定的负相关关系，且以 $B_3'N_2'$处理最紧密。光合速率与 WUE 的之间的相关性除 $B_1'N_1'$和 $B_3'N_0'$处理外，其他处理均达到极显著水平，$B_1'N_1'$处理达显著水平。其中以 $B_2'N_1'$处理的光合速率和 WUE 间的相关性最强。光合速率与胞间二氧化碳浓度间呈一定的负相关关系，但各处理对其影响不显著。光合速率与气孔导度间的相关关系除 $B_1'N_0'$和 $B_2'N_0'$处理为显著水平外，其他处理均达极显著水平。其中以 $B_0'N_1'$处理最为显著。而光合速率与蒸腾速率的相关性以对照（$B'_0N'_0$）处理最不紧密，其次为 $B_0'N_2'$和 $B_2'N_0'$处理。而以 $B_2'N_2'$处理最为紧密。

充分灌水条件下，光合速率与相对叶绿素含量及轻度胁迫条件表现一致，且仍以 $B_1'N_0'$处理最为紧密。光合速率与 WUE 之间的相关性以 $B_0'N_1'$处理最为紧密，其次为$B_3'N_2'$、$B_1'N_1'$、$B_1'N_2'$等，而以 $B_1'N_0'$和 $B_3'N_0'$处理最不紧密。而光合速率与胞间二氧化碳浓度呈一定的负相关或正相关性，因处理而异，但均不显著。光合速率与气孔导度的相关性以 $B_3'N_2'$、$B_3'N_1'$、$B_2'N_2'$、$B_2'N_1'$最紧密，$B_0'N_1'$处理次之，以对照和 $B_3'N_0'$处理最不紧密。光合速率与蒸腾速率间的相关关系以 $B_0'N_1'$和 $B_3'N_1'$处理最紧密，其次为 $B_3'N_2'$，而以对照、$B_1'N_0'$、$B_2'N_0'$、$B_2'N'_1$和 $B_3'N_1'$处理最不紧密，尤其是对照。

5.5.6　不同水分条件下，叶片水分利用效率的主导因子

对轻度胁迫和充分灌水条件下，小麦不同生育期各处理的叶片 WUE 与相关因子（光合速率 X_1、蒸腾速率 X_2、气孔导度 X_3、胞间二氧化碳浓度 X_4、土壤水分 X_5）进行逐步回归分析，确定影响叶片 WUE 的主导因子，并得到影响叶片 WUE 主要因子的回归模型如下：

（1）轻度胁迫：

$Y=6.78+0.36X_1-1.62X_2-8.47X_3-0.01X_4$　（$R=0.9826, P<0.01$）（拔节期）

$Y=9.83+0.45X_1-1.61X_2-0.02X_4$　（$R=0.9844, P<0.01$）（孕穗至扬花期）

$Y=2.98+0.57X_1-23.79X_3$　（$R=0.9737, P<0.01$）（灌浆期）

（2）充分灌水：

$Y=6.92+0.33X_1-1.90X_2-0.02X_4$　（$R=0.9632, P<0.01$）（拔节期）

$Y=5.53+0.41X_1-1.94X_2-0.01X_4+0.11X_5$　（$R=0.9797, P<0.01$）（孕穗至扬花期）

$Y=2.55+0.33X_1-0.82X_2$　（$R=0.9657, P<0.01$）（灌浆期）

从上式中可以看出，轻度胁迫条件下，拔节期叶片 WUE 与光合速率呈极显著正相关。与蒸腾速率呈极显著负相关，而与气孔导度和胞间二氧化碳浓度呈显著负相关；孕穗至扬花期叶片 WUE 与光合速率呈极显著正相关。而与蒸腾速率和胞间二氧化碳浓度呈极显著负相关；灌浆期叶片 WUE 与光合速率呈极显著正相关，而与蒸腾速率呈极显著负相关。而充分灌水条件下，拔节期叶片 WUE 与光合速率呈极显著正相关，与蒸腾速率和胞间二氧化碳浓度呈极显著负相关；孕穗至扬花期叶片 WUE 与光合速率和土壤水分呈极显著正相关，而与蒸腾速率和胞间二氧化碳浓度呈极显著负相关；灌浆期叶片 WUE 与光合速率呈极显著正相关，而与气孔导度呈极显著负相关。综上所述，不同生育时期不同水分条件下，叶片 WUE 与光合速率均呈极显著正相关，与蒸腾速率呈极显著负相关，而与其他因子在不同生育期和水分条件下表现出一定的差异。

第 6 章　保水剂对土壤微生物的影响

土壤微生物主要指土壤中那些个体微小的生物体,主要包括细菌、放线菌、真菌等。细菌是土壤微生物的主体,在数量上和种类上超过所有其他的土壤有机体。放线菌对于土壤有机质的分解和养分的释放具有很重要的作用,即使相当稳定的化合物如纤维素、几丁质和磷脂类等,也都能被它们降解为较简单的形式,同时,放线菌对有机物的矿化、环境净化、土壤改良起着重要作用。真菌可以分解纤维素、淀粉、树胶、木质素以及较易分解的蛋白质和糖类。

这些微生物主要生存在土壤颗粒表面及孔隙内。细菌存在所需要的孔隙,至少是它自身直径的3 倍,细菌生物量与0. 2 ~1. 2 μm 直径的孔隙有很强的正相关性,而主要存在于0. 5 ~5 μm 大小的孔隙中,真菌和放线菌存在的孔隙较大。适量施用保水剂对增大土壤孔隙有积极作用,因此可以推定土壤微生物有增加的趋势。过量施用保水剂会破坏土壤结构,减小孔隙,则对土壤微生物可能产生消极影响。土壤孔隙中的水对微生物也有影响。水分通过影响孔隙中的氧气进而影响了相关土壤中微生物的活性。土壤中细菌在高的水势下活性高,而真菌、放线菌在相对低的水势下活性高。当土壤含水量降低到一定程度时,微生物数量就会大幅度下降。Joshua 等研究了桦树凋落物分解过程中湿度对微生物活性和群落结构的影响,发现长时间干燥导致微生物呼吸和生物量降低,微生物群落结构变化,特别是潮湿和干燥的时间长度对微生物的影响很大。

在保水剂高施用量条件下,微生物生物量比无保水剂条件下小的多。推测其原因为保水剂使得微生物与土壤颗粒紧密结合,或者微生物之间结合紧密,从而抑制了微生物的增长。该研究还表明,多年连续施用保水剂影响与每年的用量和总用量有关。在高水平保水剂施用条件下,微生物生物量差别不是很显著,这可能与过量施用保水剂减少土壤孔隙有关。

土壤微生物群落结构受土壤所含元素影响比较大,随着土壤中可利用含量的减少土壤微生物数量降低,微生物群落结构改变。Griffiths 等研究发现,向土壤中施加碳含量高的物质能提高土壤微生物群落中真菌和革兰氏阴性细菌的比例,降低放线菌和革兰氏阳性菌的比例。土壤中的元素被微生物吸收利用后,在体内用于合成具有重要生理作用的蛋白质、核苷酸等生物大分子。因此,土壤中元素不足将严重限制土壤微生物的正常生长和活性。土壤微生物对土壤氮源利用能力也有差别,通常氮源易利用大小顺序为铵态氮 > 硝态氮 > 有机氮。此外,不同土壤微生物利用氮源能力也不同,这就使得土壤中氮源的多少和种类将影响到土壤微生物的群落结构。土壤中的微生物可利用的碳氮比在 25/1 时,土壤微生物生长状况最好。过高或过低,分别会受到氮或碳的限制。

本章以营养型抗旱保水剂为材料,采用大田试验与室内分析相结合的方法,通过对单年施用保水剂和连续两年施用保水剂两种土壤基质条件下不同保水剂用量处理的小麦根际微生物的测量,阐明不同保水剂施用对不同生育期小麦根际细菌、真菌和放线菌数量的影响,探讨保水剂不同用量和保水剂不同施用年限对农田土壤微生物系统的影响。

6.1　研究方法与试验设计

6.1.1　研究区概况

试验基地设在“863”节水农业禹州试验基地岗旱地,年降水量 674 mm,60%以上降水集中在夏季,存在较严重的春旱、伏旱和秋旱;土壤为褐土,土壤母质为黄土性物质。基本养分情况如表 6-1 所示。

表 6-1　供试土壤基本养分含量

有机质(g/kg)	全氮(g/kg)	水解氮(mg/kg)	速效磷(mg/kg)	速效钾(mg/kg)
12.3	0.80	47.82	6.66	114.8

6.1.2　试验设计

本试验包括 6 个处理,其中处理 1、处理 2 和处理 3 样区在 2007 年种植小麦时,设置保水剂用量分别是 0、45、60 kg/hm^2;处理 4、处理 5 和处理 6 样区在 2006 年种植小麦时,施用保水剂用量为 45 kg/hm^2,在 2007 年种植小麦时,设置保水剂用量同样分别是 0、45、60 kg/hm^2。

6 个处理下保水剂用量设置见表 6-2。每个处理有 4 个重复,共 24 个样区,试验采用单因素随机区组设计。人工播种,南北行向,播量为 112.5 kg/hm^2。2007 年 10 月 22 日种植,2008 年 5 月 26 日收获。

表 6-2　不同处理下的保水剂用量　(单位:kg/hm^2)

年份	处理 1	处理 2	处理 3	处理 4	处理 5	处理 6
2007	0	45	60	0	45	60
2006	0	0	0	45	45	45

6.1.3　试验材料

试验用地在 2007 年种植的夏季作物是玉米和红薯,方式为套种。播种前,按纯 N 180 kg/hm^2、P_2O_5 90 kg/hm^2 的比例施肥。保水剂由河南省农业科学院植物营养与资源环境研究所提供,主要成分为聚丙烯酰胺,并能提供少量的磷、钾成分。保水剂施用方法为条施。

6.1.4　土壤样品采集

在 3 月拔节期、4 月抽穗期和 5 月成熟期,采集各处理不同时间段的土壤样品,每个取样处理设 3 个取样点。采集每个处理样点小麦整个根系,去除根系上附着的土块,然后连同小麦根系装入密封袋,做好标记,带回实验室做进一步处理。在实验室中,先将根系上成块的土去掉,然后把与根际紧密接触的土抖落并收集。收集到的土壤是与根系紧密接触并无成块的土壤微粒,取附着在根系表面的土,混合后过 1 mm 的筛后作为根系微生物群落分析的土壤样品,符合根际土壤的处理标准。

采集到的土样放置冰箱内 4 ℃保存,供试验使用。

6.2 培养基和土壤溶液制备

6.2.1 土壤溶液制备及接种

采用中国科学院南京土壤所编撰的《土壤微生物研究法》一书中的方法来测定根际土壤细菌、真菌和放线菌的数量。

(1)用电子天平称 10 g 土样,加入盛有 90 mL 无菌水的 500 mL 三角瓶中,同时称取待测土样 10 ~ 11 g(记下准确质量),经 105 ℃烘干到恒重,计算含水量。

(2)将盛有 10 g 土样和 90 mL 无菌水的三角瓶放在震荡机上震荡 10 min,使土样均匀地分散到稀释液中成为土壤悬液。

(3)土壤颗粒分散后,吸取 0. 5 mL 土壤悬液加入 4. 5 mL 稀释液中,依次按 10 倍法稀释,稀释到 10^{-3}。

(4)土壤悬液接种,采用涂抹平板计数法。

(5)接种了土壤悬液的培养皿,待培养基凝固后倒置于 28 ~ 30 ℃恒温箱中培养。

(6)细菌 1 ~ 2 d、真菌 5 ~ 7 d、放线菌 3 ~ 4 d 后取出。细菌和放线菌选取出现菌落数在 20 ~ 200 的培养皿,真菌选取菌落数在 10 ~ 100 的培养皿。

(7)结果计算:1 g 干土中菌落数 = 菌落平均数 × 稀释倍数 ×20/(干土%)。

6.2.2 培养基制备

培养细菌使用的培养基为牛肉膏蛋白胨培养基,培养真菌使用的培养基为高氏一号培养基,培养放线菌使用的培养基为马丁 - 孟加拉红培养基,培养基配方见表 6-3 ~ 表 6-5。在培养基的制备过程中,根据研究需要在抗生素使用剂量等方面进行了一定修改,进一步改善了培养基的配方。

表 6-3 牛肉膏蛋白胨培养基配方

药品	用量	药品	用量
牛肉膏	5. 0 g	琼脂	20. 0 g
蛋白胨	10. 0 g	蒸馏水	1 000 mL
NaCl	5. 0 g	pH	7. 0

表 6-4　马丁－孟加拉红培养基配方

药品	用量	药品	用量
葡萄糖	10.0 g	蒸馏水	1 000 mL
蛋白胨	5.0 g	0.03%链霉素稀释液①	800 mL
K_2HPO_4	1.0 g	pH	7.2～7.4
$MgSO_4 \cdot 7H_2O$	0.5 g	蒸馏水	100 mL
琼脂	20.0 g	1/3 000 孟加拉红水溶液	100 mL

注：①在培养基溶化冷却至 55～60 ℃，按每 10 mL 培养基加入 1 mL 0.03%链霉素溶液，使得每毫升培养基含 30 μg 链霉素。

表 6-5　马铃薯培养基配方

药品	用量	药品	用量
马铃薯①	20 g	蒸馏水	1 000 mL
葡萄糖	20 g	pH	7.2～7.4
琼脂	20 g	$K_2Cr_2O_7$	75 μg/mL

注：①马铃薯去皮，切成块煮沸 30 min，纱布过滤，再加糖及琼脂，溶化后补足水 1 000 mL。在培养基溶化冷却至 55～60 ℃，添加青霉素，使每毫升培养基含 2 μg 青霉素。

6.3　保水剂对土壤微生物的影响

6.3.1　当年施用保水剂对小麦根际微生物的影响

2006 年种植小麦时，没有施用保水剂，2007 年种植小麦时，保水剂使用量分别设置为 0、45、60 kg/hm^2，并分别以处理 1、处理 2 和处理 3 表示。

6.3.1.1　当年施用保水剂对拔节期小麦根际微生物的影响

从表 6-6 可以看出，小麦拔节期各处理间土壤微生物的数量有明显不同，其中细菌数量和放线菌数量均表现为处理 3 > 处理 2 > 处理 1，真菌数量则表现为处理 2 > 处理 1 > 处理 3。统计分析表明，45 kg/hm^2 和 60 kg/hm^2 用量保水剂处理下的小麦根际细菌数量与对照相比，差异性显著，两个不同用量保水剂处理下的细菌数量差异性不显著；真菌和放线菌的数量和对照处理相比，差异性不显著；在 45 kg/hm^2 和 60 kg/hm^2 用量保水剂处理之间差异性也不显著。

表 6-6　当年施用保水剂处理下小麦根际微生物的数量（10^4 个/g 土）

处理	细菌数量	真菌数量	放线菌数量
处理 1	35.00 ±1.04a	24.00 ±0.58a	21.20 ±0.43a
处理 2	41.76 ±0.93b	27.60 ±0.80a	22.00 ±1.13a
处理 3	44.00 ±0.69b	25.42 ±1.00a	23.80 ±0.67a

注：表中同一列标注相同字母，表示在 Duncan 方法分析下，数据没有显著差异（$P>0.05$），不同字母表示差异显著（$P<0.05$），下同。

6.3.1.2　当年施用保水剂对抽穗期小麦根际微生物的影响

从表 6-7 可以看出，抽穗期单年施用不同量的保水剂，对小麦根际微生物数量的影响有着相同的变化趋势，细菌、真菌和放线菌的数量均表现为处理 2 > 处理 1 > 处理 3。但统计分析表明，细菌数量在 60 kg/hm^2 用量保水剂处理下显著高于对照和 45 kg/hm^2 用量保水剂处理，60 kg/hm^2 用量保水剂处理和对照处理下的细菌数量差异性不显著；真菌和放线菌的数量在 45 kg/hm^2 和 60 kg/hm^2 用量保水剂处理下，与对照相比，差异性不显著；在 45 kg/hm^2 和 60 kg/hm^2 用量保水剂处理之间差异性也不显著。

表 6-7　当年施用保水剂处理下小麦根际微生物的数量(10^4 个/g 土)

处理	细菌数量	真菌数量	放线菌数量
处理 1	24. 66 ± 1. 63a	22. 80 ± 1. 82a	22. 80 ± 2. 30a
处理 2	29. 66 ± 1. 60b	23. 50 ± 1. 50a	24. 00 ± 1. 41a
处理 3	24. 50 ± 1. 26a	22. 00 ± 1. 26a	22. 34 ± 1. 94a

6.3.1.3　当年施用保水剂对成熟期小麦根际微生物的影响

从表 6-8 可以看出，成熟期单年施用保水剂对小麦根际 3 种微生物的影响不同。细菌数量表现为处理 3 > 处理 1 > 处理 2，真菌数量表现为处理 1 > 处理 2 > 处理 3，放线菌数量表现为处理 2 > 处理 1 > 处理 3。

表 6-8　当年施用保水剂处理下小麦根际微生物的数量(10^4 个/g 土)

处理	细菌数量	真菌数量	放线菌数量
处理 1	39. 66 ± 1. 49ab	24. 40 ± 1. 02a	26. 00 ± 0. 84a
处理 2	35. 20 ± 1. 36a	24. 00 ± 0. 63a	27. 00 ± 1. 03a
处理 3	44. 34 ± 0. 79b	17. 72 ± 0. 34b	22. 80 ± 0. 57b

统计分析表明，细菌数量在 45 kg/hm^2 用量保水剂处理下显著低于 60 kg/hm^2 用量保水剂处理，前者比后者低 25. 97%，对照和 60 kg/hm^2 用量保水剂处理之间细菌数量差异不显著；真菌和放线菌数量在对照和 45 kg/hm^2 用量保水剂处理下显著高于 60 kg/hm^2 用量保水剂处理，真菌数量分别高 37. 70% 和 35. 44%，放线菌数量分别高 14. 04% 和 18. 42%。

6.3.1.4　当年施用保水剂对小麦根际微生物总量的影响

如图 6-1 所示，当年施用保水剂下，0、45、60 kg/hm^2 处理下的微生物总量在拔节期、抽穗期和成熟期的变化。各处理下，微生物总量均随着生育期的进程，呈现先减少后增加的趋势。在抽穗期，小麦生长旺盛，消耗较多的水和营养物质，可能抑制了微生物总量的增加，在成熟期，小麦基本不再生长，消耗较少水和营养物质，对微生物生长的抑制减小，和抽穗期相比，总量有所增加。

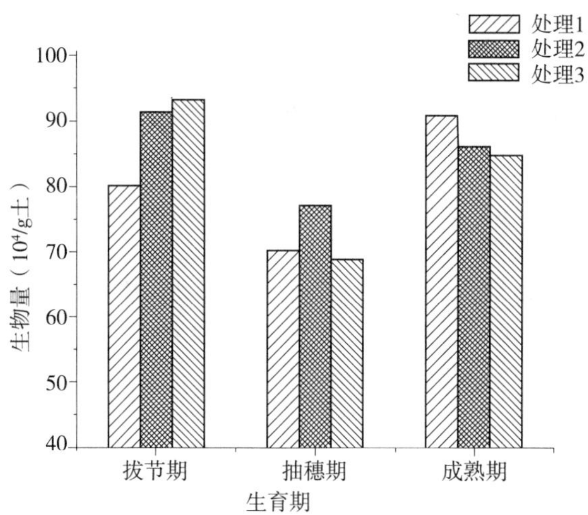

图 6-1　单年施用保水剂小麦根际微生物总量的变化

6.3.2　追施保水剂对小麦根际微生物的影响

在 2006 年种植小麦时，施用保水剂 45 kg/hm^2，2007 年在该用地种植小麦时，追施保水剂，使用量分别设置 0、45、60 kg/hm^2，并分别以处理 4、处理 5 和处理 6 表示。

6.3.2.1　追施保水剂对拔节期小麦根际微生物的影响

从表 6-9 可以看出，在该时期，小麦根际的细菌和放线菌数量均表现为处理 4 > 处理 6 > 处理 5，真菌数量表现为处理 5 > 处理 6 > 处理 4。

表 6-9　拔节期追施保水剂处理下小麦根际微生物的数量(10^4 个/g 土)

处理	细菌数量	真菌数量	放线菌数量
处理 4	41.20 ± 1.21a	19.42 ± 0.52a	26.00 ± 1.05a
处理 5	34.28 ± 0.94a	30.80 ± 1.12b	20.86 ± 1.13b
处理 6	34.66 ± 1.28a	26.58 ± 0.78b	25.34 ± 0.72a

统计分析表明，小麦根际细菌在 45 kg/hm^2 和 60 kg/hm^2 用量保水剂处理下与对照处理相比，差异性不显著；45 kg/hm^2 和 60 kg/hm^2 用量保水剂处理之间也没有显著差异；真菌数量在 45 kg/hm^2 和 60 kg/hm^2 用量保水剂处理下显著高于对照，分别比对照高 36.95% 和 26.94%，在 45 kg/hm^2 和 60 kg/hm^2 用量保水剂处理之间差异性不显著；放线菌数量在 45 kg/hm^2 用量保水剂处理下显著低于对照处理和 60 kg/hm^2 用量保水剂处理，分别低 24.64% 和 21.48%，对照和 60 kg/hm^2 用量保水剂处理相比，差异性不显著。

6.3.2.2　追施保水剂对抽穗期小麦根际微生物的影响

从表 6-10 可以看出，追施不同用量保水剂，在抽穗期，对小麦根际 3 种微生物影响有所差异。细菌数量表现为处理 6 > 处理 4 > 处理 5，真菌数量表现为处理 6 > 处理 5 > 处理 4，放线菌数量表现为处理 4 > 处理 5 > 处理 6。

表 6-10 抽穗期追施保水剂处理下小麦根际微生物的数量(10^4 个/g 土)

处理	细菌数量	真菌数量	放线菌数量
处理 4	29. 34 ±2. 73ab	18. 50 ±1. 26a	32. 66 ±2. 42a
处理 5	26. 28 ±1. 86a	24. 00 ±1. 41b	28. 86 ±3. 36ab
处理 6	32. 34 ±2. 32b	30. 40 ±0. 87c	23. 66 ±1. 17b

统计分析表明,细菌数量在 45 kg/hm² 和 60 kg/hm² 用量保水剂处理下差异显著,前一处理比后一处理低 23. 06% ,而这两个处理与对照相比,差异性均不显著;真菌数量在 3 个处理间差异性显著,在 60 kg/hm² 用量保水剂处理下显著高于其他两个处理,在 45 kg/hm² 用量保水剂处理下显著高于对照;放线菌数量在 45 kg/hm² 用量保水剂处理下与其他两个处理差异性不显著,在对照处理下显著高于 60 kg/hm² 用量保水剂处理,比后者高出 27. 56% 。

6. 3. 2. 3 追施保水剂对成熟期小麦根际微生物的影响

从表 6-11 可以看出,在该时期,追施不同用量保水剂,对小麦根际 3 种微生物有着不同影响。细菌数量表现为处理 6 > 处理 5 > 处理 4,真菌数量表现为处理 4 > 处理 5 > 处理 6,放线菌数量表现为处理 5 > 处理 4 > 处理 6。

表 6-11 成熟期追施保水剂处理下小麦根际微生物的数量(10^4 个/g 土)

处理	细菌数量	真菌数量	放线菌数量
处理 4	36. 00 ±1. 00a	23. 78 ±0. 52a	20. 00 ±0. 53a
处理 5	38. 50 ±1. 75a	23. 00 ±0. 43a	24. 72 ±0. 60b
处理 6	45. 60 ±1. 16b	21. 34 ±0. 56a	18. 28 ±0. 51a

统计分析表明,细菌数量在 60 kg/hm² 用量保水剂处理下显著高于对照和 45 kg/hm² 用量保水剂处理,分别高 26. 67% 和 18. 44% ;真菌数量在 3 个处理之间差异性不显著;放线菌在 45 kg/hm² 用量保水剂处理下显著高于对照和 60 kg/hm² 用量保水剂处理,分别高 23. 60% 和 35. 23% 。

6. 3. 2. 4 追施保水剂对小麦根际微生物总量的影响

如图 6-2 所示,追施保水剂下,0、45、60 kg/hm² 处理下的微生物总量在拔节期、抽穗期和成熟期的变化。各处理下,处理 4 和处理 5 下的微生物总量均随着生育期的进程,呈现先减少后增加的趋势,而处理 6 下的微生物总量几乎没有变化。

6. 3. 3 保水剂不同施用年限对小麦根际微生物的影响

6. 3. 3. 1 0 kg/hm² 保水剂不同施用年限对小麦根际微生物的影响

如图 6-3(a)和图 6-3(c)所示,处理 1 和处理 4 的细菌和真菌数量随着生育进程,呈现先增加后减少的趋势;处理 1 的放线菌随着生育推进一直增加,而处理 4 的放线菌数量呈现先增加后减少的趋势(见图 6-3(b))。

处理 1 的细菌和放线菌数量在拔节期和抽穗期低于处理 4(见图 6-3(a)和图 6-3(c)),

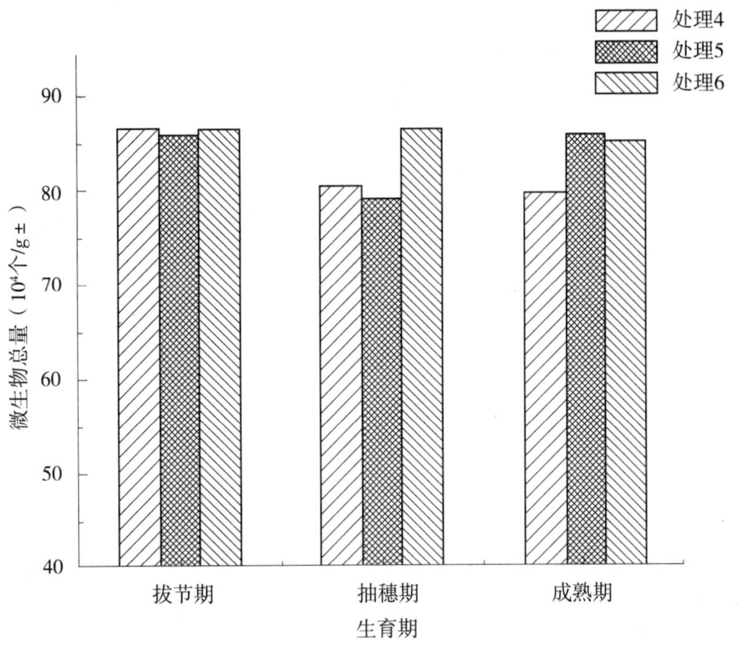

图6-2　追施保水剂下小麦根际微生物总量的变化

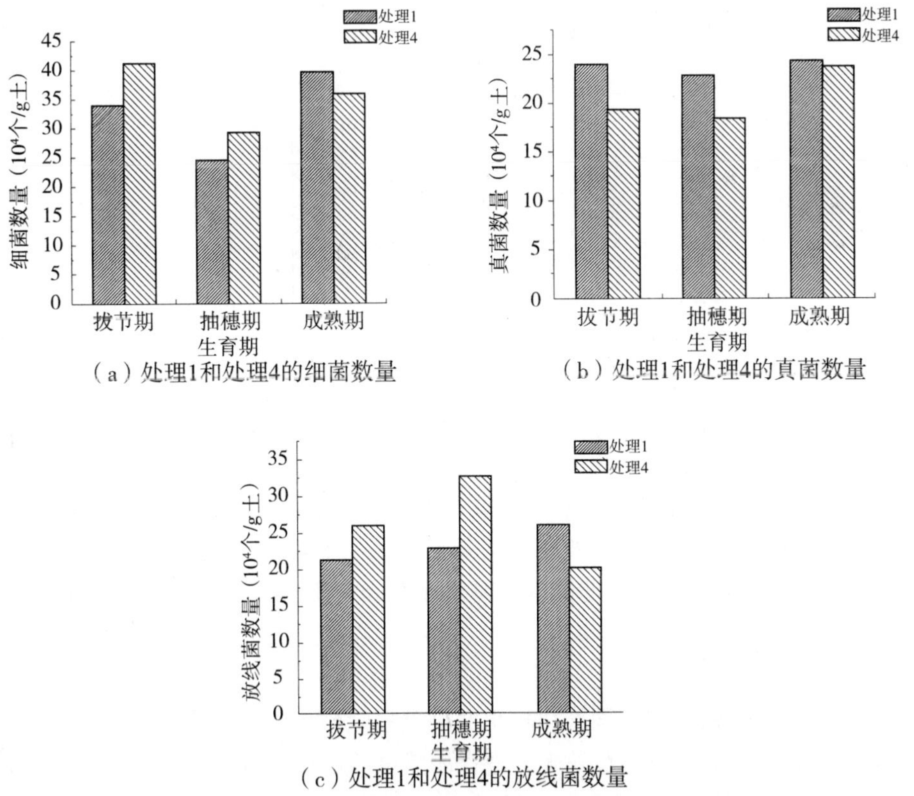

图6-3　0 kg/hm² 保水剂不同施用年限下根际微生物的数量

而在成熟期高于处理4;处理1的真菌数量从拔节期到成熟期均高于处理4(见图6-3(b))。统计分析表明,处理1和处理4的细菌和真菌数量在拔节期、抽穗期和成熟期差异性均不显著。这两个处理下放线菌数量在拔节期差异性不显著,在抽穗期,处理1显著低于处理4,而在成熟期则显著高于处理4。

6.3.3.2　45 kg/hm^2 保水剂不同施用年限对小麦根际微生物的影响

处理2和处理5的细菌数量随小麦生育进程呈现先减少后增加的趋势(见图6-4(a)),这两个处理下的真菌数量则从拔节期到抽穗期减少,从抽穗期到成熟期变化较小(见图6-4(b));处理2的放线菌随生育进程一直增加,而处理5的放线菌则先增加后减少(见图6-4(c))。

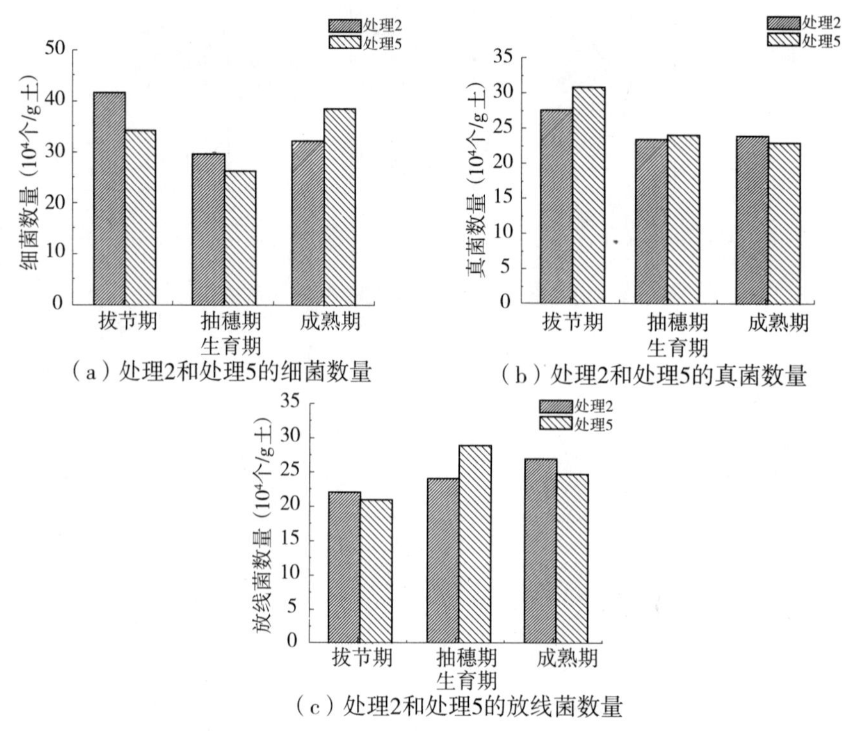

图6-4　45 kg/hm^2 保水剂不同施用年限下根际微生物的数量

处理2的细菌数量在拔节期和抽穗期高于处理5,在成熟期低于处理5(见图6-4(a));真菌数量在拔节期和抽穗期低于处理5,在成熟期高于处理5(见图6-4(b));放线菌数量在拔节期数量高于处理5,在抽穗期低于处理5,而在成熟期,则又高于处理5(见图6-4(c))。统计分析表明,处理2和处理5的细菌、真菌和放线菌数量在3个生育期差异性均不显著。

6.3.3.3　60 kg/hm^2 保水剂不同施用年限对小麦根际微生物的影响

处理3和处理6的细菌数量随生育进程先减少后增加(见图6-5(a));处理3的真菌随生育进程减少,处理6的真菌先增加后减少(见图6-5(b));处理3的放线菌数量先减少后增加,而处理6的放线菌从拔节期到成熟期持续减少(见图6-5(c))。

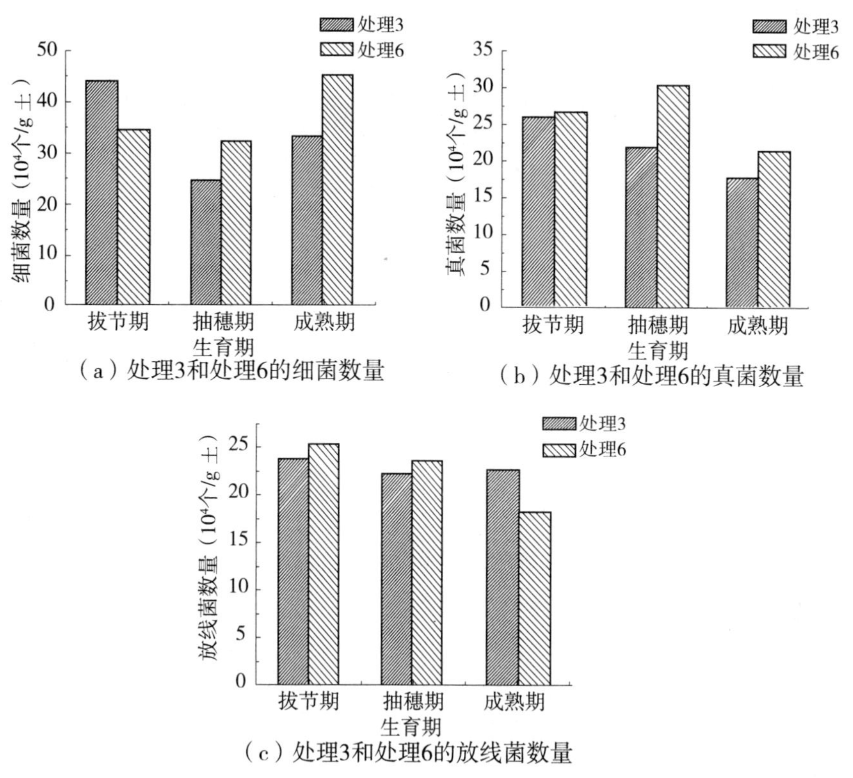

（a）处理3和处理6的细菌数量

（b）处理3和处理6的真菌数量

（c）处理3和处理6的放线菌数量

图 6-5　60 kg/hm^2 保水剂不同施用年限下根际微生物的数量

处理3 的细菌数量在拔节期高于处理6,在抽穗期和成熟期,低于处理6(见图6-5(a));处理3 的真菌数量在拔节期、抽穗期和成熟期均低于处理6(见图6-5(b));处理3 下的放线菌在拔节期和抽穗期低于处理6,而在成熟期高于处理6(见图6-5(c))。统计分析表明,处理3 和处理6 下的细菌数量在抽穗期差异性显著,其他两个生育期差异性不显著;处理3 和处理6 下的真菌数量在拔节期差异性不显著,处理6、处理3 下的放线菌数量在拔节期、抽穗期和成熟期差异性均不显著。

第 7 章 保水剂对作物生长、产量及水分利用的影响

土壤中水分、养分状况是土壤肥力的重要指标,也是旱地农业生产的主要胁迫因子。施用氮肥能够提高小麦的产量。但其用量过高会降低氮肥利用率、提高成本及污染环境等,因此合理施用氮肥是提高氮肥利用率、增加产量和减少污染的重要措施。有关这方面的研究虽已有很多,但主要侧重于施氮量及不同施用方式对小麦产量的影响。

利用保水剂对作物的土壤水分环境的改善,研究冬小麦不同生育期的生长及生物量积累,对揭示保水剂与冬小麦对水分利用的关系及促进作物的产量和水分利用效率的提高具有重要意义。同时,保水剂不但能够有效吸收和保持降水或灌水,且可以减少土壤中养分的流失,提高养分利用率,降低肥料对环境的污染。

目前,关于土壤干旱条件下冬小麦生长发育及根、冠生长等的研究已有不少,关于保水剂对作物生长影响等方面的研究也屡见不鲜,而保水剂与不同措施配合施用对冬小麦生长发育过程中的生长、植株和土壤养分特征的系统研究以及对最终的水肥利用影响的报道还不多见。

因此,本章对不同水分条件下,保水剂及其不同措施相结合对冬小麦不同生育期小麦生长、干物质积累及水分利用特征等的影响进行了研究,为提高作物水分利用率和保水剂的合理应用提供可靠依据。

7.1 保水剂与地膜覆盖对小麦生长、产量及水分利用的影响

植物的生长是指植株高度、面积或体积的不可逆增大和干重的增加,是植物发育过程中表现出来的数量变化。植物的生长是植物生命活动在外观上最明显的现象,是植物体内各个生理代谢活动与外部环境协调进行的综合表现,直接关系着作物的产量和质量。生长分析是利用生长测定的大量资料,分析研究植物生长和环境条件相互关系的重要手段。要了解植物各个部分对生长的贡献,探讨生长优劣的原因,需要深入进行生长分析。

7.1.1 冬小麦各生育期株高发展动态

株高是衡量作物生长状况的一项基本指标。试验处理同 2.1 节。从图 7-1 中可以看出,冬小麦在越冬前生长较慢,株高增长幅度不是很大,而在拔节期后,冬小麦处于一种快速生长的状态,株高增幅较大。覆盖处理的各个时期都比对照高,其中在分蘖期和越冬期,处理 10、处理 11、处理 12 的株高值相对较大,这是因为地膜能够透过日光中的短波辐射,阻止地表的长波辐射,又能避免地表的乱流热交换以及减少因水分蒸发而损失的汽化热, 地膜与畦面之间形成小温室效应, 从而有明显的增温作用,同时,由于土壤表面的覆

盖造成了土壤内部的水循环，改变了土壤含水量的分布和变化特征。在地膜覆盖下，土壤水分蒸发后在膜下凝结成水滴又返回土壤，使地表 20 cm 土层在长期无降水补给时仍维持较高的含水量，加快了居间分生组织的分化，促进了冬小麦株高的生长。到拔节期以后，处理 6、处理 7、处理 8、处理 9 的株高值一直处于前列，这与前面土壤水分动态相对应，因此可以认为冬小麦生育后期，植株需要更多的水分，覆盖处理前期吸收的水分慢慢释放出来供植株吸收，从而导致覆盖处理的株高值与对照相比相对较大，而处理 6、处理 7、处理 8、处理 9 保墒效果比较好，故株高值也大。

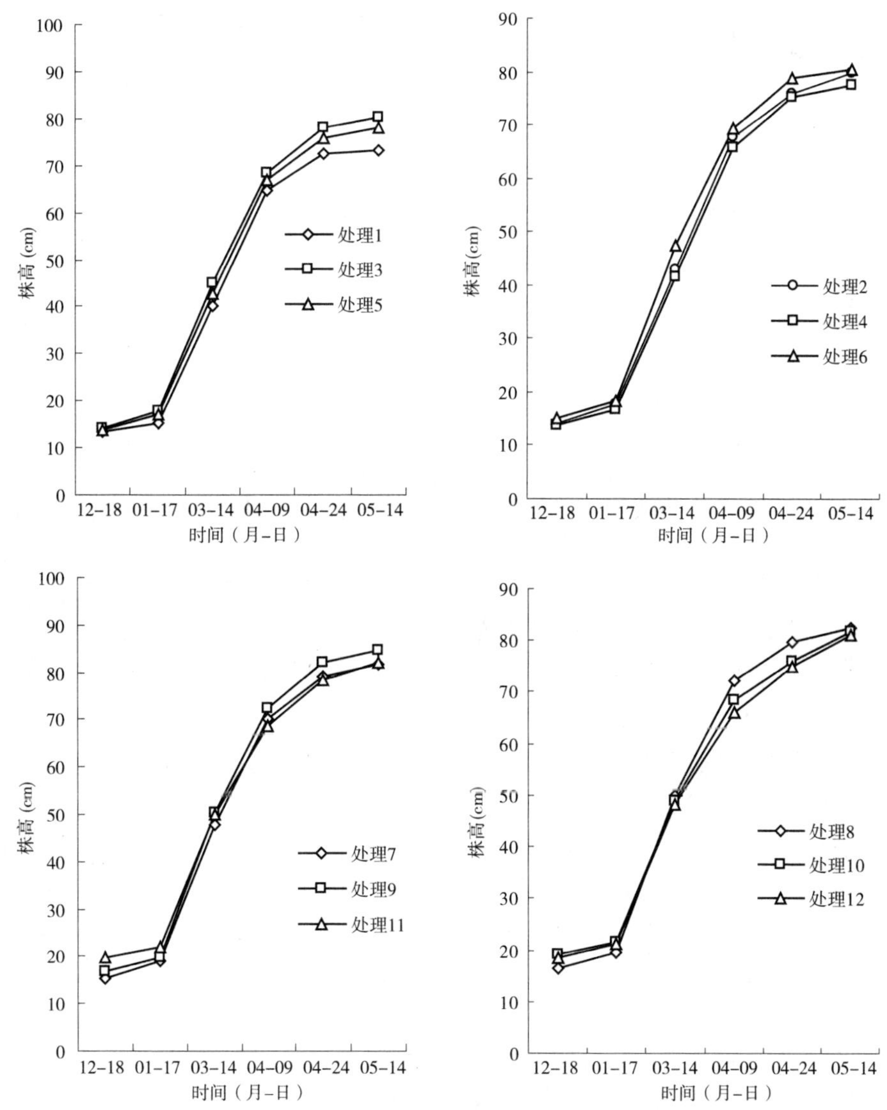

图 7-1　未灌溉处理下不同处理株高发展动态

从图 7-2 和图 7-3 可以看出，在冬小麦开花期，株高动态和本时期土壤水分含量动态一致，对照处理补充灌溉与未灌溉处理的株高的差值最大，其中营养型抗旱保水剂 60 kg/hm^2 + 秸秆覆盖 3 000 kg/hm^2，营养型抗旱保水剂 45 kg/hm^2 + 秸秆覆盖 6 000

kg/hm^2，营养型抗旱保水剂 60 kg/hm^2 + 秸秆覆盖 6 000 kg/hm^2，这几个复合覆盖处理的差值最小，可见它们的覆水保墒效果较好。而在灌浆期，仍然保持这一趋势（对照处理灌溉与未灌溉处理的株高的差值最大，覆盖处理的相对较小），但和开花期相比，增长的幅度减缓。可能因为，在冬小麦灌浆期，营养生长转化为生殖生长，株高基本稳定，水分对株高的影响不大。可见，在冬小麦的营养生长期，水分是一个重要的限制因子。

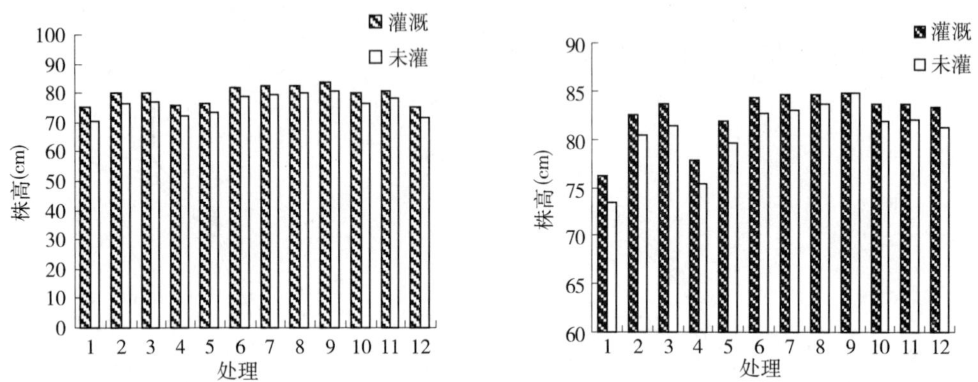

图 7-2 冬小麦开花期灌溉和未灌溉下各处理株高 **图 7-3 冬小麦灌浆期灌溉和未灌溉下各处理株高**

7.1.2 冬小麦各生育期单株全展叶发展动态

从图 7-4 中可以看出，12 条曲线都是呈现分蘖期—越冬期缓慢增长、拔节期—孕穗期快速增长、开花期—灌浆期减少的趋势。覆盖处理的各个时期的全展叶片数都比对照要多，与单个覆盖处理相比，保水剂与其他保水措施相结合的复合处理效果更为明显，且随保水剂用量的加大效果更为明显。在分蘖期—越冬期，此时温度和水分是重要的影响因素，温度低，冬小麦生理活动减弱，故全展叶片增长速度缓慢，此时覆盖处理能起到较好的保温保水作用，因而相比对照，全展叶片数量要多一些，其中处理 8、处理 9、处理 10、处理 11、处理 12 的叶片数量较多，且地膜覆盖以及其与保水剂复合应用的处理叶片数量更多一些，且随保水剂用量加大而增多，究其原因，可能与地面覆膜（保温效果较好）与保水剂改善了土壤水热条件有关。拔节期—孕穗期，冬小麦叶片增长速度最快，此时，冬小麦已经进入旺盛生长阶段，孕穗期冬小麦单株全展叶片数量达到最高值。到冬小麦开花期—灌浆期，叶片呈现下降趋势，这是由冬小麦的衰老造成的。结合前面的土壤水分变化来分析，在拔节期—孕穗期，覆盖处理较好的保墒效果及时给处于旺盛生长的冬小麦提供了充足的水分，覆盖处理的全展叶片比对照要多，在开花期—灌浆期，覆盖处理较好的保墒效果又及时缓和了小麦叶片的衰老，覆盖处理的全展叶片比对照要多，与单个覆盖处理相比，保水剂与其他保水措施相结合的复合处理保墒效果更为明显，且随保水剂与秸秆用量的加大，效果更为明显，因而对叶片数量变化影响也比较大。

从图 7-5 与图 7-6 中可以看出，在冬小麦开花期，全展叶动态和本时期土壤水分含量动态一致，对照处理补充灌溉与未灌溉处理的小麦单株全展叶片数的差值最大，以秸秆覆盖和保水剂结合覆盖差值较小，且保水剂与秸秆的量越大，差值越小。在冬小麦灌浆期，对照处理补充灌溉与未灌溉处理的叶片数的差值最小，以秸秆覆盖和保水剂结合覆盖差

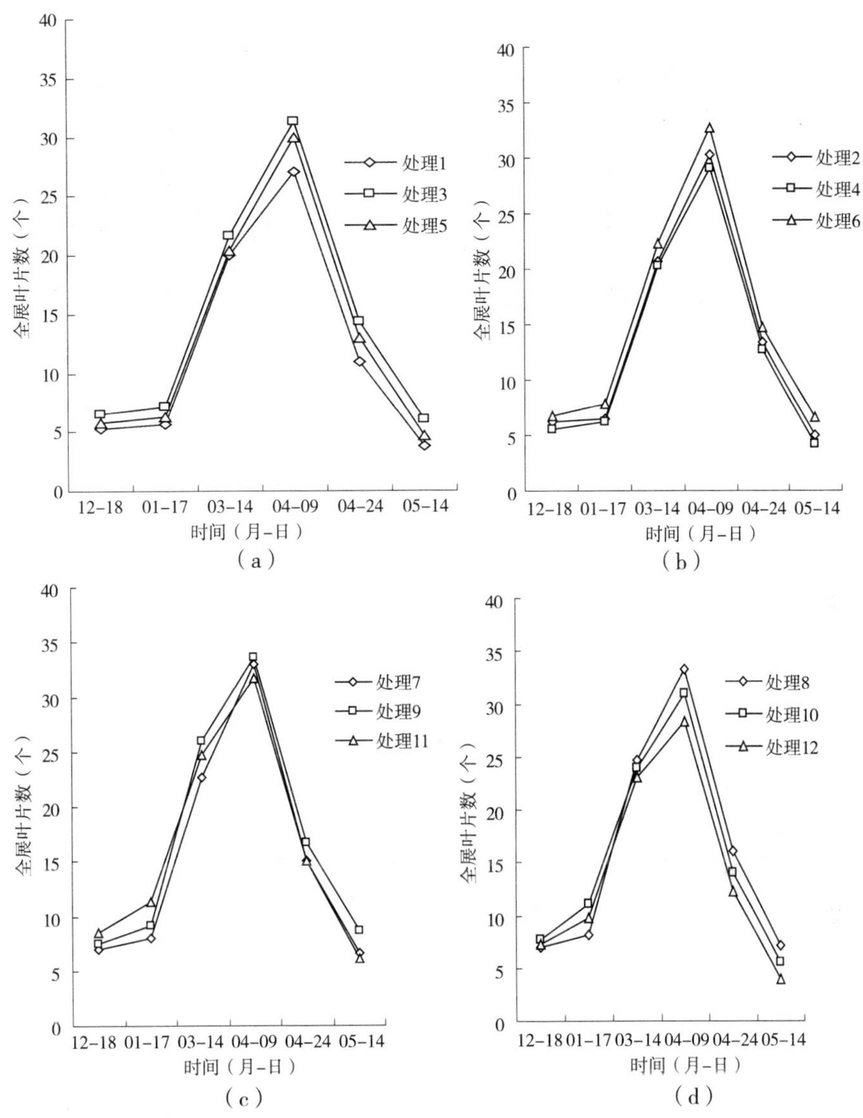

图 7-4　未灌溉处理下不同处理全展叶发展动态

值较小，且保水剂与秸秆的量越大，差值越大。开花期补充灌溉与未灌溉处理下各处理的差值明显小于灌浆期。结合这两时期的土壤含水量动态来分析，在开花期，未灌溉处理中覆盖处理起到较好的保墒效果，故对叶片的影响差别也较小，在灌浆期，由于生理和温度因素的影响，未灌溉处理下贮存的水分几乎被耗尽，这时，对灌溉下的覆盖处理来说，秸秆、保水剂本身吸收的灌溉水将慢慢释放出来，地膜覆盖减小了水分的蒸发，因而此时覆盖处理灌溉与未灌溉处理的土壤水分含量的差值相比对照要大一些，且灌溉处理相对未灌处理，降低了叶片的衰老，故差值也相对大些。处理 6、处理 7、处理 8、处理 9 保墒效果较好，所以叶片数差值在开花期相对较小，而灌浆期却相对较大。

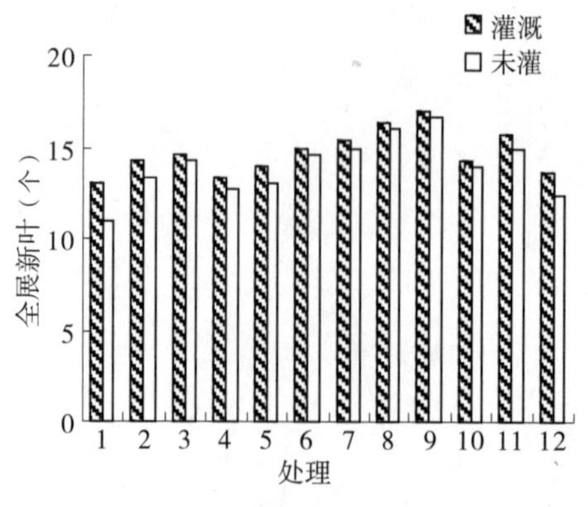

图 7-5　冬小麦开花期灌溉和未灌溉下各处理叶片数

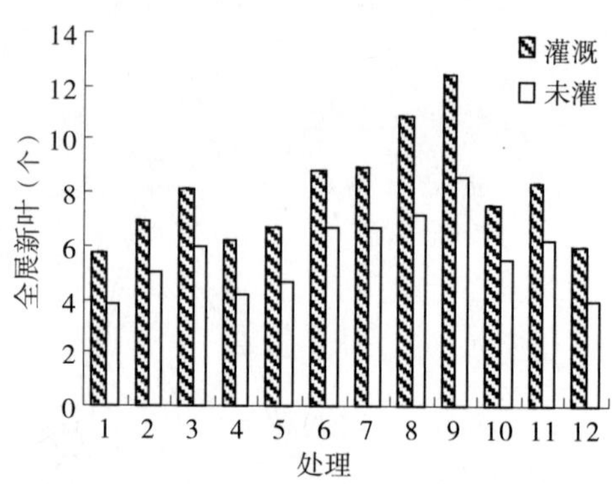

图 7-6　冬小麦灌浆期灌溉和未灌溉下各处理叶片数

7.1.3　冬小麦各生育期单株叶面积发展动态

植物绿叶面积关系到作物截取光能的多少和光合面积的大小，从而影响光合物质生产。小麦群体是单个个体的组合，单株叶面积是群体光合作用的基础，因此单株叶面积在一定程度上可以反映光合面积的大小，从图 7-7 中可以看出，和全展叶发展动态相似，冬小麦生育前期叶面积增长缓慢，拔节期—孕穗期叶面积快速增长，到孕穗期达到最大值，而在开花期—灌浆期又呈现出叶面积逐渐减少的趋势。12 处理的叶面积在冬小麦生长过程中都表现为覆盖处理大于对照。地膜覆盖及其与保水剂相结合的覆盖处理在分蘖期—越冬期—拔节期叶面积一直处于前列，且随保水剂用量的加大也加大，究其原因，与它们的保温、保水作用较好有关。保水剂与秸秆覆盖复合覆盖叶面积自拔节期后也相对比较大，且随保水剂和秸秆覆盖用量的加大而加大，其主要影响原因是这些处理下的出叶速度比较快，且展开叶数多于对照及单个覆盖处理。

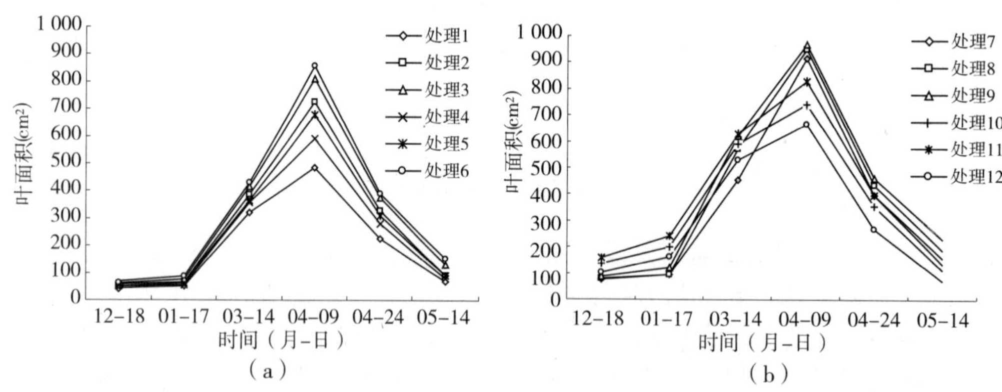

图 7-7　未灌溉处理下不同处理叶面积发展动态

植物叶片对干旱胁迫的反映往往表现为叶面积的减小，从图 7-8 与图 7-9 中可以看出，与全展叶片发展动态一致，不论在开花期还是灌浆期，补充灌溉处理下的绿叶面积都大于未灌溉处理，覆盖处理的绿叶面积明显大于对照，且灌溉处理对开花期叶面积的影响明显小于对灌浆期的影响。结合前面土壤水分动态和全展叶片数发展动态来分析，在开花期，未灌溉处理中覆盖处理起到较好的保墒效果，故与灌溉处理相比，对叶片的影响差别也较小，从而对叶面积的影响差别也不是很大；而在灌浆期，未灌溉处理下，覆盖处理初吸收的水分在开花期发挥完了积极效应，灌溉处理下，秸秆覆盖，保水剂本身吸收的灌溉水将慢慢释放出来，地膜覆盖减小了水分的蒸发，因而相对未灌处理，降低了叶片的衰老，故叶面积差值也相对大些。处理6、处理7、处理8、处理9的保墒效果较好，所以叶面积差值也相对较大。

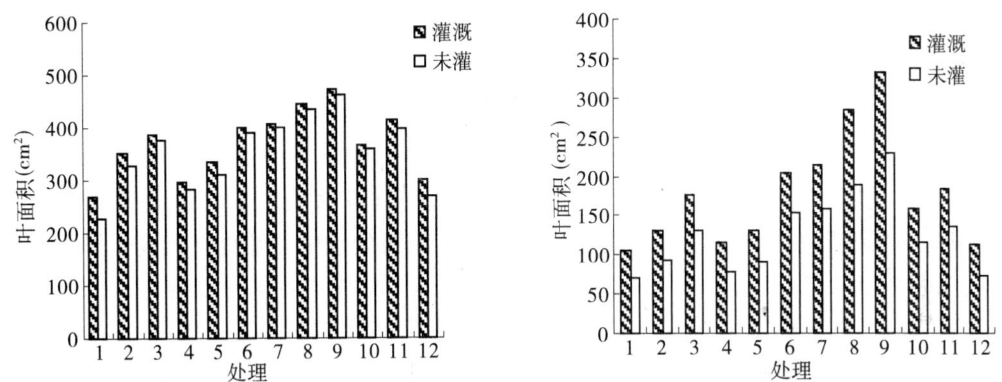

图7-8　冬小麦开花期灌溉和非灌溉各处理叶面积　**图7-9　冬小麦灌浆期灌溉和非灌溉各处理叶面积**

7.1.4　冬小麦各生育期小麦单株地上部分生物量发展动态

小麦的生物量包括地上和地下两部分，二者都是反映小麦生长状况的重要指标。良好的环境条件可以促进小麦地上部分的生长，而逆境下则会影响小麦的生长。复合覆盖冬小麦的干物质积累量在整个生育期最大，单因子覆盖次之，对照最小（见图7-10）。在冬小麦生育前期，生物量积累缓慢，地膜覆盖及其与保水剂复合处理的覆盖生物量最大，其次是保水剂与秸秆覆盖的复合处理冬小麦单株地上生物量较大，且随着保水剂和秸秆覆盖的量增加，生物量越高，对照最低。究其原因，生育前期，相对于其他覆盖，地膜覆盖较好地起到保墒蓄水和调水作用以及其较好的增温作用，致使冬小麦生长发育良好，干物质积累较快。拔节期—开花期，冬小麦生物量积累较快，保水剂与秸秆覆盖的复合处理冬小麦单株地上生物量较大，其次是保水剂与地膜覆盖的复合处理生物量较大，且随着保水剂和秸秆覆盖的量增加，生物量越高，对照仍然最低，究其原因，冬小麦生育后期，水分是一个重要的影响因子，保水剂与秸秆覆盖的复合处理蓄水保墒效果最好，增强了根系的发育，促进了冬小麦的生长。开花期—成熟期，冬小麦单株地上生物量积累稍减弱，保水剂与秸秆覆盖的复合处理生物量较大，其次是保水剂与地膜覆盖的复合处理生物量较大，且随着保水剂和秸秆覆盖的量增加，生物量越高，对照仍然最低，这是因为此时冬小麦的营养生长转化为生殖生长，叶面积量逐渐减小逐渐趋向衰老，因而光合产物积累也就相对减少。可见，保水剂与秸秆覆盖的复合处理蓄水保墒效果最好，降低了叶片衰老程度，提高了生物量的积累度。

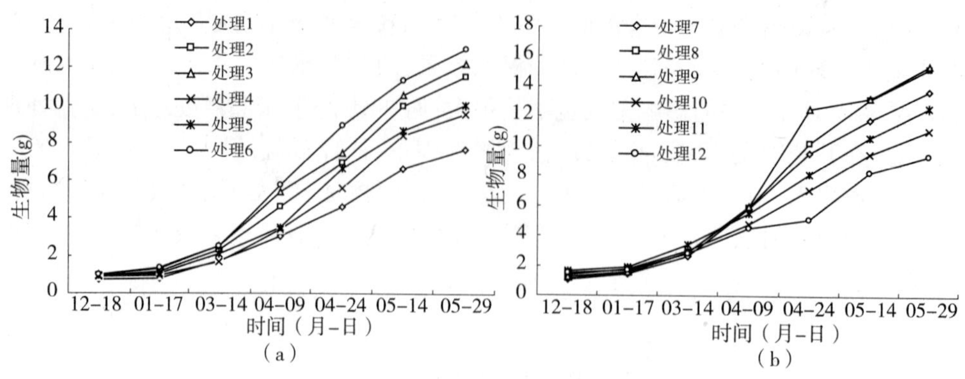

图 7-10　未灌溉处理下不同处理地上部分生物量发展动态

从表 7-1 中可以看出,补充灌溉处理下的地上生物量都大于未灌溉处理,覆盖处理的地上生物量明显大于对照,且补充灌溉处理下覆盖处理对开花期叶面积的影响明显小于对灌浆期与成熟期的影响。这是因为,在开花期,未灌溉处理中覆盖处理起到较好的保墒效果,故与灌溉处理相比,对叶片的影响差别也较小,从而对叶面积的影响差别也不是很大,故对光合产物的积累影响也不是很大,从而对本时期生物量的积累影响也就相对较小;到了灌浆期,秸秆覆盖,保水剂本身吸收的灌溉水将慢慢释放出来,地膜覆盖减小了水分的蒸发,因而相对未灌溉处理,降低了叶片的衰老程度,因而也就相对增加了光合产物的积累;到成熟期,冬小麦已经进入蜡熟、落黄阶段,叶片停止光合作用,所以光合产物的积累趋势相似于灌浆期。在整个生育后期,处理6、处理7、处理8、处理9 的生物量都处于前列,可见它们的保墒蓄水效果相对较好。

表 7-1　冬小麦开花期、灌浆期、成熟期灌溉和未灌溉处理下各处理小麦单株地上生物量

（单位:g）

处理	未灌溉			补灌		
	分蘖期	灌浆期	成熟期	分蘖期	灌浆期	成熟期
1	4. 59 ±0. 62	6. 63 ±0. 15	7. 68 ±0. 38	6. 66 ±0. 52	8. 17 ±0. 68	9. 58 ±0. 48
2	6. 93 ±0. 44	10. 0 ±0. 18	11. 5 ±0. 58	8. 32 ±0. 98	13. 0 ±0. 56	14. 6 ±0. 73
3	7. 47 ±0. 45	10. 6 ±0. 22	12. 2 ±0. 61	8. 81 ±1. 75	15. 3 ±1. 04	17. 1 ±0. 86
4	5. 60 ±0. 13	8. 41 ±0. 39	9. 54 ±0. 48	7. 31 ±1. 91	11. 4 ±0. 42	13. 0 ±0. 65
5	6. 63 ±0. 45	8. 65 ±0. 25	10. 0 ±0. 50	8. 15 ±0. 09	12. 0 ±0. 88	13. 7 ±0. 69
6	8. 95 ±0. 37	11. 3 ±0. 43	13. 0 ±0. 65	10. 0 ±1. 33	17. 2 ±0. 45	19. 0 ±0. 95
7	9. 56 ±0. 05	11. 8 ±0. 22	13. 6 ±0. 68	10. 6 ±1. 71	17. 8 ±0. 54	19. 8 ±0. 99
8	10. 2 ±0. 47	13. 2 ±0. 07	15. 3 ±0. 77	10. 9 ±2. 91	20. 7 ±1. 11	22. 7 ±1. 14
9	12. 6 ±0. 40	13. 3 ±0. 28	15. 4 ±0. 77	12. 6 ±0. 36	21. 0 ±0. 90	23. 1 ±1. 16
10	7. 12 ±0. 51	9. 54 ±0. 11	11. 1 ±0. 56	8. 44 ±1. 85	13. 2 ±1. 06	15. 0 ±0. 75
11	8. 16 ±0. 53	10. 7 ±0. 31	12. 6 ±0. 63	9. 36 ±1. 29	16. 7 ±0. 29	18. 4 ±0. 92
12	5. 09 ±0. 88	8. 29 ±0. 06	9. 41 ±0. 47	6. 72 ±1. 56	11. 3 ±0. 29	12. 9 ±0. 65

7.1.5　冬小麦产量及其构成因素分析

作物的抗旱性最终要体现在产量上，在干旱条件下，产量是鉴定抗旱性的重要指标之一。

表 7-2 与表 7-3 为补充灌溉下和未灌溉下不同处理的冬小麦产量以及产量因素。由表 7-2 与表 7-3 中可以看出，灌溉处理下单株穗数、每穗小穗、穗粒数、穗长、千粒重、产量都高于未灌溉处理，不孕穗小于未灌溉处理。对照与对照间差异比较小，覆盖处理间差异相对较大，以秸秆覆盖和保水剂覆盖的复合处理差异较大，且随保水剂和秸秆覆盖的量增多，差异也逐渐变大。可见，覆盖处理吸收的灌溉水的及时释放对产量影响很大。不论是灌溉还是未灌溉处理下，覆盖处理的单株穗数、每穗小穗、穗粒数、穗长、千粒重都高于对照，方差分析（$P<0.05$）表明，以处理 6、处理 7、处理 8、处理 9 的效果最为显著。秸秆覆盖与保水剂的复合处理产量最高，其次是地膜与保水剂的复合处理，再次是单因子覆盖处理，对照最低。

表 7-2　补充灌溉处理下不同处理产量及产量因素

处理	单株穗数（个）	每穗小穗（个）	穗粒数（个）	穗长（cm）	不孕穗（个）	千粒重（g）	产量（kg/hm^2）
1	2.20 ±0.45	21.9 ±0.64	37.4 ±2.82	8.61 ±0.63	4.63 ±0.41	54.4 ±2.72	4 298.0 ±62.5
2	3.20 ±0.84	22.6 ±1.04	41.3 ±2.78	9.03 ±0.36	3.77 ±0.46	55.6 ±2.78	4 811.5 ±48.1
3	3.40 ±0.55	22.8 ±1.48	42.0 ±7.61	9.41 ±0.60	3.57 ±0.24	56.0 ±2.80	4 840.5 ±82.3
4	3.00 ±0.71	22.3 ±1.29	39.0 ±5.38	8.84 ±0.49	3.83 ±0.58	54.9 ±2.75	4 509.2 ±71.4
5	3.20 ±0.45	22.5 ±2.40	39.3 ±3.81	8.87 ±0.42	3.81 ±0.33	55.6 ±2.78	4 607.3 ±55.6
6	3.60 ±0.89	23.2 ±0.87	46.0 ±5.44	9.43 ±0.49	3.50 ±0.29	57.6 ±2.88	4 952.2 ±72.9
7	4.00 ±0.71	23.7 ±1.45	46.3 ±3.12	9.92 ±0.37	3.29 ±0.27	57.7 ±2.89	5 107.8 ±81.8
8	4.00 ±1.22	24.0 ±1.62	46.9 ±4.26	10.2 ±0.48	3.18 ±0.33	57.8 ±2.89	5 217.9 ±75.1
9	5.20 ±1.92	25.5 ±1.22	50.7 ±4.51	10.7 ±0.86	2.50 ±0.27	58.3 ±2.91	5 245.9 ±80.7
10	3.40 ±0.55	22.8 ±0.77	41.6 ±6.40	9.14 ±0.42	3.69 ±0.38	55.6 ±2.78	4 821.5 ±77.4
11	3.40 ±0.55	23.1 ±1.45	42.9 ±6.85	9.39 ±0.62	3.50 ±0.47	56.0 ±2.80	4 867.2 ±70.5
12	2.60 ±0.55	22.0 ±1.46	38.1 ±4.47	8.69 ±0.58	4.17 ±0.34	54.7 ±2.74	4 425.8 ±66.3

产量构成因素是决定产量的关键因素，冬小麦的产量与产量构成因素的关系是：单位面积产量 = 单位面积穗数 × 穗粒数 × 粒重，由表 7-2、表 7-3 可以看出，对照的单株穗数、穗粒数、千粒重都低于其他的覆盖处理，未灌溉的都低于对应的补充灌溉处理，因而导致产量的差异。保水剂和秸秆覆盖相结合的复合覆盖处理效果最好，因而，在干旱半干旱地区，复合覆盖处理配合补充灌溉是一种值得推广应用的保墒增产技术。

表 7-3　未灌溉处理下不同处理产量及产量因素

处理	单株穗数（个）	每穗小穗（个）	穗粒数（个）	穗长（cm）	不孕穗（个）	千粒重（g）	产量（kg/hm^2）
1	2. 2 ±0. 45	21. 6 ±2. 14	36. 6 ±5. 05	8. 44 ±0. 75	4. 73 ±0. 36	53. 7 ±2. 69	4 252. 1 ±73. 6
2	3. 0 ±0. 84	22. 2 ±2. 76	38. 8 ±4. 17	8. 83 ±0. 64	4. 00 ±0. 67	54. 3 ±2. 71	4 731. 5 ±73. 1
3	3. 2 ±0. 84	22. 4 ±1. 63	39. 2 ±6. 94	9. 19 ±0. 66	3. 85 ±0. 23	54. 5 ±2. 73	4 759. 3 ±71. 9
4	2. 8 ±0. 84	22. 0 ±1. 13	38. 0 ±7. 50	8. 64 ±0. 60	4. 00 ±0. 55	54. 2 ±2. 71	4 446. 7 ±73. 5
5	3. 0 ±0. 45	22. 1 ±1. 37	38. 3 ±5. 17	8. 66 ±0. 76	4. 00 ±0. 13	54. 3 ±2. 72	4 530. 0 ±70. 1
6	3. 4 ±0. 55	22. 7 ±1. 17	42. 4 ±4. 0	9. 21 ±0. 50	3. 83 ±0. 41	55. 3 ±2. 77	4 856. 6 ±76. 9
7	3. 6 ±0. 89	23. 2 ±1. 49	42. 6 ±4. 0	9. 66 ±0. 74	3. 63 ±0. 43	55. 4 ±2. 77	5 009. 5 ±87. 1
8	3. 6 ±0. 45	23. 3 ±1. 68	42. 9 ±3. 40	9. 91 ±0. 68	3. 60 ±0. 29	55. 5 ±2. 78	5 099. 8 ±48. 6
9	4. 2 ±0. 84	23. 8 ±1. 29	46. 4 ±3. 96	10. 4 ±3. 84	3. 00 ±0. 27	56. 0 ±2. 8	5 106. 7 ±72. 1
10	3. 2 ±0. 45	22. 3 ±1. 61	39. 0 ±3. 15	8. 93 ±0. 74	3. 92 ±0. 20	54. 1 ±2. 71	4 738. 5 ±88. 7
11	3. 2 ±0. 45	22. 6 ±1. 36	39. 7 ±3. 09	9. 16 ±0. 50	3. 82 ±0. 37	54. 4 ±2. 72	4 780. 2 ±38. 7
12	2. 6 ±0. 55	21. 8 ±1. 24	37. 2 ±3. 08	8. 52 ±0. 57	4. 31 ±0. 37	54. 0 ±2. 70	4 363. 3 ±77. 4

7. 1. 6　各指标间相关性分析

相关系数随着环境的不同而变化是生物学研究中经常出现的问题，因此充分了解环境条件对相关系数的影响，在栽培上具有重要的意义。从表 7-4 ~ 表 7-10 可见，在冬小麦不同生育期、不同供水和覆盖条件下，各形态指标与生理指标、各产量指标和生理指标以及形态指标与产量指标相关程度不同，有些指标间的相关较稳定，有些不太稳定。在小麦生长前期指标间相关性不是很稳定，在冬小麦中后期，指标间相关性程度趋于稳定。

形态与生理指标（见表 7-4 ~ 表 7-6），无论是灌水还是未灌水条件下，从拔节期到灌浆期，形态指标都呈现相似的趋势，在拔节期，冬小麦株高、叶面积、全展叶片数以及地上生物量与土壤含水量、叶绿素、叶片含水量、可溶性蛋白、胞间 CO_2 浓度呈极显著性正相关，与可溶性糖、脯氨酸、丙二醛、电导率呈极显著性负相关，地上生物量与光合速率呈显著性正相关，株高、叶面积、全展叶片数与光合速率相关性不明显。

从孕穗期到灌浆期，冬小麦株高、叶面积、全展叶片数以及地上生物量与土壤含水量、叶绿素、叶片含水量、可溶性蛋白、光合速率、胞间 CO_2 浓度呈极显著性正相关，与可溶性糖、脯氨酸、丙二醛、电导率呈极显著性负相关。

表 7-4 冬小麦拔节期、孕穗期生理指标与形态指标之间的相关性

生育期	参数	株高	全展叶片数	叶面积	地上生物量
拔节期	土壤含水量	0.871**	0.824**	0.808**	0.851**
	叶绿素含量	0.856**	0.752**	0.803**	0.902**
	叶片相对含水量	0.874**	0.763**	0.789**	0.870**
	可溶性糖	-0.949**	-0.965**	-0.994**	-0.931**
	可溶性蛋白	0.959**	0.907**	0.931**	0.956**
	脯氨酸含量	-0.782**	-0.947**	-0.909**	-0.962**
	丙二醛含量	-0.856**	-0.889**	-0.818**	-0.899**
	电导率	-0.713**	-0.887**	-0.895**	-0.975**
	光合速率	0.484	0.403	0.390	0.550*
	胞间 CO_2 浓度	0.610*	0.749**	0.588*	0.411
孕穗期	土壤含水量	0.837**	0.756**	0.826**	0.829**
	叶绿素含量	0.968**	0.980**	0.978**	0.890**
	叶片相对含水量	0.802**	0.810**	0.863**	0.833**
	可溶性糖	-0.858**	-0.942**	-0.919**	-0.848**
	可溶性蛋白	0.946**	0.901**	0.906**	0.832**
	脯氨酸含量	-0.968**	-0.911**	-0.910**	-0.812**
	丙二醛含量	-0.928**	-0.949**	-0.961**	-0.877**
	电导率	-0.930**	-0.990**	-0.960**	-0.861**
	光合速率	0.974**	0.970**	0.959**	0.903**
	胞间 CO_2 浓度	0.907**	0.952**	0.940**	0.847**

注：相关性系数显著性表示为 ** $P<0.01$，* $P<0.05$，下同。

表 7-5 冬小麦开花期生理指标与形态指标之间的相关性

生育期	参数	株高	全展叶片数	叶面积	地上生物量
分蘖期（未灌水）	土壤含水量	0.819**	0.844**	0.829**	0.822**
	叶绿素含量	0.865**	0.882**	0.882**	0.799**
	叶片相对含水量	0.815**	0.861**	0.844**	0.750**
	可溶性糖	-0.912**	-0.955**	-0.940**	-0.894**
	可溶性蛋白	0.953**	0.952**	0.956**	0.897**
	脯氨酸含量	-0.954**	-0.961**	-0.960**	-0.987**
	丙二醛含量	-0.773**	-0.813**	-0.797**	-0.691**
	电导率	-0.936**	-0.938**	-0.937**	-0.987**
	光合速率	0.929**	0.943**	0.941**	0.910**
	胞间 CO_2 浓度	0.942**	0.965**	0.961**	0.987**
分蘖期（补灌）	土壤含水量	0.786**	0.810**	0.806**	0.753**
	叶绿素含量	0.937**	0.949**	0.969**	0.961**
	叶片相对含水量	0.930**	0.914**	0.956**	0.929**
	可溶性糖	-0.897**	-0.875**	-0.923**	-0.864**
	可溶性蛋白	0.962**	0.907**	0.958**	0.935**
	脯氨酸含量	-0.965**	-0.947**	-0.959**	-0.983**
	丙二醛含量	-0.713**	-0.698**	-0.762**	0.681**
	电导率	-0.862**	-0.913**	-0.883**	-0.968**
	光合速率	0.880**	0.845**	0.892**	0.895**
	胞间 CO_2 浓度	0.899**	0.954**	0.945**	0.979**

表 7-6　冬小麦灌浆期生理指标与形态指标之间的相关性

生育期	参数	株高	全展叶片数	叶面积	地上生物量
灌浆期（未灌水）	土壤含水量	0.834**	0.957**	0.926**	0.926**
	叶绿素含量	0.782**	0.959**	0.959**	0.969**
	叶片相对含水量	0.828**	0.719**	0.670**	0.823**
	可溶性糖	-0.833**	-0.858**	-0.801**	-0.912**
	可溶性蛋白	0.816**	0.946**	0.965**	0.972**
	脯氨酸含量	-0.871**	-0.807**	-0.756**	-0.892**
	丙二醛含量	-0.899**	-0.867**	-0.844**	-0.940**
	电导率	-0.853**	-0.889**	-0.858**	-0.937**
	光合速率	0.769**	0.972**	0.979**	0.940**
	胞间 CO_2 浓度	0.750**	0.981**	0.986**	0.929**
灌浆期（补灌）	土壤含水量	0.660*	0.925**	0.931**	0.898**
	叶绿素含量	0.740**	0.962**	0.954**	0.969**
	叶片相对含水量	0.744**	0.577*	0.536*	0.722**
	可溶性糖	-0.835**	-0.808**	-0.770**	-0.895**
	可溶性蛋白	0.736**	0.870**	0.850**	0.936**
	脯氨酸含量	-0.857**	-0.850**	-0.824**	-0.948**
	丙二醛含量	-0.826**	-0.870**	-0.846**	-0.940**
	电导率	-0.755**	-0.930**	-0.910**	-0.953**
	光合速率	0.666**	0.980**	0.978**	0.947**
	胞间 CO_2 浓度	0.677**	0.984**	0.972**	0.949**

产量和生理指标（见表 7-7 ~ 表 7-9），在拔节期，各产量指标与脯氨酸、电导率、光合速率相关性不明显，土壤含水量、叶片相对含水量、胞间 CO_2 浓度与各产量因素都呈显著性正相关；叶绿素含量与穗粒重、千粒重相关性不明显，但与单株穗数、每穗小穗、穗长和产量都呈显著性正相关；可溶性糖、可溶性蛋白与千粒重相关性不明显，但与其他产量因素（单株穗数、每穗小穗、穗粒重、穗长和产量）呈显著性负相关。丙二醛含量与单株穗数、产量呈显著性负相关，但与其他产量因素（每穗小穗、穗粒重、穗长、千粒重）相关性不明显。

表 7-7　冬小麦拔节期、孕穗期生理指标与产量因素之间的相关性

生育期	参数	每穗小穗	穗粒数	穗长	不孕穗	千粒重	产量
拔节期	土壤含水量	0.835**	0.755**	0.683**	0.727**	0.637*	0.834**
	叶绿素含量	0.654*	0.571*	0.483	0.514*	0.442	0.656*
	叶片相对含水量	0.707**	0.611*	0.544*	0.561*	0.515*	0.694**
	可溶性糖	-0.585*	-0.596*	-0.525*	-0.582*	-0.438	-0.553*
	可溶性蛋白	0.682**	0.627*	0.565*	0.601*	0.492	0.674**
	脯氨酸含量	-0.511	-0.494	-0.435	-0.468	-0.356	-0.485
	丙二醛含量	-0.545*	-0.489	-0.393	-0.433	-0.325	-0.531*
	电导率	-0.411	-0.424	-0.337	-0.406	-0.244	-0.404
	光合速率	0.271	0.299	0.246	0.319	0.282	0.286
	胞间 CO_2 浓度	0.874**	0.911**	0.927**	0.927**	0.873**	0.777**

续表 7-7

生育期	参数	每穗小穗	穗粒数	穗长	不孕穗	千粒重	产量
拔节期	土壤含水量	0.777**	0.808**	0.743**	0.798**	0.677**	0.772**
	叶绿素含量	0.956**	0.968**	0.927**	0.936**	0.926**	0.977**
	叶片相对含水量	0.804**	0.730**	0.657**	0.690**	0.623*	0.793**
	可溶性糖	-0.903**	-0.811**	-0.764**	-0.771**	-0.752**	-0.916**
	可溶性蛋白	0.924**	0.985**	0.978**	0.979**	0.957**	0.910**
	脯氨酸含量	-0.913**	-0.966**	-0.942**	-0.956**	-0.933**	-0.925**
	丙二醛含量	-0.949**	-0.920**	-0.877**	-0.892**	-0.883**	-0.932**
	电导率	-0.941**	-0.900**	-0.858**	-0.871**	-0.847**	-0.978**
	光合速率	0.945**	0.967**	0.939**	0.963**	0.921**	0.974**
	胞间 CO_2 浓度	0.935**	0.864**	0.808**	0.828**	0.799**	0.934**

表 7-8　冬小麦开花期生理指标与产量因素之间的相关性

生育期	参数	每穗小穗	穗粒数	穗长	不孕穗	千粒重	产量
分蘖期（未灌水）	土壤含水量	0.791**	0.851**	0.815**	0.820**	0.795**	0.812**
	叶绿素含量	0.887**	0.778**	0.738**	0.735**	0.719**	0.869**
	叶片相对含水量	0.852**	0.744**	0.698**	0.698**	0.694**	0.823**
	可溶性糖	-0.946**	-0.890**	-0.857**	-0.851**	-0.853**	-0.926**
	可溶性蛋白	0.942**	0.891**	0.846**	0.856**	0.838**	0.961**
	脯氨酸含量	-0.958**	-0.973**	-0.973**	-0.977**	-0.943**	-0.959**
	丙二醛含量	-0.802**	-0.688**	-0.645*	-0.628*	-0.655*	-0.773**
	土壤含水量	-0.945**	-0.986**	-0.981**	-0.973**	-0.968**	-0.952**
	叶绿素含量	0.956**	0.905**	0.867**	0.865**	0.856**	0.951**
	叶片相对含水量	0.954**	0.983**	0.965**	0.984**	0.953**	0.962**
分蘖期（灌水）	可溶性糖	0.693**	0.716**	0.788**	0.743**	0.777**	0.776**
	可溶性蛋白	0.910**	0.906**	0.954**	0.946**	0.954**	0.968**
	脯氨酸含量	0.937**	0.887**	0.922**	0.893**	0.907**	0.959**
	丙二醛含量	-0.871**	-0.811**	-0.860**	-0.828**	-0.860**	-0.937**
	土壤含水量	0.897**	0.862**	0.923**	0.897**	0.924**	0.982**
	叶绿素含量	-0.941**	-0.949**	-0.995**	-0.965**	-0.966**	-0.967**
	叶片相对含水量	-0.729**	-0.628*	-0.673**	-0.629*	-0.696**	-0.774**
	可溶性糖	-0.916**	-0.955**	-0.970**	-0.966**	-0.964**	-0.900**
	可溶性蛋白	0.901**	0.842**	0.874**	0.851**	0.887**	0.939**
	脯氨酸含量	0.942**	0.959**	0.967**	0.985**	0.955**	0.944**

孕穗期到灌浆期，不论是灌水还是未灌水，产量指标与土壤含水量、叶绿素、叶片含水量、可溶性蛋白、光合速率、胞间 CO_2 浓度呈显著性正相关，与可溶性糖、脯氨酸、丙二醛、电导率呈显著性负相关。

表 7-9　冬小麦灌浆期生理指标与产量因素之间的相关性

生育期	参数	每穗小穗	穗粒数	穗长	不孕穗	千粒重	产量
灌浆期（未灌水）	土壤含水量	0.920**	0.913**	0.882**	0.905**	0.835**	0.947**
	叶绿素含量	0.929**	0.973**	0.939**	0.963**	0.929**	0.976**
	叶片相对含水量	0.843**	0.727**	0.683**	0.672**	0.683**	0.827**
	可溶性糖	-0.876**	-0.812**	-0.779**	-0.789**	-0.758**	-0.941**
	可溶性蛋白	0.938**	0.973**	0.953**	0.963**	0.952**	0.942**
	脯氨酸含量	-0.872**	-0.790**	-0.745**	-0.746**	-0.745**	-0.888**
	丙二醛含量	-0.943**	-0.875**	-0.845**	-0.845**	-0.834**	-0.922**
	土壤含水量	-0.950**	-0.892**	-0.854**	-0.853**	-0.847**	-0.939**
	叶绿素含量	0.964**	0.981**	0.974**	0.984**	0.938**	0.932**
	叶片相对含水量	0.963**	0.986**	0.987**	0.979**	0.952**	0.918**
灌浆期（补灌）	土壤含水量	0.886**	0.919**	0.900**	0.941**	0.860**	0.904**
	叶绿素含量	0.928**	0.941**	0.979**	0.972*	0.959**	0.977**
	叶片相对含水量	0.701**	0.585*	0.628*	0.582*	0.643*	0.754**
	可溶性糖	-0.819**	-0.767**	-0.867**	-0.807**	-0.852**	-0.948**
	可溶性蛋白	0.913**	0.860**	0.892**	0.877**	0.898**	0.952**
	脯氨酸含量	-0.876**	-0.828**	-0.897**	-0.850**	-0.903**	-0.945**
	丙二醛含量	-0.908**	-0.801**	-0.893**	-0.869**	-0.881**	-0.951**
	土壤含水量	-0.972**	-0.938**	-0.941**	-0.932**	-0.919**	-0.950**
	叶绿素含量	0.957**	0.978**	0.985**	0.987**	0.967**	0.944**
	叶片相对含水量	0.973**	0.984**	0.985**	0.981**	0.944**	0.947**

形态指标与产量指标（见表 7-10），拔节期，穗粒数与地上生物量相关性不明显，千粒重与叶面积、地上生物量相关性也不明显，其他形态指标与产量因素都呈显著性相关。从孕穗期到灌浆期，形态指标与产量因素都呈显著性相关。

表 7-10　形态指标与产量因素之间的相关性

生育期	参数	每穗小穗	穗粒数	穗长	不孕穗	千粒重	产量
拔节期	株高	0.700**	0.703**	0.653*	0.681**	0.605*	0.702**
	全展叶数	0.728**	0.757**	0.705**	0.757**	0.625*	0.701**
	叶面积	0.590*	0.601*	0.523*	0.590*	0.430	0.570*
	地上生物量	0.542*	0.527*	0.436	0.502*	0.368	0.583*
孕穗期	株高	0.950**	0.963**	0.934**	0.960**	0.919**	0.974**
	全展叶数	0.958**	0.932**	0.908**	0.904**	0.904**	0.982**
	叶面积	0.940**	0.934**	0.896**	0.915**	0.896**	0.968**
	地上生物量	0.837**	0.839**	0.810**	0.834**	0.805**	0.900**
分蘖期（未灌水）	株高	0.934**	0.920**	0.894**	0.903**	0.871**	0.985**
	全展叶数	0.965**	0.953**	0.912**	0.940**	0.884**	0.965**
	叶面积	0.958**	0.939**	0.902**	0.928**	0.875**	0.972**
	地上生物量	0.974**	0.989**	0.984**	0.979**	0.957**	0.949**

续表 7-10

生育期	参数	每穗小穗	穗粒数	穗长	不孕穗	千粒重	产量
分蘖期（补灌）	株高	0.869**	0.859**	0.944**	0.895**	0.918**	0.975**
	全展叶数	0.915**	0.940**	0.940**	0.954**	0.906**	0.939**
	叶面积	0.914**	0.909**	0.945**	0.934**	0.923**	0.970**
	地上生物量	0.965**	0.972**	0.989**	0.975**	0.972**	0.957**
灌浆期（未灌水）	株高	0.841**	0.785**	0.733**	0.762**	0.686**	0.807**
	全展叶数	0.960**	0.968**	0.965**	0.971**	0.931**	0.946**
	叶面积	0.946**	0.977**	0.974**	0.986**	0.946**	0.926**
	地上生物量	0.948**	0.957**	0.928**	0.949**	0.928**	0.982**
灌浆期（补灌）	株高	0.672**	0.621*	0.703**	0.654*	0.725**	0.784**
	全展叶数	0.947**	0.975**	0.969**	0.987**	0.933**	0.928**
	叶面积	0.932**	0.969**	0.959**	0.986**	0.927**	0.909**
	地上生物量	0.907**	0.914**	0.957**	0.952**	0.953**	0.965**

7.2　不同用量保水剂对烟草各生育期植株生长的影响

7.2.1　不同用量保水剂对烟草株高、茎粗、叶数的影响

从表 7-11 可以看出，不同用量保水剂对烟草各生育期的株高、茎粗和单株叶数的影响达到显著水平（试验处理同 2.2 节）。在烟草伸根期（S_1），随着保水剂量的增加，株高、茎粗、单株叶数均呈增长趋势，在处理 W_4 第一次达到峰值，同对照 CK 相比，具显著差异（$P<0.05$），在处理 W_4 之后，各指标先降后升，在处理 W_7 时，第二次达到峰值，与处理 W_4 和对照 CK 相比均达到显著（$P<0.05$）。在烟草旺长期（S_2），株高、茎粗、叶数的变化趋势与伸根期（S_1）的变化趋势基本一致，也是在处理 W_4 时达到最大值，其后随着保水剂施用量的增加，各指标值先降低再上升，有一定的回复趋势，而烟草单株叶数在处理 W_4 之后，维持在单株叶数 26 片左右，无显著变化（$P>0.05$）。在烟草成熟期（S_3），株高、茎粗、叶数的变化趋势与前两个时期的变化趋势大体一致，也是先升后降再升，在处理 W_4 达到最大值，所不同的是株高在处理 W_4 之后，呈递减趋势，且处理 W_7 与处理 W_4 和对照 CK 相比均达不到显著（$P>0.05$），烟草单株叶数在处理 W_4 后的变化趋势与株高的变化趋势一致。

表 7-11　烟草各生育期在不同用量保水剂作用下的株高、茎粗、单株叶数比较

处理	株高（m）			茎粗（cm）			单株叶数		
	S_1	S_2	S_3	S_1	S_2	S_3	S_1	S_2	S_3
CK	0.47d	1.19c	1.44b	2.28b	3.15d	2.96c	13d	22c	17c
W_1	0.54bcd	1.35b	1.52ab	2.28b	3.29bcd	3.15abc	13cd	25ab	19b
W_2	0.65ab	1.42ab	1.49ab	2.34b	3.32bcd	3.14abc	16ab	24bc	19bc
W_3	0.63abc	1.41ab	1.56a	2.39b	3.47ab	3.25ab	16abc	27a	19b
W_4	0.73a	1.46a	1.57a	2.78a	3.57a	3.38a	18a	26ab	21a
W_5	0.69a	1.38ab	1.53ab	2.49ab	3.42abc	3.18abc	17ab	25ab	19b
W_6	0.68a	1.45a	1.52ab	2.28b	3.33abcd	3.22abc	16ab	26ab	19bc
W_7	0.53cd	1.34b	1.48ab	2.30b	3.18cd	3.00bc	14bcd	26ab	18bc

注：S_1、S_2、S_3 分别表示烟草的伸根期、旺长期、成熟期，同列不同字母表示处理间差异显著（$P<0.05$），下同。

从烟草伸根期(S_1)、旺长期(S_2)、成熟期(S_3)之间来看,株高随着烟草的生长而呈增加趋势,在成熟期(S_3)达到最大值,这符合生物学植物生长规律。烟株茎粗在旺长期(S_2)达到最大值,而在其后的成熟期(S_3)有一定减小,其原因可能与烟草在生育后期将生长重心转移到叶片而不是茎有关。烟草单株叶数在旺长期(S_2)达到最大,表明烟草在旺长期生长代谢非常旺盛,叶片有效分化数最多,而在成熟期位于烟株底部的部分叶片由于难以接收到太阳光照射,导致其衰老退化,且在烟草生育后期主要是烟叶的横向生长,而不是叶数的增多,所以成熟期叶片与旺长期相比减少。从施用不同量保水剂后各形态指标的差异可以看出,保水剂用量在 W_4(30 kg/hm^2)时,对烟草植株生长有最适效应。

7.2.2 不同用量保水剂对烟草叶面积、比叶面积的影响

施用保水剂后能增加烟株叶面积、比叶面积(SLA)(见表 7-12)。方差分析表明,烟草叶面积在各时期的处理 W_4 达到最大值,同对照 CK 相比达到显著($P<0.05$),在 W_4 之后叶面积随保水剂量的增加而减小,至处理 W_7 时达到最小值,但仍要高于对照 CK,两者相比达到显著($P<0.05$),但在成熟期(S_3)处理 W_7 与对照 CK 相比达不到显著($P>0.05$)。烟草叶面积在旺长期(S_2)、成熟期(S_3)基本稳定,均要大于伸根期(S_1)的叶面积。

表 7-12 烟草各生育期在不同用量保水剂作用下的叶面积、比叶面积比较

处理	叶面积(cm^2)			比叶面积 (cm^2/g)		
	S_1	S_2	S_3	S_1	S_2	S_3
CK	821.29c	1 290.76d	1 373.86d	133.34cd	121.57b	94.63c
W_1	805.36c	1 419.78cd	1 432.51cd	113.21d	136.78ab	121.28bc
W_2	870.81bc	1 649.06abc	1 657.65ab	143.71bcd	132.76ab	143.17ab
W_3	1 018.44a	1 700.37ab	1 642.84abc	158.10bc	142.06ab	135.40abc
W_4	1 090.06a	1 801.68a	1 832.18a	170.91ab	157.43a	167.96a
W_5	993.91ab	1 773.38ab	1 659.28ab	158.41bc	132.93ab	163.31ab
W_6	1 013.76a	1 632.33abc	1 513.20bcd	170.99ab	148.35a	120.93bc
W_7	1 063.01a	1 551.64bc	1 497.04bcd	194.30a	152.09a	160.72ab

烟草植株比叶面积在旺长期(S_2)、成熟期(S_3)的变化趋势与叶面积变化趋势不同,在处理 W_4 达到最大值,其后随着保水剂用量的增加,比叶面积先降低后上升,在处理 W_7 第二次达到最大值,处理 W_7 与对照 CK 相比达到显著($P<0.05$),而与处理 W_4 相比达不到显著($P>0.05$)。而比叶面积在伸根期(S_1)与其他两个时期不同,随着保水剂用量的增加,一直呈上升趋势,至处理 W_7 才达到最大值,处理 W_7 与对照 CK 相比达到显著($P<0.05$)。烟草叶面积随着植株生长而增加,而比叶面积随着植株生长而减小。

7.3 不同用量保水剂对玉米苗期植株生长的影响

从表 7-13 可以看出,施用一定量的保水剂能够显著地提高玉米的株高、茎粗和叶数指标值。株高随着保水剂用量的增加,呈双峰型变化,峰值分别出现在处理为 60 kg/hm^2

和 120 kg/hm^2 时，且在它们之间达不到显著水平（$P>0.05$）。与对照相比，施用不同量的保水剂均能增加玉米的株高，但处理 30 kg/hm^2 对其达不到显著水平（$P>0.05$）。株高值在处理 30、90、150 kg/hm^2 间达不到显著水平（$P>0.05$），而在处理 60、120 kg/hm^2 时对其余处理均达到显著水平（$P<0.05$）。玉米茎粗变化趋势与株高变化趋势一致，所不同的是，与对照相比，处理 30、90、150 kg/hm^2 均达不到显著水平（$P>0.05$）。玉米叶数的变化呈单峰型，峰值出现在处理 60 kg/hm^2，与对照相比达到显著水平（$P<0.05$）。由此可见，对玉米生长有显著促进作用的保水剂最佳施用量为 60 kg/hm^2，施用量过多会对玉米生长有一定抑制作用，施用量过少则达不到最佳效果。

表 7-13　不同用量保水剂作用下玉米苗期的株高、茎粗、叶数比较

指标		保水剂浓度（kg/hm^2）					
		0	30	60	90	120	150
株高（m）		0.49 ±0.02 cD	0.56 ±0.04 bcCD	0.70 ±0.09 aA	0.59 ±0.06 bBC	0.68 ±0.03 aAB	0.57 ±0.05 bCD
茎粗（cm）		1.57 ±0.16 cB	1.69 ±0.15 bcAB	1.93 ±0.26 aA	1.78 ±0.11 abcAB	1.82 ±0.22 abAB	1.78 ±0.11 abcAB
叶数	可见叶	8cB	9bAB	11aA	10abA	10abA	10abA
	全展叶	7cC	7bcBC	9aA	8abAB	8abAB	8abABC

7.4　保水剂不同施用年限对小麦的产量及生物量的影响

图 7-11 是各处理的小麦产量，在单年施用保水剂情况下，与对照相比，虽然数据显著略有降低，但是各处理之间差异性不显著。连续两年施用保水剂，45 kg/hm^2 和 60 kg/hm^2 处理的产量显著高于对照，分别增加 11.22% 和 11.35%，而两者之间差异不显著。两种施用方式下，相同保水剂用量处理，后者产量均显著高于前者，在 0、45、60 kg/hm^2 用量处理下，分别增加 12.66%、21.92% 和 23.06%。

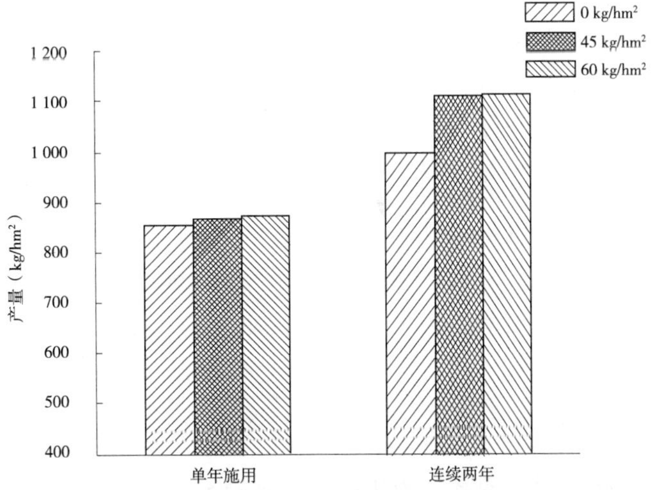

图 7-11　保水剂不同施用年限下小麦的产量

单年施用保水剂条件下，产量增加较小，但趋势与之前研究一致。连续两年施用保水剂条件下，小麦增产效果明显，增产幅度也与之前研究结果接近。从本试验来看，连续施用保水剂条件下，作物增产更加明显。而本研究同时也表明，连续两年施用保水剂能提高小麦根际微生物数量，微生物数量的提高和产量增加变化有相同的趋势，两者之间是否存在相关性，则有待进一步证明。

7.5 不同保水剂对不同土壤冬小麦生物量及产量的影响

7.5.1 对生物量的影响

试验处理同2.3节。从表7-14中可以看出，在拔节期无论是砂土还是砂壤土，两种保水剂各处理对地上部分生物量影响不明显，孕穗期以后两种保水剂对冬小麦地上部分生物量影响明显增大。砂土孕穗期两种保水剂对冬小麦生物量都有影响，营养型抗旱保水剂各处理与对照比分别增加了12.5%、21.75%、39.25%、10.5%，沃特保水剂各处理与对照比分别增加了6.56%、9.25%、17.86%、7.43%。砂土成熟期两种保水剂对冬小麦生物量的影响与孕穗期相似，营养型抗旱保水剂各处理与对照比分别增加了10.3%、19.76%、34.27%、9.5%，沃特保水剂各处理与对照比分别增加了7.55%、8.45%、19.83%、6.44%。营养型抗旱保水剂对砂土改良的效果比沃特保水剂好。相关分析表明，孕穗期与成熟期生物量达到极显著差异，砂土与砂壤土生物量达到显著差异。

表7-14 冬小麦拔节期、孕穗期、成熟期砂土和壤土各处理小麦单株地上生物量

（单位:g）

处理	砂土			砂壤土		
	拔节期	孕穗期	成熟期	拔节期	孕穗期	成熟期
1	2.65±0.42h	8.09±0.61h	17.58±0.73f	3.1±0.55g	13.25±0.73g	27.92±0.54g
2	3.58±0.62d	9.02±0.52d	19.39±0.26d	3.85±0.54d	14.01±0.42f	28.83±0.32f
3	2.86±0.53g	9.83±0.57b	21.02±0.69b	4.23±0.38c	15.87±0.65c	31.37±0.60d
4	4.68±0.54a	11.23±0.43a	23.76±0.82a	4.42±0.87a	17.98±0.42a	35.04±0.61b
5	3.25±0.75d	8.89±0.59e	20.45±0.83c	3.31±0.72f	14.11±0.46f	29.001±0.32e
6	2.72±0.37h	8.23±0.68f	18.67±0.46e	3.06±0.66g	12.33±0.83g	26.34±0.76i
7	4.29±0.44b	8.98±0.33d	19.44±0.72d	4.36±0.70b	15.16±0.62d	38.32±0.62a
8	3.02±0.65e	9.52±0.77c	20.57±0.68c	3.48±0.32e	14.45±0.42e	33.92±0.45c
9	4.03±0.62c	8.15±0.49g	18.72±0.37e	2.86±0.57h	16.08±0.66b	27.71±0.43h

注：同列不同字母表示处理间差异显著（$P<0.05$），下同。

两种保水剂对砂壤土拔节期冬小麦生物量的影响不大，营养型抗旱保水剂对于孕穗期和成熟期冬小麦生物量的影响比较显著，孕穗期各处理与对照比分别增加了5.74%、

19.77%、35.7%、6.49%，成熟期各处理与对照比分别增加了 3.26%、12.36%、25.5%、3.94%，孕穗期对生物量的影响比成熟期效果明显。沃特保水剂在孕穗期和成熟期对冬小麦生物量的影响没有规律可循，说明沃特保水剂对砂壤土改良效果不好。

7.5.2　对产量的影响

保水剂不同处理对作物的影响最终要体现在产量上，在不同处理条件下，产量是鉴定保水剂作用的重要指标之一。由表 7-15 中可以看出，在砂土条件下，两种保水剂不同处理中，处理 2、处理 3、处理 4、处理 5 除株高外不同指标都等于或大于对照，处理 4 除株高及千粒重外其他指标都达到最大；处理 9 除株高小于对照外其余各指标都比对照大；处理 8 株高、穗长、千粒重比对照小，其余各指标比对照大。处理 1、处理 2、处理 3、处理 4、处理 5 间差异相对较大，且随保水剂的用量增多，差异也逐渐变大；处理 6、处理 7、处理 8、处理 9 间差异性较小。可见，保水剂种类及用量对产量影响很大。

表 7-15　两种质地不同保水剂各处理产量及产量因素

质地	处理	株高（cm）	穗长（cm）	每穗小穗数（个）	不孕小穗数（个）	单穗粒数（个）	千粒重（g）	产量（kg/hm^2）
砂土	1	52.4 ±2.65abc	7.1 ±0.22a	14 ±0.67cd	1 ±0.11a	34 ±0.87cd	39.6 ±1.12e	3 345.03 ±12.34i
	2	54.3 ±2.05abc	7.2 ±0.32a	15 ±0.49bc	2 ±0.09a	35 ±0.99cd	40.5 ±1.23d	3 685.86 ±10.09d
	3	59.5 ±2.92a	7.4 ±0.27a	15 ±0.75bc	2 ±0.13a	35 ±0.79c	43.1 ±0.98a	4 711.77 ±14.33b
	4	56.5 ±2.15ab	7.6 ±0.43a	17 ±0.46a	2 ±0.08a	39 ±1.43b	41.8 ±0.34b	5 358.45 ±16.09a
	5	51.7 ±1.66abc	7.5 ±0.33a	16 ±0.75ab	1 ±0.21a	38 ±1.76b	40.2 ±0.56d	3 498.42 ±10.98g
	6	57.2 ±2.84ab	7.1 ±0.22a	16 ±0.43ab	1 ±0.05a	41 ±0.98a	40.4 ±1.32d	3 467.46 ±13.33h
	7	47.5 ±1.15cd	6.5 ±0.21a	13 ±0.54d	2 ±0.09a	27 ±1.11e	39.7 ±1.02e	3 576.72 ±15.32e
	8	50.3 ±1.98bcd	6.8 ±0.32a	15 ±0.87bc	2 ±0.06a	33 ±1.21d	39.0 ±1.11f	3 939.69 ±16.54c
	9	50.2 ±2.01d	7.4 ±0.45a	15 ±0.67bc	2 ±0.11a	36 ±0.97c	41.2 ±0.77c	3 524.25f
砂壤土	1	69.4 ±1.35c	7.1 ±0.32b	13 ±0.54c	3 ±0.08abc	30 ±0.78cd	48.5 ±1.34f	3 951.99 ±13.43g
	2	67.3 ±1.85d	7.4 ±0.26ab	15 ±0.48ab	3 ±0.07bc	30 ±0.88bc	50.4 ±0.94cd	4 359.69 ±12.11c
	3	69.4 ±1.48c	7.2 ±0.33ab	13 ±0.68bc	4 ±0.09ab	30 ±0.98cd	51.9 ±1.33a	5 166.96 ±14.53b
	4	69.8 ±1.43c	7.6 ±0.76ab	15 ±0.77ab	3 ±0.21a	30 ±0.66cd	51.3 ±1.43b	5 832.33 ±17.45a
	5	70.4 ±2.24c	7.6 ±0.43ab	15 ±0.85ab	3 ±0.14bc	32 ±0.45b	49.5 ±1.11e	4 302.99 ±16.76d
	6	67.9 ±1.05cd	7.0 ±0.44b	11 ±0.46d	4 ±0.32a	31 ±0.55bc	51.2 ±0.78bc	4 296.35 ±14.33e
	7	67.1 ±1.69d	7.9 ±0.56a	15 ±0.66abc	3 ±0.22bc	31 ±0.78bc	50.4 ±0.69d	4 190.43 ±15.67f
	8	72.7 ±3.64b	7.4 ±0.66ab	14 ±0.82abc	3 ±0.11bc	29 ±0.64d	50.2 ±0.54d	3 600.12 ±10.09i
	9	74.6 ±3.85a	7.5 ±0.76ab	16 ±0.63a	2 ±0.03c	36 ±0.43a	50.9 ±1.33d	3 886.95 ±12.23h

在砂壤土条件下，两种保水剂不同处理中，处理 2、处理 3、处理 4、处理 5 除处理 2 的株高比对照低外，其余各指标都比对照大；处理 6 的株高、穗长、每穗小穗数比对照小，其余各指标比对照大；处理 8 的单穗粒数比对照低，其余各指标比对照大；处理 9 的不孕小穗数比对照小外，其余各指标都比对照显著增大。

综上所述，保水剂不同处理对产量的影响与保水剂种类及土壤质地都有关系，营养型抗旱保水剂对砂土的影响比沃特保水剂效果好；营养型抗旱保水剂对砂壤土影响效果较大，沃特保水剂不明显，营养型抗旱保水剂对两种土壤的影响都以 45 kg/hm^2 处理最好。沃特保水剂处理6 和处理8 的产量比对照低，处理7、处理9 的产量比对照高，没有明显规律，说明沃特保水剂对砂土的影响效果不明显。

7.5.3　各指标间相关性分析

相关系数随着土壤结构和生育期不同而变化是生物学研究中经常出现的问题，因此充分了解土壤结构和生育期对相关因素的影响，在栽培上具有重要的意义。砂土在冬小麦不同生育期不同保水剂处理下土壤结构指标、各产量指标、生物量指标与产量指标的相关程度不同。生物量与团聚体相关性达到极显著水平，产量指标与孕穗期和成熟期达到极显著水平，团聚体与成熟期达到显著水平在小麦生长前期。砂壤土和砂土各指标间相关性有所不同（见表 7-16、表 7-17），砂壤土冬小麦生物量与团聚体、大孔隙度和产量相关性显著，产量与大孔隙度呈显著相关，与孕穗期和成熟期达到极显著相关；大孔隙度与孕穗期和成熟期显著相关。可见，对冬小麦管理在孕穗期以后更重要。

表 7-16　砂土冬小麦产量与三个生育期及土壤结构指标间相关性分析

相关系数	生物量	>0.25 mm 团聚体含量	大孔隙度	拔节期	孕穗期	成熟期	产量
生物量	1						
>0.25 mm 团聚体含量	0.756 1**	1					
大孔隙度	-0.098 8	-0.219 7	1				
拔节期	0.363 8	-0.161	-0.027 2	1			
孕穗期	0.133 3	0.307 6	0.584 6*	-0.296 5	1		
成熟期	0.351 7	0.524 8*	0.530 1*	-0.251 1	0.909 0**	1	
产量	0.254 5	0.303 1	0.582 2*	-0.177 8	0.960 3**	0.894 7**	1

表 7-17　砂壤土冬小麦产量与三个生育期及土壤结构指标间相关性分析

相关系数	生物量	>0.25 mm 团聚体含量	大孔隙度	拔节期	孕穗期	成熟期	产量
生物量	1						
>0.25 mm 团聚体含量	-0.588 2*	1					
大孔隙度	-0.557 1*	0.661 2*	1				
拔节期	-0.392 1	0.385 6	0.855 7**	1			
孕穗期	-0.492 8	0.387 3	0.881 6**	0.923 3**	1		
成熟期	-0.440 9	0.327 6	0.507 6*	0.311 2	0.604 3*	1	
产量	-0.795 2*	0.301 0	0.645 7*	0.666 5*	0.726 7*	0.458 7*	1

产量和产量因素间相关性表明(见表 7-18 和表 7-19),砂土冬小麦产量和株高、每穗小穗数、不孕小穗数及千粒重都呈显著相关,与穗长和单穗数无相关性;千粒重与株高极显著相关,与穗长显著相关,与其他因素间关系不显著。砂壤土冬小麦产量与千粒重显著相关,与其他因素相关不显著;不孕小穗数与株高、穗长显著相关,与每穗小穗数极显著相关。

表 7-18　砂土冬小麦产量与产量因素之间的相关性

相关系数	株高	穗长	每穗小穗数	不孕小穗数	单穗数	千粒重	产量
株高	1						
穗长	0.582 3*	1					
每穗小穗数	0.585 6*	0.766 1**	1				
不孕小穗数	−0.092 3	−0.118 1	−0.142 9	1			
单穗数	0.652 2*	0.761 8**	0.894 8**	−0.434 1	1		
千粒重	0.721 9**	0.669 0*	0.391 3	0.325	0.354 6	1	
产量	0.559 1*	0.445 7	0.514 8*	0.509 1*	0.214 1	0.670 5*	1

表 7-19　砂壤土冬小麦产量与产量因素之间的相关性

相关系数	株高	穗长	每穗小穗数	不孕小穗数	单穗数	千粒重	产量
株高	1						
穗长	0.036 9	1					
每穗小穗数	0.375 5	0.809 2**	1				
不孕小穗数	−0.598 9*	−0.527 6*	−0.827 3**	1			
单穗数	0.540 0*	0.216 3	0.434 1	−0.605 4*	1		
千粒重	0.007 6	0.012 8	−0.061 2	0.325 6	0.102 4	1	
产量	−0.299 6	0.086 3	0.006 2	0.355	−0.243 7	0.554 0*	1

7.6　保水剂与氮肥配施对小麦生长及产量的影响

7.6.1　大田冬小麦土壤和植株养分分布及水、肥利用

7.6.1.1　保水剂用量对冬小麦不同生育期土壤速效氮含量的影响

试验处理同 2.4 节。从图 7-12 中可以看出,不施氮肥时,随生育期的推进,各处理的速效氮含量降低,但收获时有所增加。除收获时外,各处理不同生育期均以收获期保水剂用量最高(B_3N_0)时的土壤速效氮含量最高,且拔节期、孕穗期和灌浆期分别比对照提高 25.0%、2.6% 和 108.0%。当施氮量为 225 kg/hm^2 时,随保水剂用量的增加,土壤速效氮含量有降低,尤其是灌浆期时降低最快。但灌浆期和收获时的保水剂用量高的处理的土壤速效氮却有所增加。在孕穗期和灌浆期虽施用了 225 kg/hm^2 氮肥,但不同用量保水剂处埋的速效氮均降低。施用氮肥 225 kg/hm^2 时,各处理的速效氮均显著增加。孕穗期和收获时的不施保水剂的处理的速效氮含量显著高于 B_1N_2 处理,随保水剂的用量增加,其土壤速效氮含量增加。灌浆期高氮与保水剂配施的处理的速效氮显著提高,且以 B_1N_2

处理最高。表明,不施氮和施氮量为 225 kg/hm^2 时,土壤速效氮拔节期均较高,而施氮量为 450 kg/hm^2 时,孕穗期较高。不施氮时,保水剂的施用在拔节期和灌浆期均提高了土壤速效氮。而施氮 225 kg/hm^2 时,保水剂的施用降低了土壤速效氮含量。施氮 450 kg/hm^2 时,灌浆期施用保水剂的处理的速效氮均显著提高。

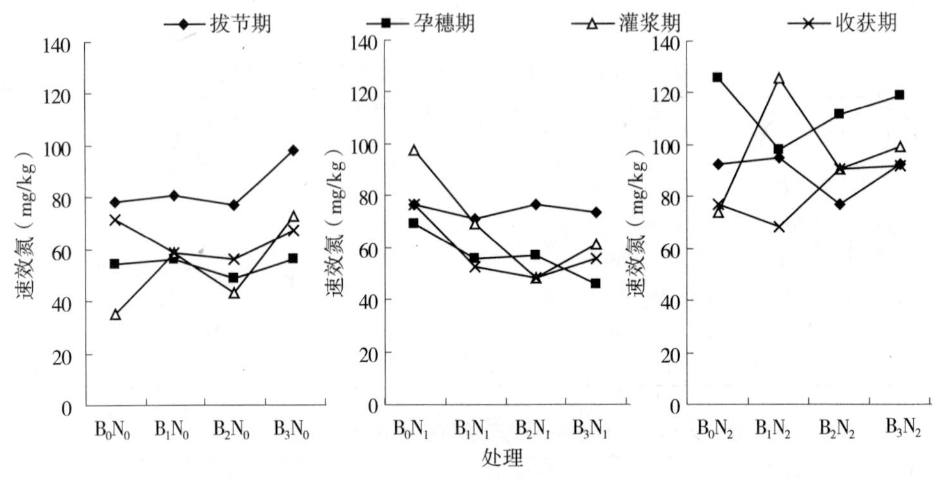

图 7-12　保水剂用量对冬小麦不同生育期土壤速效氮含量的影响

7.6.1.2　冬小麦不同生育期不同处理植株全氮分布特征

不同生育阶段氮素在冬小麦器官中的分布特征见表 7-20。整体看,冬小麦植株中的全氮含量随生育期的推进而降低。茎中的全氮含量较其他器官低。在孕穗期,低用量保水剂提高了穗全氮含量,而其他用量的处理降低。施用氮肥后,中氮用量的穗全氮含量有所降低,而高氮处理的穗全氮含量提高,其中以单施高氮处理(B_0N_2)显著高于其他处理。灌浆期在不施保水剂和低用量保水剂时,中氮处理显著提高了穗全氮,且以施保水剂的处理(B_1N_1)较高。而中、高用量保水剂以高氮处理提高穗全氮含量最为显著,其中以 B_2N_2 处理最高。孕穗期茎中全氮含量,保水剂与氮肥处理变化不一。灌浆期的秆中全氮含量均随施氮量的增加而增加,且以 B_2N_2 处理茎中的全氮含量最高,较对照提高了 178%。孕穗期和灌浆期叶中全氮含量均以施氮的处理较高,而孕穗期单施氮肥的处理均高于保水剂增施氮肥的对应处理,灌浆期以 B_2N_2 叶全氮含量最高。

收获时,对小麦籽、颖壳、茎及叶中的全氮含量进行分析得出:除高用量保水剂外,施用氮肥降低了籽粒中的全氮含量,但 B_1N_1 和 B_2N_2 较对照增加 7% 和 6% 左右。不施氮肥时,随保水剂用量的增加籽粒中全氮含量先增后降,且高用量保水剂处理籽粒中的全氮含量较对照低。颖壳中的全氮含量除 B_2N_1 外,中氮处理的全氮含量均有所降低,而高氮处理显著提高,尤其是 B_3N_2 处理。单施保水剂也提高了颖壳全氮含量,其中以 B_2N_0 处理较高。茎中全氮含量表现为:随保水剂用量的增加而先增后降,B_3N_0 处理最低,但均高于对照。施用氮肥后,除 B_3N_1 处理外,中氮用量显著降低了茎中全氮含量,而高氮处理高于对照。说明在小麦生长过程中,氮从茎中向籽粒和叶中的转移逐渐增加,有利光合色素的增加,满足了小麦生长后期高光合作用的需要。保水剂和氮肥均显著提高了叶中的全氮含量，且以单施氮肥的高氮处理 B_2N_1、B_2N_2 和 B_3N_0 效果最佳。

表 7-20　大田冬小麦不同生育期植株全氮分布　(%)

处理	孕穗期			灌浆期			收获期			
	穗	茎	叶	穗	茎	叶	籽	颖壳	茎	叶
B_0N_0	2.996b	1.413d	2.827c	1.891	0.582d	1.791f	2.746c	0.801b	0.841c	1.493f
B_0N_1	2.405cd	1.341de	3.744a	2.501bc	1.000c	2.579c	2.630c	0.933ab	0.768cd	1.742d
B_0N_2	3.641c	2.358a	3.418b	1.532e	1.371b	2.887b	2.630c	1.145a	1.058b	2.766a
B_1N_0	3.286a	1.321de	1.366e	2.121cd	0.641d	1.797f	3.444a	1.008ab	1.580a	1.793d
B_1N_1	2.250cd	1.319de	2.961c	2.753b	1.096c	2.714b	2.962b	0.828b	0.546e	1.705d
B_1N_2	3.032b	1.521cd	3.154b	2.108cd	1.034c	2.066d	2.437cd	1.116a	0.917bc	1.154g
B_2N_0	2.418cd	1.893b	2.896c	2.022d	1.073c	2.818b	2.949b	1.242a	1.161b	1.594e
B_2N_1	2.600c	1.645c	3.265b	1.769e	1.015c	2.526c	2.353d	1.055ab	0.698d	2.586a
B_2N_2	2.621c	1.509cd	3.014bc	3.068a	1.616a	3.503a	2.924b	0.789b	1.187b	2.240b
B_3N_0	2.552c	1.116e	1.701d	1.686e	1.015c	2.079d	2.336d	0.854b	0.910bc	2.705a
B_3N_1	2.004d	1.353de	3.658a	2.253c	1.181bc	2.834b	2.675c	0.867b	1.113b	1.948cd
B_3N_2	2.375cd	1.247e	2.710c	2.326c	1.128b	2.390c	2.443cd	1.289a	0.797cd	1.670e

7.6.1.3　冬小麦不同处理对产量构成因素的影响

从表 7-21 中可以看出，随保水剂用量的增加，小麦的穗粒数、千粒重、穗长及小穗数均显著增加或提高，而不孕穗减少。施用氮肥后，不施保水剂的处理的穗粒数降低，而千粒重、穗长、小穗数和不孕穗均增加。保水剂用量为 30 kg/hm^2 时，其与氮肥配施的穗粒数显著高于其他处理，其千粒重与中氮配施的处理较单施保水剂和对照低，而穗长、小穗数及不孕穗配施氮肥后差异不显著，显著高于对照。保水剂用量为 60 kg/hm^2 时，氮肥用量过高，其穗粒数、穗长和小穗数均降低，而千粒重和不孕穗与单施保水剂的处理差异不显著。当保水剂用量继续增加时，除不孕穗外，增施氮肥降低了小麦的穗粒数、千粒重、穗长和小穗数。综合分析表明，B_1N_2 处理的小麦成产要素均较高。

表 7-21　不同处理对穗粒数、千粒重及穗长等的影响

处理	穗粒数(g)	千粒重(g)	穗长(cm)	小穗数(个)	不孕穗(个)
B_0N_0	26.2b	41.0cd	7.0bc	16.4c	2.7ab
B_0N_1	22.3b	42.5ab	7.0bc	17.2b	3.5a
B_0N_2	26.4b	42.9ab	7.6ab	17.5ab	2.8ab
B_1N_0	28.5b	43.4a	7.5ab	17.6ab	2.3b
B_1N_1	38.5a	40.8d	7.6ab	17.3b	2.8ab
B_1N_2	32.1ab	43.0ab	8.6a	18.4a	2.2b
B_2N_0	27.5b	42.7ab	8.3a	17.8ab	2.1b
B_2N_1	28.5b	41.8bcd	8.0ab	17.8ab	2.5b
B_2N_2	25.0b	42.5ab	7.2bc	17.1b	2.8ab
B_3N_0	30.5ab	42.9ab	7.9a	18.2a	2.5b
B_3N_1	24.7b	42.4abc	7.6ab	16.8bc	3.2a
B_3N_2	29.6ab	41.8bcd	6.7c	18.5a	2.8ab

7.6.1.4 冬小麦不同处理水肥利用效率分析

不同处理最终的小麦产量及水肥利用效率见表 7-22。从表中可以看出，除高用量保水剂外，随氮肥用量的增加，小麦消耗氮量增加，且以不施保水剂和低用量保水剂的处理消耗氮量最高，对照消耗氮量显著小于其他处理。全生育期小麦总耗水量表现为：对照最高，B_0N_1 氮次之，其次为 B_3N_1，其他处理耗水量较低，且差异不显著。地上生物量以 B_1N_2 处理显著高于其他处理，高保水剂用量（B_3N_0、B_3N_1、B_3N_2）和 B_0N_1 处理较低。最终各处理小麦的产量分别比对照增加 35.1%、40.1%、14.9%、48.4%、45.3%、17.6%、54.8%、45.8%、2.2%、35.4%、42.0%。经济系数表现为：不施保水剂而仅施氮肥时，B_2N_0 处理的经济系数显著高于对照，B_3N_0 处理与对照间差异不显著。施用氮肥时，随施氮量的增加，不施保水剂和其低用量的处理先增后降。而中、高用量保水剂处理的经济系数随施氮量的增加而提高，但氮肥用量间差异不显著。各处理中，以 B_2N_2 处理的干物质积累到籽粒中的最多。各处理的氮肥的农学效率和氮肥表观回收率均以中氮处理较高。其中，氮肥农学效率以不施保水剂的处理较低，而以保水剂适中用量（B_2）时较高。氮肥表观回收率表现为：中氮时，中、高用量保水剂处理显著高于对照和低用量保水剂处理。而高氮时，中、高用量保水剂的氮肥回收率显著降低。说明，氮肥用量过高，其利用率降低，逸散或淋溶到下层土壤的氮肥对环境造成一定污染，且氮肥用量过高不利小麦的生长。从氮素生产力中可以看出，不施氮肥时，随保水剂用量的增加，氮素生产效率显著降低。而施用氮肥后，随施氮量的增加，氮素生产力显著降低（B_3N_2 除外）。中、高用量保水剂与其配施氮肥的处理相比，其氮素生产力降低。而不施保水剂和低用量保水剂的处理的氮素生产力较其与氮肥配施的处理高，这可能与保水剂用量有关。水分利用效率各处理表现为：对照

表 7-22　大田试验保水剂与氮肥施用对冬小麦氮肥消耗量、产量、氮肥生产力等的影响

处理	氮素消耗量（kg/hm²）	总耗水量（mm）	生物量（kg/hm²）	产量（kg/hm²）	经济系数	氮肥料利用：氮肥农学效率（kg/kg）	氮肥料利用：氮肥表观回收率（%）	氮素生产力（kg/kg）	水分利用效率（kg/（hm²·mm））
B_0N_0	84.4g	244.8a	15 200.0bc	3 354.0e	0.22d	—	—	39.8a	13.7e
B_0N_1	151.9e	240.7a	13 150.0c	4 531.7c	0.34a	5.2c	65.7d	29.8b	18.8b
B_0N_2	399.4b	207.0c	17 000.0a	4 698.4bc	0.28c	3.0d	58.1f	11.8f	22.7a
B_1N_0	151.9e	226.6b	17 250.0a	3 852.4d	0.22d	—	—	25.4c	17.0c
B_1N_1	286.9c	225.8b	14 600.0b	4 976.2a	0.34a	7.2b	67.4c	17.3d	22.0a
B_1N_2	466.9a	221.5b	23 400.0a	4 873.0ab	0.21d	3.4d	62.5e	10.4f	22.0a
B_2N_0	174.4de	208.7c	12 700.0d	3 944.4d	0.31bc	—	—	22.6d	18.9b
B_2N_1	129.4f	220.9b	15 800.0bc	5 190.5a	0.33a	8.2a	81.8a	40.1a	23.5a
B_2N_2	196.9d	216.4bc	12 550.0d	4 888.9ab	0.39a	3.4d	33.4h	24.8c	22.6a
B_3N_0	196.9d	211.0c	13 150.0c	3 428.6e	0.26c	—	—	17.4e	16.2d
B_3N_1	151.9e	236.0ab	13 350.0c	4 539.7c	0.34a	5.3c	75.3b	29.9b	19.2b
B_3N_2	151.9e	211.2c	13 200.0c	4 761.9b	0.36a	3.1d	38.0g	31.4b	22.5a

注：冬小麦氮素消耗量 = 播种前冬小麦表层 40 cm 全氮含量 - 收获时土壤表层 40 cm 全氮含量 + 施氮量；

氮素生产力（kg/kg）= 冬小麦籽粒产量/氮肥消耗量；

氮肥农学效率（kg/kg）=（施氮区小麦产量 - 无氮区小麦产量）/ 施氮量；

氮肥表观回收率（%）=（施氮区吸氮量 - 无氮区吸氮量）/ 施氮量 ×100。

显著低于其他处理。随施氮量的增加，不同保水剂用量的处理的水分利用效率均提高，但高氮和低氮处理间差异不显著。中氮条件下的水分利用效率保水剂处理均高于对照，而高氮处理间差异不显著。

7.6.1.5　影响小麦籽粒产量的主导因子

对 12 个处理的小麦籽粒产量(Y)与相关因子(穗粒数 X_1、千粒重 X_2、穗长 X_3、小穗数 X_4、氮素消耗量 X_5、总耗水量 X_6、生物量 X_7、经济系数 X_8、氮素生产力 X_9、水分利用效率 X_{10})进行逐步回归分析，确定影响叶片小麦产量的主导因子，得到影响小麦产量的主要因子的回归模型为：

$$Y = -5\,752.07 + 39.43X_3 + 37.16X_4 - 0.81X_5 + 22.18X_6 - 8.90X_9 + 234.83X_{10}$$

$$(n = 11, R = 0.999\,8, P < 0.01)$$

从式中可以看出，小麦籽粒产量与氮素消耗量和氮素生产力呈极显著负相关($P < 0.01$)，而与穗长和小穗数呈显著正相关($P < 0.05$)，与总耗水量和水分利用效率呈极显著正相关($P < 0.01$)。

7.6.2　盆栽条件下冬小麦土壤和植株养分分布及水、肥利用

7.6.2.1　不同水分条件对冬小麦不同生育期土壤速效氮含量的影响

从图 7-13 中可以看出，随冬小麦生育期的推进，无论水分条件如何，其土壤速效氮均显著降低，说明从拔节期到孕穗扬花期小麦消耗或逸失的氮量较高。

轻度胁迫条件下，随施氮量的增加，各处理不同生育期的土壤速效氮含量均增加。不施氮肥时，除孕穗期外，保水剂的施用提高了土壤的速效氮含量。且灌浆期和收获时的速效氮含量均以 $B_0'N_1'$ 处理较高。施氮量为 225 kg/hm^2 时，拔节期以 $B_1'N_1'$ 和 $B_3'N_1'$ 处理显著高于不施保水剂的处理。灌浆期和收获时的速效氮含量降低，而孕穗期—扬花期以 $B_1'N_1'$ 和 $B_1'N_2'$ 处理显著提高了土壤速效氮。施氮量为 450 kg/hm^2 时，在孕穗期和灌浆期，中、低用量保水剂处理的土壤速效氮含量显著降低。而在拔节期，施用保水剂的处理的速效氮含量极显著提高，且以 $B_2'N_2'$ 最佳。

充分灌水条件下，高氮各处理的土壤速效氮极显著高于中氮和不施氮肥的处理。在不施氮肥时，随保水剂用量的增加，收获时土壤速效氮增加，其他时期保水剂的施入减少了氮素向土壤速效氮的转化。施氮 225 kg/hm^2 后，随保水剂用量的增加，孕穗期—扬花期、灌浆期及拔节期的土壤全氮含量降低，而收获时的土壤速效氮含量以中用量保水剂最高。而当施氮量为 450 kg/hm^2 时，除拔节期外，其他生育期中、高用量的保水剂处理显著提高了土壤速效氮含量。说明，保水剂的施用改变了土壤中速效氮的含量，且收获时，保水剂促进了速效氮的提高，有利于下一季作物对氮素的吸收与利用。

7.6.2.2　冬小麦不同生育期不同水分条件各处理植株全氮分布特征

从表 7-23 和表 7-24 中可以看出，不同水分条件下，拔节期到孕穗期—扬花期，其植株全氮含量均显著降低。而灌浆期到收获时，其茎中的全氮含量均显著降低。

具体而言，轻度胁迫条件下，在拔节期，随保水剂用量的增加，不施氮处理的植株全氮先增后降，且中、高用量的保水剂处理显著低于对照，但施用氮肥后，各处理植株全氮均显著提高，尤其是施用保水剂的处理，其中以高氮处理的植株全氮含量最高。孕穗期—扬花

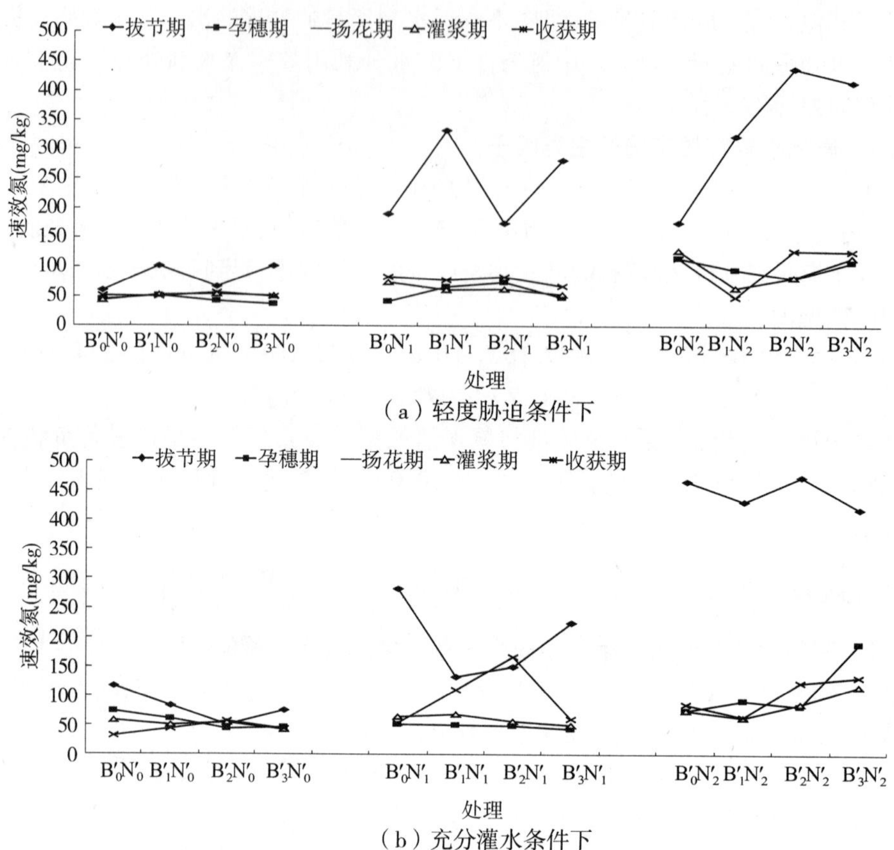

(a) 轻度胁迫条件下

(b) 充分灌水条件下

图 7-13　轻度胁迫与充分灌水时保水剂用量对冬小麦不同生育期土壤速效氮含量的影响

期各处理的变化趋势与拔节期基本一致。灌浆期，茎中的全氮含量显著低于穗。保水剂的施用降低了茎的全氮含量，而促进了氮素向穗中的转化。施用氮肥均显著提高了茎和穗中全氮的含量，其中仅施氮肥的处理和高保水剂的处理，其茎和穗中的全氮含量提高幅度最大，而中、低用量保水剂与中氮配施的处理茎和穗中的全氮含量提高幅度较高氮大。收获时，茎和颖壳中的全氮含量显著低于籽粒。单施保水剂降低了小麦籽、颖壳和茎中的全氮含量，低用量保水剂降低幅度较小。施用氮肥后，随施氮量的增加，其籽、颖壳和茎中的全氮含量较高，但籽中高氮和中氮处理间差异不显著。而颖壳和茎中两者差异显著。各处理中，均以 $B_0'N_2'$处理的籽粒、颖壳和茎中的全氮含量最高。

充分灌水条件下，拔节期和孕穗期—扬花期植株的各处理间全氮变化与轻度胁迫条件下基本一致。在灌浆期，除低用量保水剂外，其他处理茎和穗中的氮素含量均随施氮量的增加而增加，且以中保水剂用量的氮肥处理间差异最大。收获后，不同保水剂用量小麦籽粒的高氮与中氮处理间的全氮含量差异不显著。小麦籽粒颖壳中以 $B_2'N_1'$处理的全氮含量最高，其次为 $B_3'N_2'$和 $B_0'N_2'$处理，对照显著低于其他处理。而茎中的全氮含量单施保水剂的处理与对照差异不显著。而施氮后显著提高了茎中的全氮含量，而 $B_3'N_2'$处理的茎全氮含量均最高。

表 7-23 盆栽轻度胁迫条件下冬小麦不同生育期植株全氮分布 (%)

处理	拔节期	孕穗期—扬花期	灌浆期		收获期		
	植株	植株	茎	穗	籽	颖壳	茎
$B_0'N_0'$	2.310c	0.927e	0.619c	1.553d	1.722b	0.426d	0.535c
$B_0'N_1'$	2.966b	1.574d	1.451b	2.303b	2.958a	0.545c	0.576c
$B_0'N_2'$	3.608a	2.154ab	1.606a	2.604a	3.042a	1.077a	0.851a
$B_1'N_0'$	2.866b	1.050b	0.540cd	1.775c	1.739b	0.367de	0.298e
$B_1'N_1'$	3.376ab	1.939bc	1.483b	2.391b	2.886a	0.793b	0.528c
$B_1'N_2'$	3.223b	1.956bc	1.581ab	2.220b	2.841a	1.075a	0.798a
$B_2'N_0'$	2.177d	0.947bc	0.523ab	1.420d	1.446c	0.392d	0.257e
$B_2'N_1'$	3.279ab	1.726c	1.514ab	2.622a	2.784a	0.502c	0.494d
$B_2'N_2'$	3.644a	2.543a	1.446b	2.211b	2.823a	0.852b	0.733b
$B_3'N_0'$	1.580e	0.728f	0.447c	1.429ab	1.575c	0.307e	0.296e
$B_3'N_1'$	3.201b	2.010b	1.354b	2.423ab	2.708a	0.586c	0.653c
$B_3'N_2'$	3.728a	2.013b	1.673a	2.486ab	3.134a	0.824b	0.705bc

表 7-24 盆栽充分灌水条件下冬小麦不同生育期植株全氮分布 (%)

处理	拔节期	孕穗期—扬花期	灌浆期		收获期		
	植株	植株	茎	穗	籽	颖壳	茎
$B_0'N_0'$	2.613c	0.955d	0.579e	1.476e	1.708c	0.258f	0.269f
$B_0'N_1'$	3.595ab	1.985b	1.552b	2.149a	3.198a	0.586bc	0.527d
$B_0'N_2'$	3.938a	2.479a	1.997a	2.147a	2.956ab	0.856a	0.689c
$B_1'N_0'$	2.354c	1.121c	0.560	1.343ef	1.576	0.367e	0.245f
$B_1'N_1'$	3.265ab	1.882b	1.536b	2.289a	2.848b	0.584bc	0.532d
$B_1'N_2'$	3.345ab	1.815b	1.445c	2.067bc	2.822b	0.642b	0.815b
$B_2'N_0'$	1.837d	0.955d	0.632e	1.297f	1.520d	0.483d	0.268f
$B_2'N_1'$	3.314ab	1.890b	1.386d	2.062bc	3.030a	0.924a	0.417e
$B_2'N_2'$	3.926a	2.008b	1.901a	2.333a	2.926ab	0.620b	0.618cd
$B_3'N_0'$	1.675d	0.835d	0.444f	1.500d	1.430d	0.468d	0.244f
$B_3'N_1'$	3.068b	1.802b	1.319d	1.946c	2.863b	0.557c	0.523d
$B_3'N_2'$	3.776a	2.252a	1.321d	1.987c	3.083a	0.874a	0.900a

7.6.2.3 冬小麦不同水分条件不同处理对产量构成因素的影响

轻度胁迫条件下，不施氮肥处理的穗粒数均低于其他处理，而保水剂降低了小麦穗粒数（见表 7-25）。施用氮肥后冬小麦穗粒数显著增加，且施氮量越高效果越显著。但$B_1'N_1'$处理显著高于其他相同施氮量（中氮）的处理。千粒重随氮肥用量的增加而显著降低。单施保水剂与对照的千粒重差异不显著。穗长除 $B_1'N_0'$、$B_2'N_0'$和 $B_3'N_0'$处理最短外，其他处理间没有显著差异。小穗数表现为：不施氮肥的处理间差异不显著。高氮与中氮处理的小穗数显著提高，但两者间差异不显著。不孕穗以不施保水剂的处理均较高，而高氮及其与低用量保水剂配施的处理的不孕穗最少。

表 7-25　轻度胁迫条件下不同处理对冬小麦氮肥消耗量、产量、氮肥生产力等的影响

处理	穗粒数(g)	千粒重(g)	穗长(cm)	小穗数(个)	不孕穗(个)
$B_0'N_0'$	22.0d	43.8a	6.4b	14.8cd	3.8abc
$B_0'N_1'$	32.6c	41.8b	7.7a	17.0a	2.6bcd
$B_0'N_2'$	45.8a	38.3d	7.8a	17.4a	0.2e
$B_1'N_0'$	16.8d	43.3a	6.1b	14.0d	3.8abc
$B_1'N_1'$	37.4abc	41.1bc	7.9a	17.0a	1.6de
$B_1'N_2'$	42.8ab	38.2d	8.0a	17.6a	0.8de
$B_2'N_0'$	17.6d	43.0a	5.9b	14.4cd	4.6a
$B_2'N_1'$	35.4bc	40.6c	7.7a	17.0a	2.6bcd
$B_2'N_2'$	40.2abc	41.1bc	7.8a	16.6ab	1.2de
$B_3'N_0'$	19.0d	44.4a	6.3b	15.4bc	4.2ab
$B_3'N_1'$	35.8bc	40.1c	7.6a	17.2a	1.2de
$B_3'N_2'$	37.8c	42.3a	8.0a	16.6ab	2.2cd

充分灌水条件下，单施保水剂显著提高了小麦的穗粒数，但保水剂处理间差异不显著(见表7-26)。低用量和高用量保水剂与氮肥配施时，其穗粒数较高，但各处理间差异不显著。而 $B_0'N_1'$ 和 $B_2'N_2'$ 处理的穗粒数最多。对照、$B_0'N_1'$、$B_1'N_1'$、$B_3'N_1'$ 和 $B_3'N_2'$ 处理的千粒重均高于其他处理。各处理的穗长集中在6.1～8.5 cm，略高于轻度胁迫的处理。同时，施氮增加了小麦的穗长，而保水剂用量较高时，氮肥施用对于小麦穗长的影响不显著。各处理的小穗数以 $B_1'N_1'$ 处理最多，而 $B_2'N_0'$ 处理显著少于其他处理。不施氮肥均增加了小麦的不孕穗，$B_0'N_1'$ 和 $B_3'N_2'$ 处理不孕穗较其他处理最少。

充分灌水与轻度胁迫条件相比，轻度胁迫条件下，施用保水剂不利小麦穗粒数的增加。充分灌水条件下，各处理的千粒重均在40.0 g以上，且处理间差异较小，且充分灌水处理的小穗数较轻度胁迫多。

表 7-26　充分灌水条件下不同处理对冬小麦氮肥消耗量、产量、氮肥生产力等的影响

处理	穗粒数(g)	千粒重(g)	穗长(cm)	小穗数(个)	不孕穗(个)
$B_0'N_0'$	21.4d	43.8a	6.1d	16.0bc	3.6a
$B_0'N_1'$	46.0a	42.3a	7.9ab	17.4abc	0.6c
$B_0'N_2'$	37.4b	40.4b	7.7ab	16.6abc	2.0abc
$B_1'N_0'$	27.2bc	41.9b	6.5cd	16.4bc	3.0a
$B_1'N_1'$	38.6a	42.4a	8.2a	18.6a	2.4ab
$B_1'N_2'$	37.6a	41.4b	8.1ab	17.6ab	2.6ab
$B_2'N_0'$	25.6c	41.5b	6.0d	15.4c	3.6a
$B_2'N_1'$	39.8b	41.6b	8.5a	18.6a	2.2abc
$B_2'N_2'$	46.8a	40.4b	7.9ab	17.2abc	1.0bc
$B_3'N_0'$	26.2c	41.5b	6.5cd	16.2bc	3.6a
$B_3'N_1'$	36.8b	42.8a	7.3bc	17.8ab	2.4ab
$B_3'N_2'$	37.0b	44.0a	7.8ab	16.2bc	0.6c

7.6.2.4　冬小麦不同处理不同水分条件水肥利用效率分析

从表 7-27 中可以看出，轻度胁迫条件下，不施氮肥，小麦从土壤中获取的氮肥数量有限，其消耗氮量与施氮处理相比最低。各处理随施氮量的增加其氮肥的消耗显著增加，但相同氮肥处理间差异不显著。各处理小麦整个生育期总耗水量 40 左右，这与灌水量有关。而干物质积累量均以中氮处理最高，氮肥用量过高，生物量降低，但均高于对照和不施氮肥的处理。保水剂用量较低时，其与氮肥配施后生物量显著高于未施保水剂的处理。最终的小麦籽粒产量，在单施保水剂时，除 $B_3'N_0'$处理外，中、低用量保水剂处理的籽粒产量有所降低。保水剂与氮肥配施后较不施保水剂的氮肥处理的籽粒产量高，其中以 $B_1'N_1'$和 $B_1'N_2'$处理效果较佳。不施氮肥处理间的经济系数均低于其他处理，且其处理间差异不显著。施用氮肥后各处理均以中氮处理的经济系数最高，氮肥用量增加，其经济系数有所降低，但高氮与低氮处理间差异不显著，而保水剂与氮肥配施的处理的经济系数略高于单施氮肥处理。氮肥农学效率和氮肥表观回收率均随氮肥用量的增加而显著降低。$B_1'N_1'$和 $B_2'N_1'$处理的氮肥农学效率高于其他处理。而氮肥表观回收率，中氮处理间没有显著差异，而高氮处理中以 $B_1'N_2'$处理的氮肥表观回收率高于其他处理。氮素生产力以高氮处理最低，$B_1'N_2'$处理次之，保水剂与中氮处理显著高于对照，但其处理间差异不显著。说明，在轻度胁迫条件下，施用保水剂促进了土壤中氮的转化与利用。各处理的水分利用效率表现为：除高用量保水剂的处理（不施氮）的水分利用效率高于对照外，其他用量均低于对照。施用氮肥后水分利用效率均增加，且以中氮处理最为显著。但施用保水剂的处理增加幅度较未施保水剂的处理大，尤其是高氮的处理。但保水剂与氮肥配施的处理中，高氮处理间没有显著性差异，而中氮处理中以 $B_1'N_2'$处理最高。

表 7-27　盆栽试验轻度胁迫条件下保水剂与氮肥施用对冬小麦氮肥消耗量、产量、氮肥生产力等的影响

处理	氮肥消耗量（g/盆）	总耗水量（kg）	生物量（g/盆）	产量（g/盆）	经济系数	氮肥料利用		氮素生产力（g/g）	水分利用效率（g/kg）
						氮肥农学效率（g/g）	氮肥表观回收率（%）		
$B_0'N_0'$	13.4c	40.483e	53.7d	20.9f	0.39b	—	—	1.6b	0.517d
$B_0'N_1'$	20.8b	40.734b	77.6a	35.0b	0.45a	1.9b	10.0a	1.7ab	0.858ab
$B_0'N_2'$	28.5a	40.664c	67.1b	28.6d	0.43a	0.5d	4.7c	1.0d	0.702c
$B_1'N_0'$	13.5c	40.271f	51.7e	20.2g	0.39b	—	—	1.5b	0.502d
$B_1'N_1'$	20.9b	40.721b	79.3a	37.4a	0.47a	2.3a	10.8a	1.8a	0.918a
$B_1'N_2'$	28.4a	40.750b	80.9a	35.8b	0.44a	1.0c	5.9b	1.3c	0.877ab
$B_2'N_0'$	13.4c	40.505c	50.4e	18.9h	0.37b	—	—	1.4c	0.466f
$B_2'N_1'$	21.0b	40.695bc	77.9a	36.7ab	0.47a	2.4a	9.3a	1.8a	0.903a
$B_2'N_2'$	28.4a	40.981a	69.3b	31.9cd	0.46a	0.9c	4.4cd	1.1d	0.778c
$B_3'N_0'$	13.4c	40.323d	57.0c	23.1e	0.41ab	—	—	1.7ab	0.572d
$B_3'N_1'$	21.0b	40.395d	79.0a	37.0a	0.47a	1.9b	9.9a	1.8a	0.917a
$B_3'N_2'$	28.4a	40.579c	61.8c	29.8d	0.45a	0.3d	4.0d	1.0d	0.734c

而充分灌水条件下(见表7-28),小麦全生育期耗氮量与轻度胁迫各处理表现一致,均以不施氮的处理耗氮量最少。全生育期随保水剂用量的增加(不施氮),其分别比对照减少耗水量1.01%、0.48%和1.15%,而随施氮量的增加,小麦耗水量增加,其中以$B_1'N_1'$和$B_2'N_2'$处理最高。生物量表现为:不施氮肥处理中,$B_2'N_0'$处理低于对照。施入氮肥后各处理的生物量均显著提高,但氮肥用量过大,其生物量减少。中氮用量中,以$B_1'N_2'$处理最高;高氮用量中,$B_1'N_1'$和$B_2'N_2'$处理显著高于其他处理。最终小麦产量表现为:单施保水剂与对照相比,其产量无显著差异。施用氮肥后,除低用量保水剂与氮肥配施的处理外,随施氮量的增加,小麦产量降低,而中、低用量保水剂与氮肥配施的处理显著高于未施保水剂的处理。各处理的经济系数在0.37~0.48,保水剂用量过高降低了小麦的经济系数。施用氮肥后经济系数均提高,除$B_3'N_2'$处理较低外,其他处理间差异不显著。氮肥农学效率和氮肥表观回收率均随施氮量的增加而显著降低,其中以$B_2'N_1'$处理较高。氮素生产力表现为:单施保水剂对氮素生产力没影响,但均显著低于施氮的处理,且以中氮处理最高,但高氮处理间差异不显著。充分灌水条件下的氮素生产力较轻度胁迫条件下高。单施保水剂时,水分利用效率与对照间差异不显著。除低用量保水剂外,其他处理的高氮处理的水分利用效率均降低,且中氮处理中以$B_2'N_1'$处理较高。

不同水分条件相比,充分灌水条件下,生物量、产量、氮肥农学效率、氮肥表观回收率及氮素生产力等均高于轻度胁迫处理,且充分灌水条件下,高氮与中氮处理间差异不显著,而轻度胁迫条件下小麦的水分利用效率略高于充分灌水的处理。

表7-28　盆栽试验充分灌水条件下保水剂与氮肥施用对冬小麦氮肥消耗量、产量、氮肥生产力等的影响

处理	氮肥消耗量(g/盆)	总耗水量(kg)	生物量(g/盆)	产量(g/盆)	经济系数	氮肥料利用		氮素生产力(kg/kg)	水分利用效率(g/kg)
						氮肥农学效率(g/g)	氮肥表观回收率(%)		
$B_0'N_0'$	13.5c	49.374c	58.0d	22.5f	0.39b	—	—	1.7b	0.455d
$B_0'N_1'$	20.8b	49.448b	88.2ab	40.8c	0.46a	2.4b	14.4a	2.0a	0.825a
$B_0'N_2'$	28.5a	49.874a	80.9c	38.4d	0.48a	1.1cd	6.5e	1.4bc	0.771b
$B_1'N_0'$	13.4c	48.874d	57.0d	22.3f	0.39b	—	—	1.7b	0.456d
$B_1'N_1'$	21.0b	50.120a	92.2a	42.1b	0.46a	2.6ab	13.2b	2.0a	0.839a
$B_1'N_2'$	28.4a	49.660b	93.7a	44.4a	0.47a	1.5c	7.6d	1.6b	0.894a
$B_2'N_0'$	13.5c	49.135c	56.9d	22.6f	0.40b	—	—	1.7b	0.459d
$B_2'N_1'$	20.9b	49.588b	93.1a	44.6a	0.48a	2.9a	15.4a	2.1a	0.899a
$B_2'N_2'$	28.1a	49.967a	85.5b	39.5d	0.46a	1.1cd	6.4e	1.4bc	0.790b
$B_3'N_0'$	13.5c	48.806d	58.4d	21.9f	0.37b	—	—	1.6b	0.448d
$B_3'N_1'$	21.0b	49.757a	88.2ab	42.1b	0.48a	2.7a	12.9c	2.0a	0.845a
$B_3'N_2'$	28.5a	49.698ab	80.1c	33.5e	0.42b	0.8d	6.4e	1.2c	0.675c

7.6.2.5　影响盆栽小麦籽粒产量的主导因子

对盆栽各处理的小麦籽粒产量(Y)与相关因子(穗粒数 X_1、千粒重 X_2、穗长 X_3、小穗数 X_4、氮素消耗量 X_5、总耗水量 X_6、生物量 X_7、经济系数 X_8、氮素生产力 X_9、水分利用效率 X_{10})进行逐步回归分析,得出轻度胁迫和充分灌水条件下影响小麦产量的主导因子回归模型如下:

$$Y_{轻度胁迫} = -33.88 + 0.84X_6 + 40.44X_{10} \quad (n=11, R=0.9999, P<0.01)$$

$$Y_{充分灌水} = -35.80 - 0.10X_1 + 0.78X_2 - 1.43X_5 + 52.35X_6 (n=11, R=0.9999, P<0.01)$$

从式中可以看出:轻度胁迫条件下,小麦籽粒产量与总耗水量和水分利用效率呈极显著正相关($P<0.01$)。充分灌水条件下,小麦籽粒产量与氮素消耗量和氮素生产力呈显著负相关($P<0.05$),而与总耗水量和水分利用效率呈极显著正相关($P<0.01$)。

7.7　保水剂与秸秆覆盖对小麦 - 玉米两熟制水分利用的影响

试验安排在许昌县蒋李集乡寇庄村基本农田内进行;土壤成土母质为河流冲积物,土壤类型为壤质潮土,基础土壤肥力为全氮 1.02 g/kg、速效氮 98.6 mg/kg、速效磷 8.26 mg/kg、有机质 2.19 g/kg、速效钾 127.3 mg/kg。

试验设秸秆覆盖、保水剂与不同补灌量相结合,三种条件 5 个处理:①对照(CK);②拔节孕穗期各灌 20 m^3;③拔节孕穗期各灌 40 m^3;④拔节孕穗期各灌 60 m^3;⑤拔节孕穗期各灌 80 m^3。随机区组设计,小区面积 3 m×5 m=15 m^2,3 次重复。供试小麦品种为周麦 18,单位播种量为 120 kg/hm^2。试验用保水剂为河南省农业科学院研制的营养型抗旱保水剂,单位用量为 45 kg/hm^2;秸秆还田量为 6 000 kg/hm^2。试验所用氮肥为尿素(含氮 46%),磷肥为一铵(含氮 11%,含 P_2O_5 44%),钾肥为氯化钾(含 K_2O 60%)。统一管理,统一进行除草,防治纹枯病、条锈病、红蜘蛛和麦健等。

7.7.1　对群体动态变化的影响

从表 7-29 可以看出,在秸秆覆盖和保水剂施用条件下,不同水分条件在不同生育期的群体变化具有不同的特征。特别是拔节期进行补灌后各水分处理的总群体均高于对照,但孕穗期灌水后,适度灌水有益群体发育(处理 2、处理 3、处理 4),而过度灌水(处理 5)群体反而降低;成熟期各水分处理的成穗数量均高于对照。

表 7-29　不同生育期群体动态变化特征　(单位:万/667 m^2)

处理	时间(月 - 日)						
	11 - 10	12 - 13	02 - 19	03 - 21	04 - 24	05 - 09	05 - 26
处理 1	28.67	43.33	98.67	95.33	50.00	38.33	37.33
处理 2	31.67	49.00	98.67	100.00	53.33	39.33	38.00
处理 3	26.67	44.00	100.00	101.00	55.00	39.33	38.67
处理 4	25.67	45.33	98.00	96.67	52.67	40.00	40.00
处理 5	26.67	65.33	106.67	96.67	49.67	38.33	38.00

7.7.2　对小麦生长发育的影响

从表 7-30 可以看出,株高除处理 4 外,均有所增高;穗长变化比较复杂,但总体呈缩短趋势,主要是对照穗长而稀,部分不孕穗长所致;穗粒数均有所提高,分别提高 0.60～2.95 粒;千粒重处理 4、处理 5 降低,处理 2、处理 3 分别提高 0.5～0.8 g。

7.7.3　对小麦产量的影响

从表 7-30 和图 7-14 可以看出,合理的灌水对小麦增产具有积极效果,并以处理 3 增产效果最佳,增产 11.83%,其次为处理 4。但过多的灌水反而影响小麦的产量,处理 5 减产 1%。以上分析表明,小麦生育期所需的水量是有规律可循的,为今后小麦的节水灌溉提供了科学依据。

表 7-30　不同处理对小麦成产三要素和产量变化的影响

处理	株高 (cm)	穗长 (cm)	穗粒数 (粒)	千粒重 (g)	Ⅰ (kg)	Ⅱ (kg)	Ⅲ (kg)	样行平均	产量 (kg/hm²)	比对照 (%)
处理 1	73.2	8.0	32.05	40.8	2.6	2.92	2.8	2.77	7 138.0	
处理 2	74.0	7.5	32.90	41.3	2.9	3.02	2.6	2.84	7 315.7	2.49
处理 3	74.0	7.4	32.65	41.6	3.25	3.1	2.92	3.09	7 982.4	11.83
处理 4	69.8	8.0	35.00	39.8	3.02	2.86	3.04	2.97	7 671.3	7.47
处理 5	73.7	7.8	33.05	40.6	2.8	2.64	2.8	2.75	7 066.8	-1.00

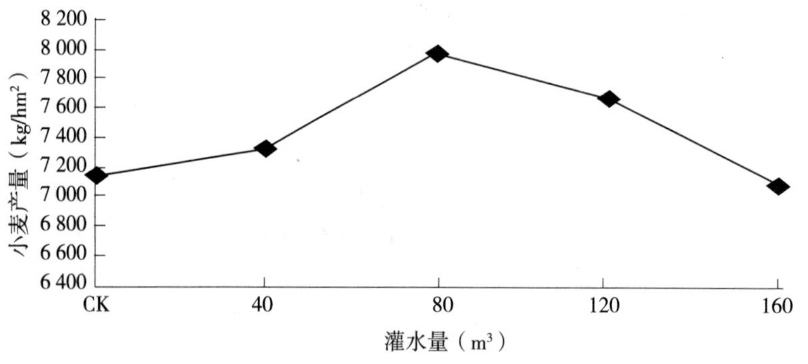

图 7-14　不同灌水条件下小麦产量

7.7.4　对玉米生长发育性状和产量的影响

从表 7-31 可以看出,不同处理秋季种植的玉米在不进行补充灌溉的情况下,玉米产量有一定的差异性。在同等条件下,夏季小麦灌水处理种植玉米分别比对照增产 7.31%～16.15%,其中处理 4 增产效果最佳,增产 16.15%,其次为处理 5,增产 15.38%。

表 7-31　不同处理对玉米生长发育性状和产量的影响

处理	株高 (cm)	穗位 (cm)	穗长 (cm)	玉米产量 (kg/hm²)	比对照 (%)	小麦玉米总产 (kg/hm²)	比对照 (%)
处理 1	244. 4	96. 8	18. 24	7 222. 2		14 360. 2	
处理 2	249. 4	108. 7	16. 36	7 750. 0	7. 31	15 065. 7	4. 91
处理 3	253. 0	103. 4	16. 50	8 055. 6	11. 54	16 038. 0	11. 68
处理 4	208. 8	92. 0	17. 00	8 388. 9	16. 15	16 060. 2	11. 84
处理 5	253. 8	102. 0	17. 08	8 333. 3	15. 38	15 400. 1	7. 24

7. 7. 5　对夏秋两季作物产量的累加效应

将夏秋两季粮食产量累加，结果发现在适量灌水的情况下，对粮食全年增产增收具有明显的效果(见表 7-31)。全年增产效果最好的是处理 3 和处理 4，分别增产 11. 68% 和 11. 84%。

对夏秋两季作物产量的分析表明，在河南省中产灌区节水、丰产、高效的小麦 - 玉米两熟制最佳的灌溉量是 80 ~ 120 m^3/hm^2。

7. 7. 6　对土壤养分的影响

从表 7-32 可以看出，与播种前相比，一年后各处理的有效态养分和有机质含量呈总体下降趋势。其中速效氮表现为处理 3、处理 4、处理 5 下降，处理 1、处理 2 持平；速效钾表现为处理 2、处理 3 下降，处理 1、处理 4、处理 5 增加；速效磷和有机质则为整体下降。这一分析结果说明，秋季种植玉米应适当追施或底施少量磷肥，同时加大夏季作物秸秆的还田力度，不断提高土壤有机质，增强高产稳产的水平。

表 7-32　不同处理对土壤养分的影响

时间	处理	速效氮 (mg/kg)	速效磷 (mg/kg)	速效钾 (mg/kg)	有机质 (g/kg)
播种前	1	98. 8	8. 89	86. 3	2. 63
	2	86. 5	8. 81	84. 7	2. 28
	3	90. 5	8. 74	89. 8	2. 25
	4	86. 5	8. 80	84. 9	2. 38
	5	90. 6	8. 90	88. 6	3. 01
秋收后	1	98. 8	6. 46	95. 5	2. 40
	2	86. 5	8. 20	82. 9	2. 16
	3	89. 0	6. 02	84. 4	2. 22
	4	80. 0	8. 61	89. 8	2. 23
	5	89. 7	7. 94	90. 5	2. 26

参考文献

[1] 安韶山,张玄,张扬,等. 黄土丘陵区植被恢复中不同粒级土壤团聚体有机碳分布特征[J]. 水土保持学报,2007,21(6):72-85.

[2] 白文波,宋吉青,李茂松,等.保水剂对土壤水分垂直入渗特征的影响[J].农业工程学报,2009(2):96-99.

[3] 曹丽花,赵世伟,赵勇钢,等.土壤结构改良剂对风沙土水稳性团聚体改良效果及机理的研究[J].水土保持学报,2007,21(2):66-69.

[4] 陈宝玉,王洪君,滕铁,等.保水剂对土壤温度和水分动态的影响[J].中国水土保持科学,2008(6):77-81.

[5] 陈少瑜,郎南军,李吉跃,等.干旱胁迫下树种苗木叶片相对含水量、质膜相对透性和脯氨酸含量的变化[J].西部林业科学,2004,33(3):30-33.

[6] 陈玉水.耐盐吸水抗旱剂及其在甘蔗上的应用研究[J].甘蔗,1997(4):11-14.

[7] 迟永刚,黄占斌,李茂松.保水剂与不同化学材料配合对玉米生理特性的影响[J].干旱地区农业研究, 2005,23(6):132-136.

[8] 川岛和夫.农用土壤改良剂－新型保水剂[J].土壤学进展,1986(3):49-52.

[9] 崔玉亭.化肥与生态环境保护[M].北京:化学工业出版社,2000.

[10] 丁振山,吕桂山.旱作节水农业－保水剂在小麦上的应用[J].北京农业,2007(3):6-7.

[11] 董英,郭绍辉,詹亚力.聚丙烯酰胺的土壤改良效应[J].高分子通报,2004(5):83-87.

[12] 杜建军,苟春林,崔英德,等.保水剂对氮肥氨挥发和氮磷钾养分淋溶损失的影响[J].农业环境科学学报,2007,26(4):1296-1301.

[13] 杜太生,魏华.保水剂在节水农业中的应用研究现状与展望[J].农业现代化研究,2000,21(5):317-320.

[14] 杜太生.保水剂在节水灌溉中的应用及其对作物生长和水分利用的影响[D].陕西:杨凌:西北农林科技大学,2001.

[15] 杜晓东,王丽娟,刘作新.保水剂及其在节水农业上的应用[J].河南农业大学学报,2000,34(3):255-259.

[16] 高超,李晓霞,蔡崇法,等.聚丙烯酸钾盐型保水剂在红壤上的施用效果[J].华中农业大学学报,2005,24(8):355-358.

[17] 高灿红,胡晋,郑昀晔,等.玉米幼苗抗氧化酶活性、脯氨酸含量变化及与其耐寒性的关系[J].应用生态学报,2006,17(6):1045-1050.

[18] 高凤文,罗盛国,姜佰文.保水剂对土壤蒸发及玉米幼苗抗旱性的影响[J].东北农业大学学报,2005,36(1):11-14.

[19] 葛体达,隋方功,张金政.玉米根、叶质膜透性和叶片水分对土壤干旱胁迫的反应[J].西北植物学报,2005,25(3):50-51.

[20] 苟春林,杜建军,曲东,等.氮肥对保水剂吸水保肥性能的影响[J].干旱地区农业研

究,2006(6): 56-60.

[21] 管秀娟,武继承. 不同土壤水分条件下保水剂对小麦幼苗生理特性的影响[J]. 河南农业科学,2010(8):28-32.

[22] 管秀娟,武继承. 保水剂在农业上的应用及发展趋势[J]. 河南农业科学,2007(7): 13-17.

[23] 郭景南,刘崇怀,冯义彬,等. HB 系列专用保水剂对盆栽红地球葡萄水势和丙二醛含量的影响[J]. 果树学报,2005, 22(1):72-74.

[24] 郭玉春,林文雄,等. 源库关系与后期生理生化特性[J]. 福建农林大学学报,2002(4):418-422.

[25] 韩绍林,武继承. 旱作农业综合技术研究与应用[M]. 郑州:黄河水利出版社,2010.

[26] 韩锦峰,岳翠凌. 干旱胁迫下烤烟光合特性和氮代谢研究[J]. 华北农学报,1994, 9(2): 39-45.

[27] 韩巧霞,郭天财,王化岑,等. 土壤质地对冬小麦旗叶可溶性蛋白含量及籽粒干物质积累动态的影响[J]. 河南农业科学,2006(12):20-23.

[28] 何传龙,李布青,殷雄,等. 新型抗旱保水剂对土壤改良和作物抗旱节水作用的初步研究[J]. 安徽农业科学,2002,30(5) :771-773.

[29] 何绪生,何养生,邹绍文. 保水剂作为肥料养分缓释载体的应用[J]. 中国土壤与肥料,2008(4):5-9.

[30] 黄风球,杨立光,黄承武,等. 化学节水技术在农业上的应用效果研究[J]. 水土保持研究,1996,3(3):118-124.

[31] 黄占斌,万惠娥,邓西平,等. 保水剂在改良土壤和作物抗旱节水中的效应[J]. 土壤侵蚀与水土保持学报,1999,5(4) :52-55.

[32] 黄占斌,张国桢,李秧秧,等. 保水剂特性测定及其在农业中的应用[J]. 农业工程学报,2002,18(10):22-26.

[33] 黄占斌,朱书仝,张铃春,等. 保水剂在农业改土节水中的效应研究[J]. 水土保持研究,2004,11(3):57-60.

[34] 黄占斌. 农用保水剂应用原理与技术[M]. 北京: 中国农业科学技术出版社,2005.

[35] 黄震,黄占斌,李文颖,等. 不同保水剂对土壤水分和氮素保持的比较研究[J]. 中国生态农业学报,2010(2): 70-74.

[36] 介晓磊,李有田,韩燕来,等. 保水剂对土壤持水特性的影响[J]. 河南农业大学学报,2000,34(1):22-24.

[37] 李潮海,李胜利. 下层土壤容重对玉米根系生长及吸收活力的影响[J]. 中国农业科学,2005,38(8): 1706-1711.

[38] 李合生. 植物生理生化实验原理和技术[M]. 北京: 高等教育出版社,2000.

[39] 李景生,黄韵株. 土壤保水剂的吸水保水性能的研究动态[J]. 中国沙漠,1996, 16 (1):86-91.

[40] 李伟莉,金昌杰,王安志,等. 土壤大孔隙流研究进展[J]. 应用生态学报,2007, 18 (4): 888-894.

[41] 李艳,郑亚军. 渗水地膜覆盖对花生叶绿素含量和细胞膜透性的影响[J]. 河北农业科学,2006,10(3):46-49.

[42] 李秧秧,黄占斌. 节水农业中化控技术的应用研究[J]. 节水灌溉,2001(3):4-6.

[43] 李永胜,杜建军,刘士哲,等. 保水剂对番茄生长及水分利用效率的影响[J]. 生态环境,2006,15(1):140-144.

[44] 梁新华,许兴,徐兆桢. 渗透胁迫对苗期不同品种春小麦叶片叶绿素荧光动力学的影响[J]. 宁夏大学学报,2002,23(4):356-358.

[45] 林文杰,马焕成,周蛟. 干旱胁迫下不同保水剂处理的水分动态研究[J]. 水土保持研究,2004,11(2):121-124 .

[46] 刘甫清,陆国盈,韩世健,等. 保水剂不同用量对甘蔗幼苗抗旱性的影响[J]. 广西蔗糖,2006(1): 14-18.

[47] 刘海龙,郑桂珍,关军锋. 干旱胁迫下玉米根系活力和膜透性的变化[J]. 华北农学报,2002,17(2):20-22.

[48] 刘金环,曾德慧. 科尔沁沙地东南部地区主要植物叶片性状及其相互关系[J]. 生态学杂志,2006,25(8): 921-925.

[49] 刘宁,高玉葆. 渗透胁迫下多花黑麦草叶内过氧化物酶活性和脯氨酸含量以及质膜相对透性的变化[J]. 植物生理学通讯,2000,36(1): 11-14.

[50] 刘世亮,寇太记,介晓磊,等. 保水剂对玉米生长和土壤养分转化供应的影响研究[J]. 河南农业大学学报,2005,39(2):146-150.

[51] 刘文兆. 作物生产、水分消耗与水分利用效率间的动态联系[J]. 自然资源学报,1998,13(1): 23-27.

[52] 刘晓楠,张和平. 黑龙港地区冬小麦生产中水肥关系的研究[J]. 土壤肥料,1991(4):1-4.

[53] 刘煜宇,马焕成,黄金义. 保水剂与肥料交互作用对石楠抗旱效应的影响[J]. 西南林学院学报,2005,25(3):10-13.

[54] 刘贞琦,刘振业,马达鹏,等. 水稻叶绿素含量及其与光合速率关系的研究[J]. 作物学报,1984,10(1): 57-62.

[55] 刘子凡,梁计南,罗明珠,等. 土壤保水剂对秋植蔗形态生理效应的研究[J]. 热带农业科学,2004,24(2):18-22.

[56] 刘子凡,梁计南,谭中文,等. 土壤保水剂对甘蔗抗旱性的影响[J]. 甘蔗,2004,11(2):11-15.

[57] 陆国盈,韩世健,裴铁雄,等. 不同时期施保水剂对甘蔗抗旱性和产量及品质的影响[J]. 广西蔗糖,2005(1):3-16.

[58] 罗维康. 保水剂对甘蔗生长与产量的影响[J]. 亚热带农业研究,2005,1(1):27-29.

[59] 马焕成,罗质斌,陈义群,等. 保水剂对土壤养分的保蓄作用[J]. 浙江林学院学报,2004,21(4) : 404-407.

[60] 毛炜光,吴震,黄俊,等. 水分和光照对厚皮甜瓜苗期植株生理生态特性的影响[J]. 应用生态学报, 2007,18(11): 2475-2479.

[61] 农梦玲,刘永贤,李伏生. 干旱胁迫对烟草生理生化特征影响的研究进展[J]. 广西农业科学,2008,39(2):155-159.

[62] 潘瑞炽. 植物生理学[M]. 4 版. 北京:高等教育出版社,2001.

[63] 祁桂林,张爱芬. 保水剂对狼尾草幼苗耐旱效应[J]. 农业与技术,2005,25(6):45-47.

[64] 曲涛,南志标. 作物和牧草对干旱胁迫的响应及机理研究进展[J]. 草业学报,2008,17(2):126-135.

[65] 任建宏,艾海舰. 土壤保水剂对荷兰菊幼苗在干旱胁迫下生长的影响[J]. 陕西农业科学,2003(1):6-7.

[66] 山仑,陈培元. 旱地农业生理生态基础[M]. 北京:科学出版社,1998.

[67] 史福刚,武继承,杨占平. 农业生产中保水剂经济有效用量及其影响因子分析[J]. 河南农业科学,2009(2):57-59.

[68] 宋晴晴,何群,付在秋,等. 保水剂对夏播甜菜苗期生长的影响[J]. 中国甜菜糖业,2002(4):42-43.

[69] 孙艳,王益权. 土壤紧实胁迫对黄瓜根系活力和叶片光合作用的影响[J]. 植物生理与分子生物学学报, 2005,31(5):545-550.

[70] 潭国波,边少峰,马虹,等. 保水剂对玉米出苗率及土壤水分的影响[J]. 吉林农业科学,2005,30(5):26-27.

[71] 汤章城. 植物干旱生态生理的研究[J]. 生态学报,1983,3(3):196-204.

[72] 田国忠,李怀方,等. 植物过氧化物酶研究进展[J]. 武汉植物学研究,2001,19(4):332-344.

[73] 田娜,张蕾,江海东. 保水剂对垂盆草建植和生理代谢的影响[J]. 草业科学,2009,26(2):120-123.

[74] 汪立刚,武继承,王林娟. 保水剂有效使用的土壤水分条件及对小麦的增产效果[J]. 土壤, 2003(1):80-82.

[75] 王爱国,邵从本,罗广华. MDA 作为植物过氧化指标的探讨[J]. 植物生理学通讯,1986,(2):55-57.

[76] 王宁,曹敏建,于海秋,等. 秸秆还田对玉米生长发育及产量的影响[J]. 杂粮作物,2006,26 (2):82-84.

[77] 王启基,王文颖,景增春,等. 保水剂对江河源区退化草地土壤水分和植物生长发育的影响[J]. 草业科学,2005,22(6):52-57.

[78] 王砚田,华孟,等. 吸水性树脂对土壤物理性状的影响[J]. 北京农业大学学报,1990,16(2):181-187.

[79] 韦福民,张晓燕,刘鹏. 不同海拔对七子花叶片色素含量、含水量及比叶面积的影响[J]. 亚热带植物科学,2007,36(1):1-4.

[80] 吴德瑜. 保水剂与农业[M]. 北京:中国农业科技出版社,1991.

[81] 武继承,王志和,何方,等. 不同技术措施对降水和土壤养分的影响[J]. 华北农学报,2005,20(6):73-76.

[82] 武继承,杨稚娟,何方,等. 试论河南省旱地节水农业发展的有效途径[J]. 河南农业科学,2006(1):5-8.

[83] 武继承,张长明,王志勇,等. 河南省降水资源高效利用技术研究与应用[J]. 干旱地区农业研究,2003,21(3):152-155.

[84] 武继承,游保全,汪立刚. 我国高效节水型可持续农业发展模式选择[J]. 中国人口. 资源与环境,2001,11(2):69-22.

[85] 武继承,等. 保水剂的发展现状及其在节水农业中的地位[J]. 云南农业大学学报,2006,21(5A):47-50.

[86] 武继承,王志和,徐建新. 河南省旱作节水农业建设的技术途径[M]. 郑州:黄河水利出版社,2006.

[87] 武继承. 农艺节水技术研究与应用[M]. 郑州:黄河水利出版社,2008.

[88] 武继承,管秀娟,杨永辉. 地面覆盖和保水剂对冬小麦生长和水分利用的影响[J]. 应用生态学报,2011,22(1):86-92.

[89] 武继承. 营养型抗旱保水剂研制及增产效应研究[J]. 中国农村科技,2006(7):59.

[90] 武继承,郑惠玲,史福刚,等. 不同水分条件下保水剂对小麦产量和水分利用的影响[J]. 华北农学报,2007,22(5):40-42.

[91] 肖辉林,郑习健. 土壤变暖对土壤微生物活性的影响[J]. 土壤与环境,2001,10(2):138-142.

[92] 谢勇,杜建军,李永胜. 保水剂对基质栽培菜心生长及水分利用效率的影响[J]. 水土保持研究,2008(4): 76-79.

[93] 杨红善,刘瑞凤,张俊平,等. PAAM-atta 复合保水剂对土壤持水性及其物理性能的影响[J]. 水土保持学报,2005(3): 75-79.

[94] 杨连利,李仲谨,邓娟利. 保水剂的研究进展及发展新动向[J]. 材料导报,2005,19(6):42-44.

[95] 杨敏文. 快速测定植物叶片叶绿素含量方法的探讨[J]. 光谱实验室,2002,19(4):478-481.

[96] 杨永辉,武继承,赵世伟,等. PAM 的土壤保水性能研究[J]. 西北农林科技大学学报(自然科学版),2007,35(12):120-124.

[97] 杨永辉,武继承,史福刚,等. 冬小麦生育期不同保水措施土壤水分变化研究[J]. 腐殖酸,2008,124(5):18-23.

[98] 杨永辉,赵世伟,吴普特,等. PAA 对不同土壤保水和蒸发性能的影响[J]. 灌溉排水学报,2009,28(5):119-122.

[99] 杨永辉,武继承,何方,等. 保水剂用量对冬小麦光合特性及水分利用的影响[J]. 干旱地区农业研究,2009,27(4):131-135.

[100] 杨永辉,武继承,吴普特,等. 秸秆覆盖与保水剂对土壤结构、蒸发及入渗过程的作用机制[J]. 中国水土保持科学,2009,7(5):70-75.

[101] 杨永辉,武继承,韩庆元,等. 保水剂对土壤孔隙影响的定量分析[J]. 中国水土保持科学,2011,9(6):88-93.

[102] 杨永辉,吴普特,武继承,等. 保水剂对冬小麦土壤水分和光合生理特征的影响[J]. 中国水土保持科学,2010,8(5):36-41.
[103] 杨永辉,武继承,吴普特,等. 保水剂用量对冬小麦不同生育时期根系生理特性的影响[J]. 应用生态学报,2011,22(1):72-78.
[104] 杨永辉,吴普特,武继承,等. 冬小麦光合特征及叶绿素含量对保水剂与氮肥的响应[J]. 应用生态学报,2011,22(1):79-85.
[105] 杨永辉,吴普特,武继承,等. 保水剂对冬小麦不同生育阶段土壤水分及利用的影响[J]. 农业工程学报,2010,26(12):19-26.
[106] 杨永辉,武继承,李宗军,等. 保水剂对冬小麦生长及水分利用效率的影响[J]. 华北农学报, 2011,26(3):173-178.
[107] 杨永辉,吴普特,武继承,等. 复水前后冬小麦光合参数对保水剂用量的响应[J]. 农业机械学报,2011,42(7):116-123.
[108] 杨永辉,武继承,吴普特,等. 保水剂对小麦生长及生理特性的影响[J]. 干旱地区农业研究,2011,29(3):133-137.
[109] 杨玉萍. 小麦苗期生理生化指标抗旱性的初步研究[J]. 新乡学院学报:自然科学版,2008,25(1):52-55.
[110] 余红英,邓世媛,尹艳,等. 保水剂对水分胁迫下超甜玉米生理生化性状的影响[J]. 玉米科学,2006, 14(3): 87-89.
[111] 俞满源,黄占斌,方锋,等. 保水剂、氮肥及其交互作用对马铃薯生长和产量的效应[J]. 干旱地区农业研究,2003,21(3):15-19.
[112] 员学锋,汪有科,吴普特,等. 聚丙烯酰胺减少土壤养分的淋溶损失研究[J]. 农业环境科学学报,2005,24(5):929-934.
[113] 张爱良,苗果园,等. 不同土壤水分对冬小麦旗叶生理特性的影响[J]. 山西农业大学学报,1998,18(3):200-202.
[114] 张春华,李昆,崔永忠,等. 川楝苗木失水处理对其活力及造林效果的影响[J]. 林业科学研究,2006,19(1):70-74.
[115] 张德奇,廖允成,贾志宽,等. 旱地谷子集水保水技术的生理生态效应[J]. 作物学报, 2006, 32(5):738-742.
[116] 张富仓,康绍忠. BP 保水剂及其对土壤与作物的效应[J]. 农业工程学报,1999(5): 74-78.
[117] 张海燕. 土壤微生物量作为土壤肥力的探讨[J]. 土壤通报,2002(4):422-425.
[118] 张丽,祝利海,等. 保水剂对玉米、小麦种子萌发的影响[J]. 安徽农业科学,2002,30(6):921-922.
[119] 张晓海,苏贤坤,廖德智,等. 不同生育期水分调控对烤烟烟叶产质量的影响[J]. 烟草科技,2005: 36-38.
[120] 张渝洁. 不同胁迫条件对青菜生理生化指标的影响[J]. 北方园艺,2009(6):30-33.
[121] 张志良. 植物生理学实验指导[M]. 北京: 高等教育出版社,2003.
[122] 赵玉坤,武继承. 不同用量保水剂对玉米苗期生理生态特性的影响[J]. 河南农业

科学,2010(6):31-34.

[123] 赵福庚,刘友良. 胁迫条件下高等植物体内脯氨酸代谢及调节的研究进展[J]. 植物学通报,1999,16(5): 540-546.

[124] 赵敏,高会东. 保水剂对花生生理特性及产量构成因素的影响[J]. 吉林农业科学,2002,27(6): 15-18.

[125] 赵谋明,饶国华,林伟锋. 烟草蛋白质研究进展[J]. 烟草科技,2005(4): 31-34.

[126] 赵世伟,赵勇钢,吴金水. 黄土高原植被演替下土壤孔隙的定量分析[J]. 中国科学: 地球科学,2010,40(2): 223-231.

[127] 郑惠玲,薛毅芳,管秀娟,等. 施用不同保水剂对土壤水分变化的影响[J]. 河南农业科学,2006(7):73-76.

[128] 郑惠玲,武继承,等. 不同保水剂玉米增产效应研究[J]. 云南农业大学学报,2006,21(5A):51-52,65.

[129] 郑惠玲,武继承,韩伟锋,等. 土壤调理剂与氮磷配施对花生产量和养分利用的影响[J]. 河南农业科学,2011,40(10):72-75.

[130] 中国科学院南京土壤微生物研究所微生物室. 土壤微生物研究法[M]. 北京:科学出版社,1985.

[131] 周金池,马履一,王学勇. 河北省平山县刺槐造林保水剂施用效果研究[J]. 水土保持通报,2008,28(4):70-74.

[132] 朱林,於忠祥,韩文节,等. 缓释型保水剂对油菜生长和土壤性状的影响[J]. 安徽农业大学学报,2006,33(1):40-43.

[133] 朱维琴,吴良欢,等. 作物根系对干旱胁迫逆境的适应性研究进展[J]. 土壤与环境,2002,11(4): 430-433.

[134] 朱元骏,黄占斌,辛小桂,等. 分根区施保水剂对玉米气孔导度和单叶 WUE 的影响[J]. 西北植物学报, 2004, 24(4): 627-631.

[135] 邹新禧. 超强吸水剂[M] . 北京: 化学工业出版社,2001.

[136] Abramoff M D,Magelhaes P J,Ram S J. Image processing with Image J[J]. Biophotonics Int,2004,11: 36-42.

[137] Anderson J M. Photoregulation of the composition,function and structure of thylakiod membranes[J]. Annu. Rev. Plant physiol,1986(37): 93-136.

[138] Asseng S,Ritchie J T,Smucker A J M,et al. Root growth and water uptake during water deficit and recovering in wheat. Plant and Soil,1998,201: 265-273.

[139] Barvenik F W. Polyacrylamide characteristics related to soil application[J]. Soilsci, 1994:235-243.

[140] Beare V I H,Pohland B R. Residue placecanent and fungicide effects on fungal communities in conventional and no-tillares systems[J]. Soil Science and Soiety of Americian , Journal,1993,57: 392-399.

[141] Ben Hur M,Faris J,Malik M,et al. Polymers as soil conditions under consecutive irrigation and rainfall [J]. Soil Sci Soc Am J,1989,53:73-77.

[142] Berkowitz G A, Gibbs M. Effect of osmotic stress on photosynthesis studied with the isolated spinach chloroplast[J]. Plant Physiology, 1982, 70: 1143-1148.

[143] Bowman D C, Evans R Y. Calcium inhibition of polyacrylamide gel hydration is partly reversible by potassium [J]. Hortscience, 1991, 26(8): 1063-1065.

[144] Bowman D C, Evans R Y, Paul J L. Fertilizer salts reduce hydration of polyacrylamide gels and affect physical properties of gel amended container media[J]. Journal of the American Society of Horticultural Science, 1990, 115(3): 382-386.

[145] Burns K C. Patterns in specific leaf area and the structure of a temperate heath community[J]. Diversity and Distributions, 2004(10): 105-112.

[146] Busscher W J, Bjorneberg D L, Sojka R E. Field application of PAM as an amendment in deep-tilled US southeastern coastal plain soils. Soil & Tillage Research, 2009(7): 215-220.

[147] Butty B R, Buzzell R I. 大豆光合作用速率和叶绿素含量之间的关系[M]. 北京: 科学出版社, 1979.

[148] Cale A B, Dan C B, Ph D, et al. Germination and establishment with root-zone amendments[J]. Journal of Experimental Botany, 1999, 50(2): 80-85.

[149] Chatzoudis G K, Rigas F. Macroreticular hydrogel effects on dissolution rate of controlled-release fertilizers [J]. Journal of Agricultural and Food Chemistry, 1998, 46: 2830-2833.

[150] Daniel P. Hydrophilic Polymers-Effects and Uses in the Landscape [Internet]. http: // horticulture. coafes. umn. edu /vd /h5015 /01papers/hydrogel. Htm.

[151] De Ruiter P C, Van Veen J A, Vloorc J C. Calculation of nitrogen mineralization in soil food webs[J]. Plant Soil, 1993, 157: 263- 273.

[152] Donaghy D J, Fulkerson W. J. Priority for location of water soluble carbohydrate reserves during regrowth of Lolium perenne[J]. Grass Forage Sci, 1998, 53(3): 211-218.

[153] Evans J R, Terashima I. Effects of nitrogen nutrition on electron transport components and photosynthesis in spinach[J]. Australian Journal of Plant Physiology, 1987, 14: 59-68.

[154] Farquhar G D, Sharkey T D. Stomatal conductance and photosynthesis [J]. Ann. Res. Plant Physiol, 1982, 33: 317-342.

[155] Field C, Mooney H A. The photosynthesis-nitrogen relationship in wild plants. In: Givinish, T. J. (Ed.), On the Economy of Plant Form and Function. Cambridge University Press, Cambridge, 1986: 25-55.

[156] Flexas J, Bota J, Cornic G, et al. Diffusive and metabolic limitations to photosynthesis under drought and salinity in C3 plants. Plant Biol, 2004: 6, 269-279.

[157] Foster W J, Gary J K . Water absorption of hydrophilicpolymers (Hydrogels) Reduced by media amendments [J]. J. Environ. Horta. , 1990, 8(3) : 113-114.

[158] Gehring J M, Lewis A J. Effect of hydrogel on wilting and moisture stress of bedding

plants [J]. J. Amer. Soc. Hort Sci,1980,105(4):511-513.

[159] Grime J P. Stress, competition, resource dynamics and vegetation processes & Fowden L. ,Mansfield T,Stoddart J(eds)[M]. London: Chapman and Hall,UK,1993: 45-63.

[160] Grittle R P,Mulpuri V. Changes in activities of antioxidant enzymes and their relationship to genetic and pachobutrazol induced chilling tolerance of maize seedlings[J]. Plant Physiol,1997(114): 695-704.

[161] Guan Y L. A study on correlation between water state and swelling kinetics of chitosan based hydrogels [J]. J Appl Polym Sci,1996,61: 23-25.

[162] Haas H P,Rober R. Substrate additives,watering and growth of Euphorbia pulcherrima [A]. Gartenbau magazine,1993,12(2):68-70.

[163] Handly L L,Lbvo E,Raven J A,et al. Chrmosome 4 controls potential of water use efficiency in barley [J]. J Exp Bot,1994,45(280): 1661-1663.

[164] Henderson J C,Hensley D L. Ammonium and nitrate retention by a hydrophilic gel [J]. Hortscience,1985,20 (4) : 667-668.

[165] Herrick J D,Thomas R B. Effects of CO_2 enrichment on the photosynthetic light response of sun and shade leaves of canopy sweet 2 gum trees (Liquidam bar sty racif lua) in a forest ecosystem. Tree Physiology,1999,19: 779-786.

[166] Huttermann A,Zommorodi M,Reise K. Addition of hydrogels to soil for prolonging the survival of pinus halepensis seedling subjected to drought [J]. Soil and Tillage Research,1999,50(4):295-304.

[167] Jackson R D, et al. Canopy temperature as a crop water stress indicater[J]. Water Resource Research,1981, 17:1133-1138.

[168] James A E,Sojka R E. Mariveth Watwood,Craig Ross. Occurrence and distribution of nitrogen fixing bacterial community associated with oat (Avena sativa) assessed by molecular and microbiological techniques. Environmental Pollution,2002(120): 191-200.

[169] Joly R J,Hahn D T. Net CO_2 assimilation of cacao seedlings during periods of plant water deficit. Photosynth Res,1989,21: 151-159.

[170] Kanaza S,Sano S,Koshiha T,et al. Changes in antioxidative enzymes in cucumber cotyledons during natural senescence: comparison with those during dark-induced senescence[J]. Physiologia Plantarum,2000,109(2): 211-216.

[171] Kang S Z,Shi P,Pany H,et al. Soil water distribution,uniformity and water use efficiency and alternate fullow irrigation in arid areas [J]. Irrig Sci,2000,19:181-190.

[172] Katarina H S,Erland B. The influence of nitrogen fertilization on bacterial activity in the rhizosphere of barley[J]. Soil Bio Biochen,2004,36:195-198.

[173] Kennedy A C. Carbon utilization and fatty acid profiles for characterization of bacteria [J]. Soil Science Society of America,1994:543-556.

[174] Kramer P J . Water relation of plants[M]. NewYork:academic press,1985.

[175] Lawlor D W. Photosynthesis: molecular, physiological and environment processes, 3rd

edn. Bios scientific Publishers, oxford, UK. 2001.

[176] Lee K E, Allsnpp P C. Significance of binclroersily in soil for soi fertilily and its managemen[J]t. Soil Inertbrates, 1997(3):8-15.

[177] Mac Williams D C. Degradation in blackwater and redwater forested wetland soils[J]. Encyclopedia of Chemical Technology, third ed. , vol. 1. b 1978:210-223.

[178] Magalhaes G E, Wilcox F C, Rodrigues F L, et al. Plant growth and nutrient up take in hydrophilic gel treated soil[J]. Comm. Soil Sci. Plant Anal, 1987, 18(12):1469-1478.

[179] Martinez-Toledo M V, Salmeron V, Conzdlez-Lopea J. Effect of an organophosphoms insecticides profenofos on agricultural soil Microflora [J]. Chemosphere, 1992, 24(I): 71-80.

[180] Melissa E H, Michael D M, Phillip M F. Polyacrylamide added as a nitrogen source stimulates methanogenesis in consortia from various wastewaters [J]. Water Research, 2005, (39): 333-334.

[181] Mikkelsen L R. Using hydrophilic polymers to control nutrient release [J]. Fert. Res. 1994, 38: 53-59.

[182] Mitchell R A C, Keys A J, Madgwick P J, et al. Lawlor adaptation of photosynthesis in marama bean tylosema esculentum (Burchell A. Schreiber) to a high temperature, high radiation, drought-prone environment [J]. Plant Physiology and Biochemistry, 2005 (43): 969-976.

[183] Molloy P J, Smith M J, Cowling M J. The effects of salinity and temperature on the behaviour of polyacrylamide gels[J]. Materials and Design, 2000(21):169-174.

[184] Morgan J A. The effect of N nutrition on the water relation and gas exchange characteristics of wheat[J]. Plant Physiology, 1986, 80: 52-58.

[185] Morgan W C, Letey L, Richards S J, et al. Physical soil amendments. , soil compaction. , irrigation and wetting agents in turfgrass management I. Effects on compatibility, water Infiltration rates, evapotranspiration, and number of irrigations[J]. Agron. J. , 1966, 58: 525-528.

[186] Motzo R, Attene G, Deidda M. Genotypic variation in durum wheat root systems at different stages of development in a mediterranean environment. Euphytica, 1993, 66: 197-206.

[187] Musila C F, Arnoldsa J L, Van Heerdenb P. D. R. , et al. Mechanisms of photosynthetic and growth inhibition of a southern African geophyte Tritonia crocata (L.) Ker. Gawl. by an invasive European annual grass Lolium multiflorum Lam. Environmental and Experimental Botany, 2009, (66): 38-45.

[188] Myers R J K. Nitrogen and phosphorus nutrition of dry land grain sorghum at Katherine, Northern Territory. 3. Effect of nitrogen carrier time and method of application Australian Journal of Experimental Agriculture, 1978, 8: 834-843.

[189] Neal A. Scott. Specific leaf area and nitrogen distribution in New Zealand forests: Spe-

cies independently respond to intercepted light [An article from: Forest Ecology and Management] [M]. Elsevier,2006: 10.

[190] Pagter M,Claudia B,Malagoli M,et al. Osmotic and ionic effects of NaCl and Na_2SO_4 salinity on Phragm ites Australia. Aquatic B otany,2009,90: 43-51.

[191] Patel N M,Patel D J. Correlation analysis in studying influence of root growth in yield and quality of Bidi tobacco[J]. Tobacco Res,1988(14): 25-28.

[192] Paul W,Tim K. Solids,organic load and nutrient concentration reductions in swine waste slurry using a polyacrylamide (PAM) aided solids flocculation treatment [J]. Bioresource Technology ,2003(90):151-158.

[193] Rachman A, Anderson S H, Gantzer C J. Computed-tomographic measurement of soil macroporosity parameters as affected by stiff-stemmed grass hedges[J]. Soi Sci Soc Am J,2005,69:1609-1616.

[194] Rivelli R,Lovelli S,Perniola M. Effects of salinity on gas exchange,water relations and growth of sunflower (Helianthus annuus) . Functional Plant Biology, 2002, 29: 1405-1415.

[195] Shanna B D,Kar S,Chccma S S. Yield,water use and nitrogen uptake for different water and N levels in winter wheat[J]. Fertilizer Research,1990,22: 119-127.

[196] Sharp R E,Poroyko V,Hejlek L,et al. Root growth maintenance during water deficits: Hysiology to functional genomics [J]. Journal of Experimental Botany, 2004, 55: 2343-2351.

[197] Shaviv S W,Mikklelsen R L. Controlled release fertilizers to increase efficiency of nutrient use and minimize environmental degradation [J]. Fert. Res,1993,35:1-12.

[198] Shimshi D. The effects of nitrogen supply on the transpiration and stomatal behaviour of beans[J]. New Phytologist,1970,69:405-412.

[199] Shipley B,Vile D,Garnier E,et al. Functional linkages between leaf traits and net photosynthetic rate: Reconciling empirical and mechanistic models. Functional Ecology, 2005,19:602-615.

[200] Smirnoff N. The role of active oxygen in the response of plants to water deficit and desiccation[J]. New Phytologist,1993(125): 27-58.

[201] Smith J D,Harrison H C. Evaluation of polymers for controlled release properties when incorporated with nitrogen fertilizer solutions [J]. Comm. Soil Sci. Plant Anal. ,1991,22 (5&6):559-73.

[202] Sojka R E,Entry J A. In-uence of polyacrylamide application to soil on movement of microorganisms in runoff water. Environmental Pollution. 2000 (108):405-412.

[203] Sojka R E,James A E,Jeffry J F. The influence of high application rates of polyacrylamide on microbial metabolic potential in an agricultural soil [J]. Applied Soil Ecology, 2006(32):243-252.

[204] Treichel S,Brinckman E,Vcheitler B,et al. Occurrence and changes of proline content

in plants in the southern Namib Desert in relations to increasing and decreasing drought [J]. Planta,1984(162):236-242.

[205] Udawatta R P,Anderson S H,Gantzer C J,et al. Agroforestry and grass buffer influence on macropore characteristics: A computed tomography analysis[J]. Soi Sci Soc Am J, 2006,70:1763-1773.

[206] Udawatta R P,Anderson S H. CT-measured pore characteristics of surface and subsurface soils influenced by agroforestry and grass buffers [J]. Geoderma, 2008, 145: 381-389.

[207] Udawatta R R,Anderson S H,Gantzer C J,et al. Influence of prairie restoration on CT-measured soil pore characteristics[J]. J. Environ Qual,2008,37: 219-228.

[208] Watwood M,Kay-Shoemake J. Impact of polyacrylamide treatment on sorptive dynamic and degradation of 2,4-D andatrazinein agricultural soil[J]. Soil Contam. 2000(9): 133-147.

[209] Wilcox D A. Leaf diffusive resistance and relative water content as indications of varietal sensitivity to drought in potatoes (Research report / Storrs Agricultural Experiment Station)[M]. Storrs Agricultural Experiment Station,1980.

[210] Woodhouse J M,Johnson M S. The effect of gel-forming polymer son seed germination and establishment [J]. J. Arid Environ. ,1991,20:375-380.

[211] Woodhouse J,Johnson M S. Effect of super absorbent polymers on survival and growth of crop seedling [J]. Agricultural Water Management,1991,20:63-70.

[212] Xue Q,Zhu Z,Musick J T,et al. Root growth and water uptake in winter wheat under dificit irrigation[J]. Plant and Soil,2003,257:151-161.

[213] Yang Yonghui,Wu Jicheng,Wu Pute. Effects of superabsorbent polymer on the physiological characteristics of winter wheat under drought stress and rehydration[J]. African Journal of Biotechnology,2011,10(66): 14836-14843.

[214] Yang yonghui,Wu pute,Wu jicheng,et al. Effect of Water-retaining agent on soil structure,photosynthesis and water utilization. In: International Conference on Combating Lang Degradation in Agricultural Areas and the First Annual Councilor Meeting of WASWAC[C]. Xian:2010,10:802-806.